圖一　這幅細密畫表現的是海雷丁・巴巴羅薩在伊斯坦堡，從蘇萊曼那裡接受鄂圖曼艦隊、襲擾查理五世領土的指示。

圖二　提香所作的查理五世畫像。查理五世揮金如土，雇用藝術家創作自己的畫像，彰顯他的皇權。

圖三　查理五世為了消滅巴巴羅薩，於一五三五年遠征突尼斯。查理五世的槳帆船發動一波波的進攻，襲擊拉格萊塔外港。突尼斯在畫面上方的遠景中，巴巴羅薩的艦隊被封堵在那裡。

圖四　一五四三年冬季，巴巴羅薩掠奪成性的細長型槳帆船停泊在土倫港。他名義上的盟友法蘭西人幾乎和他的敵人一樣害怕這些槳帆船。

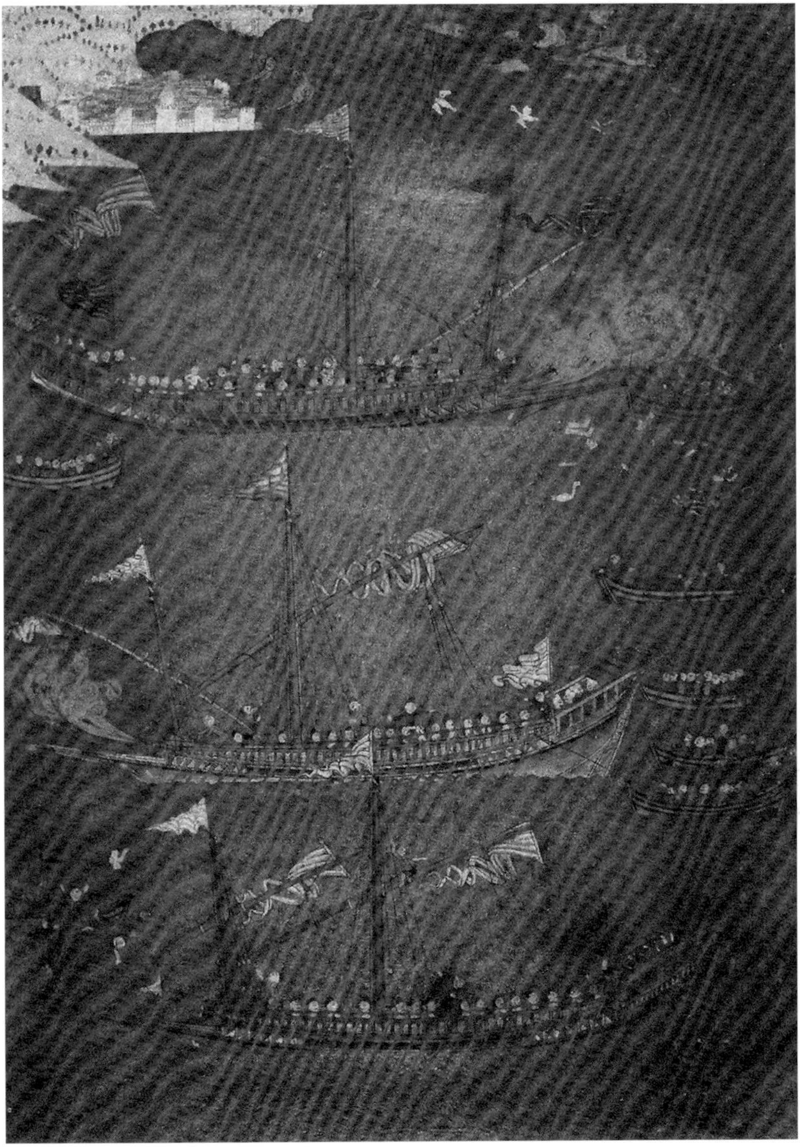

圖五　精密的細密畫表現出鄂圖曼蘇丹在海上的輝煌勝利。圖中，鄂圖曼槳帆船衝向敵人，船首砲轟鳴，旌旗招展。

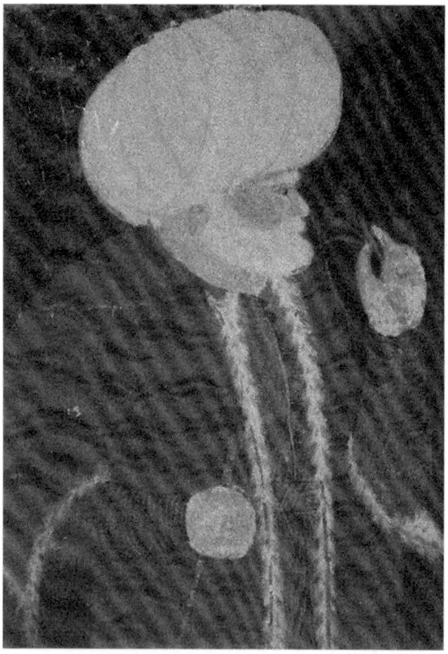

圖六與圖七　兩位敵對的海軍統帥：年事已高的海雷丁．巴巴羅薩（左）與多里亞（右）。

圖八　馬爾他攻防戰開始。一五六五年五月二十七日，鄂圖曼軍隊集中兵力於聖艾爾摩堡。頭戴白頭巾的鄂圖曼士兵蜂擁奔向希伯拉斯半島；圖的右側，坑道工兵和攻城技師在拖運物資與工具；圖的左側，裹著屍布的死屍被搬進帳篷；中央前景，帕夏們在商討戰術，兩側簇擁著手執火槍的近衛軍。

圖九　聖艾爾摩堡復原圖。從鄂圖曼戰壕的陣地看聖艾爾摩堡面向陸地的正面。「騎士塔」在後方聳立，高於主堡。

圖十　遭到攻擊的聖艾爾摩堡的空中復原圖：騎士塔(圖中的A)；進入要塞的吊橋(B)；中央操練場(C)；星形的尖端部分被砲火轟成瓦礫(D)；三角堡(E)，六月三日失陷，部署了兩門砲；鄂圖曼軍搭建的橋梁(F)；鄂圖曼軍進攻路線(G)；鄂圖曼軍前線戰壕(H)。

圖十一　一五六五年八月七日，基督教馬爾他的一個極端危機時刻。戴頭巾與白帽的鄂圖曼火繩槍兵企圖強攻卡斯提爾人的陣地，將自己的旗幟插到城牆上。裝備精良的騎士對其給與猛烈還擊。拉・瓦萊特站在前景中央，暴露在砲火中，處境危險。

圖十二　十九世紀描繪法馬古斯塔陷落的印刷畫作。布拉加丁被捆縛在一根至今仍屹立的古老石柱上，準備迎接恐怖的死亡。拉拉・穆斯塔法帕夏在陽台上觀看。

圖十三　得勝的勒班陀將領們，由左至右，分別是衝勁十足的奧地利的唐．胡安、瑪律科．安東尼奧．科隆納和脾氣火爆的威尼斯雄獅塞巴斯蒂亞諾．韋尼爾。

圖十四　博斯普魯斯海峽岸上的巴巴羅薩陵墓。

圖十五　現代人對勒班陀戰役期間唐．胡安的戰艦的複製品，圖中是裝飾華美的船尾。

圖十六　「似乎人們脫離了自己的肉身，來到了另一個世界」。威尼斯藝術家維琴蒂諾描繪勒班陀戰役的不朽名作。該畫栩栩如生地描繪了戰場上滿布濃煙、嘈雜、混亂和巨大的衝擊力。在「蘇丹娜」號上，阿里帕夏（居中者）正在鼓舞部下死戰到底。

海洋帝國

決定伊斯蘭與基督教勢力邊界的爭霸時代

EMPIRES Of The SEA

The Siege of Malta, the Battle of Lepanto, and the Contest for the Center of the World

ROGER CROWLEY

羅傑・克勞利——著　陸大鵬——譯

獻給喬治（George），他也曾在這片大海戰鬥，並帶我們去了那裡。

馬格里布（Maghreb）的居民憑藉預言書的權威宣稱，穆斯林將打敗基督徒，並征服大海遠方歐洲基督徒的土地。據傳，征服將發生在海上。[1]

——伊本・赫勒敦（Ibn Khaldun），十四世紀阿拉伯歷史學家①

① 伊本・赫勒敦（一三三二至一四〇六年），阿拉伯歷史學家、哲學家、人口學家、經濟學家，被認為是現代歷史學、社會學和經濟學的奠基人之一。他曾在突尼斯（Tunis）、費茲（Fez）和格拉納達（Granada）的宮廷任職，一三七五年從政壇退隱後，撰寫了他的傑作《歷史緒論》（*Muqaddimah*），書中研究了社會性質和社會變遷，發展出最早的非宗教性的歷史哲學。他還寫了一部有關北非穆斯林歷史的著作《訓誡書》。一三八二年，他前往開羅，被指派為教授和宗教法官。赫勒敦被廣泛認為是中世紀阿拉伯世界的一位偉大學者。（編按：本書所有隨頁註均為譯者註）

中文版序

《海洋帝國》、《一四五三》和《財富之城》這三本書互相關聯，組成了一個鬆散的三部曲，敘述地中海及其周邊地區的歷史。讀者可以挑選其中任意一本書開始讀起。這三本書涵蓋的時間達四個世紀之久，從西元一二〇〇至一六〇〇年，這是不同文明間激烈衝突的年代，涉及一連串的帝國，包括拜占庭帝國（他們自詡為羅馬帝國的繼承者）、鄂圖曼帝國（他們復興了伊斯蘭聖戰的精神），以及位處西班牙，信仰天主教的哈布斯堡王朝。同樣在這個時期，威尼斯從一個泥濘的潟湖崛起為西方世界最富庶的城市，宛如令人嘆為觀止的海市蜃樓，從水中呼嘯而起。威尼斯的經濟和商貿精神比它所處的時代領先了數百年。台灣讀者可能對這三部曲涉及的歷史不熟悉，但這卻是歐洲歷史以及歐洲與周邊文明和宗教關係史上的戲劇性篇章。

在這個時期，居住在地中海周圍的各族群認為自己是在為爭奪世界中心而戰。但地中海相對來講其實是很小的。互相殺伐的各民族之間的地理距離只有投石之遙。大海成了一個高度緊張的競技場，凶殘的廝殺就在這裡上演。大海是上演史詩般的攻城戰、血腥海戰、海盜橫行、人口劫掠、十字軍東征和伊斯蘭聖戰的舞台，也是利潤豐厚的貿易和思想交流的場域。在九一一事件之後的世界，我們可以在地中海追溯基督教和伊斯蘭教之間漫長而殘酷的鬥爭，這類鬥爭將大海分割為兩個迥然不同的區域，雙方沿著海上疆界進行了激烈較量。但戰爭也與帝國霸業、財富和宗教信仰有關。直到將近十六世紀末，葡萄牙人繞過非洲，一直抵達中國海域和日本，以及哥倫布抵達美洲之後，歐洲各國爭奪貿易與霸權的競爭才從地中海轉移出去，擴散到更廣闊的世界。

我書寫歷史著作的目標是為了捕捉往昔人們的聲音。在這幾本書裡，我盡可能地引用當時人們口中的話，讓他們為自己發言。在這方面，我們很幸運，有大量關於這一時期地中海世界的第一手資料留存至今，尤其大約從一五〇〇年開始，傳入歐洲的印刷術促進文字資料的爆炸性增長（就像今天網路的作用一樣），所以我們得以感同身受地重溫這段歷史。透過目擊者的敘述，我們常常能夠近距離觀察當時的事件，審視那時的人們如何生活、死亡、戰鬥、從事貿易，以及禮拜上蒼。這幾本書大量採用了這些史料。它們告訴我們的，未必總是完整的真相，有時我們沒有辦法做到百分之百確定，但他們的話語清晰地表達了故事、情感、立場以及地中海人們對其世界與生活的信念。在某個方面，這給歷史學家製造了困擾。雖然印刷術的傳入給了我們大量歐洲人視角的史料，但歐洲的主要競爭對手，鄂圖曼土耳其人的伊斯蘭帝國，卻沒有留下這麼多史料。直到十八世紀，印刷術才被引入土耳其，在此之前，很大一部分的傳統記事都是用口傳的。為了努力構建兩個文明的客觀公正敘述，有時必須設法從伊斯蘭世界的敵人的言辭裡去理解伊斯蘭世界的觀點。

這三本書的另一個主題是「場域」。在地中海地區，當我們遊覽威尼斯或伊斯坦堡，或者克里特、西西里和賽普勒斯等大島嶼的時候，仍然能觸及到往昔。許多紀念建築、城堡、宮殿和遺址依然完好。它們位於這明亮的大海之濱，依舊具有無窮的魅力。借用偉大的地中海史學家費爾南・布勞岱爾（Fernand Braudel）的話：「這片大海耐心地為我們重演過去的景象，將其放置在藍天之下、后土之上，我們能親眼目睹這天與地，就如同其過往一般。我們只消集中注意力思考片刻或做個稍縱即逝的白日夢，這個過去就栩栩如生地回來了。」我努力遵照布勞岱爾的話，透過運用真實的史料，令這個過去煥發生機。

我希望這三本書能夠幫助台灣讀者，對仍在影響我們世界的地中海歷史與事件的魅力與重要性有一層更深的理解。當我在寫這篇序文時，我們見證了一次超乎尋常的新移民大潮，由於戰亂和氣候變化，大量人口離開中東和非洲，冒著生命危險乘坐小舟跨越地中海。這片地中海在度假明信片上或許很嫵媚誘人，但它的脾氣也可能兇暴而反覆無常。地中海繼續在人類歷史上扮演超凡的角色。

羅傑・克勞利，二〇一六年十一月

目次

第二部 震中：馬爾他戰役

第三部 大決戰：衝向勒班陀

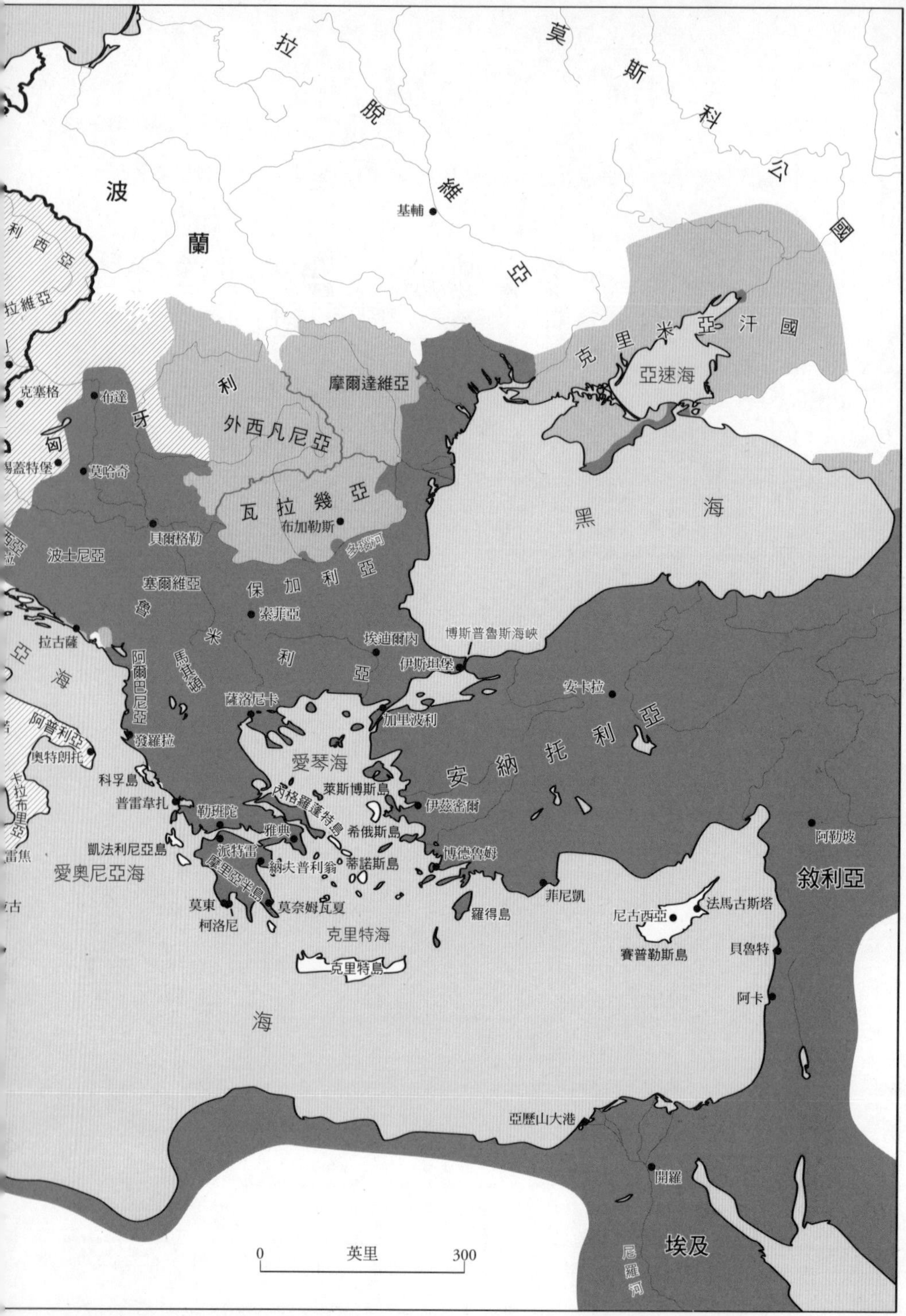

拉脫維亞
莫斯科公國
波蘭
基輔
利西亞
拉維亞
克塞格
布達
匈
利
牙
外西凡尼亞
摩爾達維亞
克里米亞汗國
亞速海
瓦拉幾亞
布加勒斯
莫哈奇
貝爾格勒
黑海
波士尼亞
多瑙河
保加利亞
塞爾維亞
魯米利亞
索菲亞
拉古薩
亞
海
阿爾巴尼亞
馬其頓
埃迪爾內
博斯普魯斯海峽
伊斯坦堡
安卡拉
薩洛尼卡
加里波利
阿普利亞
發羅拉
奧特朗托
愛琴海
安納托利亞
卡拉布里亞
科孚島
萊斯博斯島
普雷韋扎
勒班陀
內格羅蓬特島
伊茲密爾
阿勒坡
雅典
希俄斯島
凱法利尼亞島
派特雷
博德魯姆
愛奧尼亞海
摩里亞半島
納夫普利翁
蒂諾斯島
敘利亞
菲尼凱
法馬古斯塔
莫東
莫奈姆瓦夏
羅得島
尼古西亞
柯洛尼
克里特海
賽普勒斯島
貝魯特
克里特島
阿卡
海
亞歷山大港
開羅
0 英里 300
埃及
尼羅河

一五六〇年左右的地中海世界
一五六〇年代初，哈布斯堡王朝領地
神聖羅馬帝國的實際與名義國界
一五六〇年代初，鄂圖曼帝國領地
鄂圖曼帝國屬國
大西洋
英格蘭
倫敦
英吉利海峽
弗利辛恩
安特衛普
尼德蘭
萊因河
薩克森
波希米
塞納河
巴黎
多瑙河
巴伐利亞
奧
羅亞爾河
法國
弗朗什—孔泰
比斯開灣
日內瓦
薩伏依
米蘭
威尼斯
隆河
熱那亞
波隆納
比利亞維西奧薩
阿斯圖里亞斯
那瓦勒
卡斯提爾
亞拉岡
加泰隆尼亞
葡萄牙
西班牙
馬德里
里斯本
瓦倫西亞
巴塞隆納
尼斯
馬賽
土倫
拉斯佩齊亞
利佛諾
佛羅倫斯
教宗國
塔拉莫內
科西嘉島
奇維塔韋基亞
羅馬
亞得里亞
巴利阿里海
梅諾卡島
馬略卡島
福門特拉島
薩丁尼亞島
第勒尼安海
伊斯基亞島
那不
利帕里
塞維亞
格拉納達
馬拉加
阿爾普哈拉
直布羅陀
地中海
特拉帕尼
墨西
西西里島
維萊斯
奧蘭
阿爾及爾
貝賈亞
博納
拉格萊塔
突尼斯
特萊姆森
戈佐島
馬格里布
傑爾巴島
的黎波里

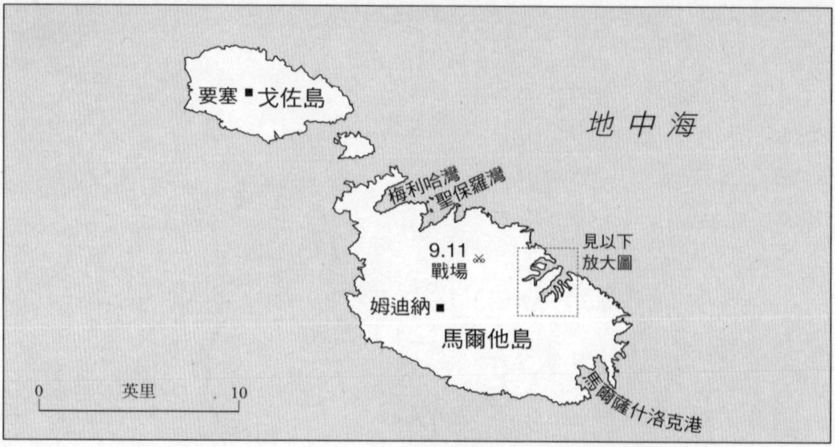

馬爾他島戰役，一五六五年五月至九月

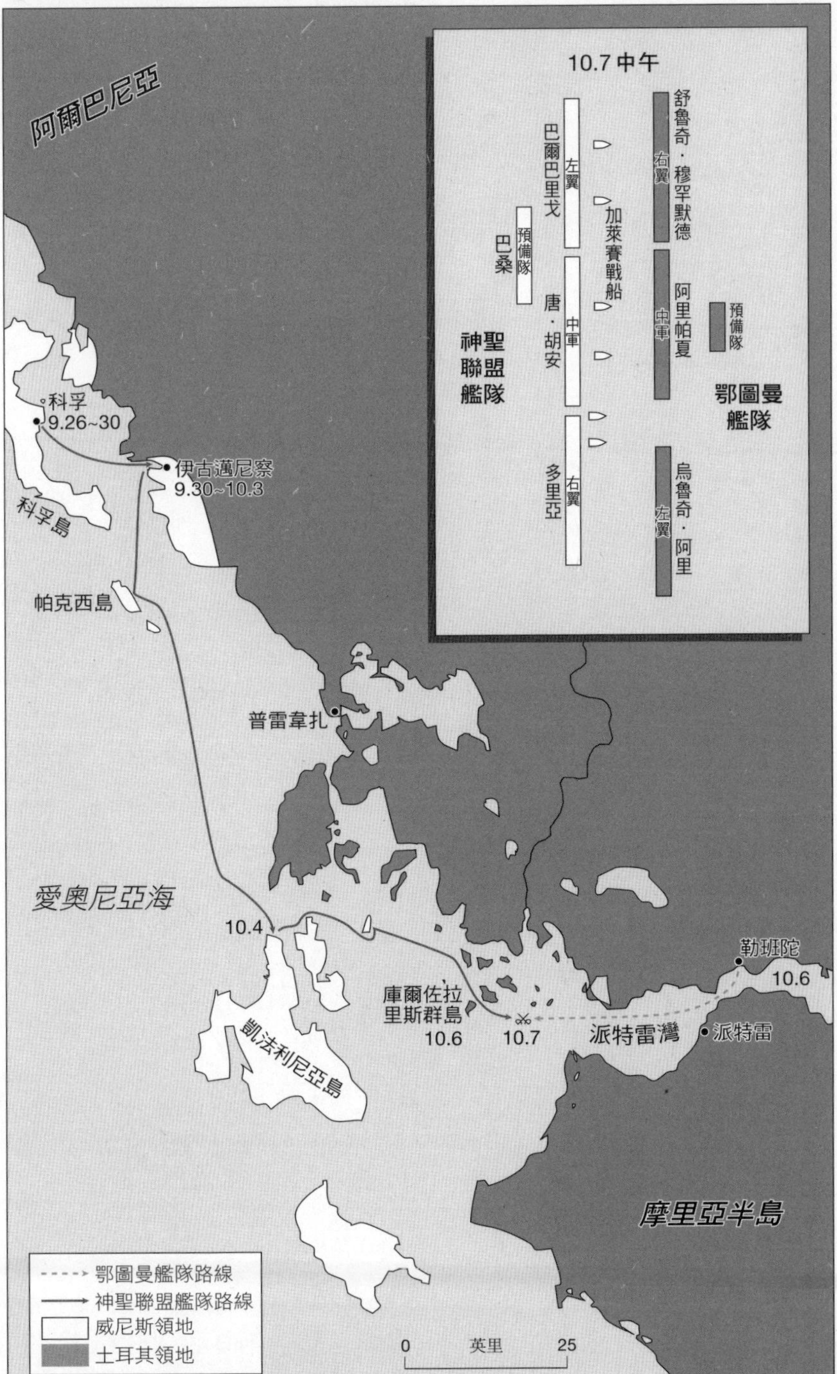

勒班陀戰役，一五七一年十月七日

序幕　托勒密的地圖

在金角灣（Golden Horn）沿岸的辦公大樓群拔地而起很久以前，甚至在清真寺群興建之前，那裡矗立著基督教的教堂。聖索菲亞大教堂（Hagia Sophia）的穹頂在地平線上獨自屹立了一千年。在中世紀，如果人們登上大教堂的屋頂，就能鳥瞰整座「環水之城」，視野極其開闊。站在這裡，人們很容易就能理解，為什麼君士坦丁堡曾經有能力統治世界。

一四五三年五月二十九日下午，鄂圖曼帝國的蘇丹穆罕默德二世（Mehmet II）就這樣登上了聖索菲亞大教堂的屋頂。永載史冊的一天終於落幕。就在這一天，他的大軍攻克了君士坦丁堡，使得伊斯蘭教的預言成為現實，摧毀了拜占庭這個基督教帝國的最後殘餘部分。鄂圖曼帝國的史官記載道，穆罕默德二世於「真主之靈升上第四層天堂」[1]時登上了大教堂屋頂。

蘇丹的眼前一片兵火肆虐、哀鴻遍野。君士坦丁堡遭到了嚴重破壞和徹底洗劫，「慘遭蹂躪，遍處如同被烈火烤黑一般」[2]。君士坦丁堡的軍隊土崩瓦解，教堂橫遭搶劫，末代皇帝也在大屠殺中喪生。男人、女人和兒童被繩索捆成一串，排成長長的隊伍，在土耳其人的驅趕下蹣跚行進。空蕩蕩的房屋上飄蕩著旗幟，這表明，屋內的財物已經被洗劫一空。在這個春天的傍晚，召喚穆斯林祈禱的呼聲徐徐升起，蓋過了俘虜們呼天搶地的哀號。這標誌著一個王朝的徹底終結，以及一個新的王朝憑藉征服者的權利正式粉墨登場。土耳其人原先是來自亞洲腹地的遊牧部落，此刻在這座歐洲海岸上的城市，鞏固了伊斯蘭教的地位。攻克君士坦丁堡的豐功偉績徹底奠定了穆罕默德二世的地位——他既是拜占庭的繼承人，又是伊斯蘭聖戰無可爭議的統帥。

蘇丹從他居高望遠的有利位置可以追憶土耳其民族的往昔，並憧憬未來。在南面，博斯普魯斯（Bosphorus）海峽以南，是安納托利亞（Anatolia，又稱小亞細亞），土耳其人歷經了漫長的遷徙，經過安納托利亞北上；往北面是歐洲——土耳其人開疆拓土、壯志雄心的目標。但對鄂圖曼帝國來說，最具挑戰性的卻是西方。在午後的陽光下，馬摩拉（Marmara）海波光粼粼，彷彿錘扁的黃銅。它的西面是廣闊的地中海，土耳其人稱之為「白海」（White Sea）。征服了拜占庭之後，穆罕默德繼承的不僅僅是一大塊土地，更是一個海上帝國。

☆

一四五三年的事件是伊斯蘭教與基督教這兩個世界之間此消彼長、潮起潮落的鬥爭的一部分。從十一世紀到十五世紀，基督教透過十字軍東征，曾一度控制了地中海。在希臘海岸地區和愛琴海諸島上拔地而起的一系列基督教小國，成了十字軍東征大業與西方拉丁世界的聯繫紐帶。一二九一年，十字軍喪失了他們在巴勒斯坦海岸的最後一個主要據點——阿卡（Acre），於是戰爭形勢開始發生逆轉。如今，伊斯蘭世界要反擊了。

自羅馬帝國以來，還沒有任何人擁有足夠的資源，能夠雄霸整片地中海，但穆罕默德二世自視為羅馬皇帝的繼承人。他的壯志雄心沒有邊際。他下定決心，要實現「一個帝國、一個信仰、一個君主」[3]；他自詡為「兩海之王」[4]——白海和黑海。大海對土耳其人來說是完全陌生的。大海不是穩定的平地，沒有自然邊界，沒有地方可供遊牧民族安營紮寨。人類無法在海上定居。大海並不記得歷史：伊斯蘭教在此之前曾經在地中海有過立足點，但後來又丟失了。但穆罕默德二世已經確立了他的宏圖大略；在他的麾下，攻打君士坦丁堡的是一支龐大的艦隊（儘管還缺乏經驗），而土耳其人非常擅長學習。

在征服君士坦丁堡之後的歲月裡，穆罕默德二世命人複製了一張古希臘地理學家托勒密（Ptolemy）繪製的歐洲地圖，並命令希臘人將它翻譯成阿拉伯語。他像正在獵食的猛獸般虎視眈眈地審視著地中海的輪廓布局。他用手指撫摩著地圖上的威尼斯、羅馬、那不勒斯、馬賽和巴塞隆納；他追尋著直布羅陀（Gibraltar）海峽；甚至遙遠的不列顛也進入了他的眼界。譯員們非常謹慎，在地圖上將伊斯坦堡標註得特別突出。但穆罕默德二世此時還不知道，在地圖的西端，西班牙的天主教國王們正在規劃他們的帝國雄圖。馬德里和伊斯坦堡就像兩面巨鏡，反射著同一輪太陽的光輝；起初它們相距太遙遠，互相還不了解。但很快地，敵意將會使陽光聚焦。托勒密的地圖訛誤頗多，畫著奇形怪狀的半島和歪曲的島嶼，但即便這些錯誤也無法掩蓋關於地中海的一個關鍵事實：地中海其實有著兩片海洋，由突尼斯和西西里島之間的狹窄海峽一分為二，馬爾他（Malta）島就在這海峽的正中間，形成一個尷尬的小點。土耳其人很快將統治地中海東部，西班牙的哈布斯堡家族則將總領地中海西部。這兩股勢力將在馬爾他島這個點上相遇。

在今天，飛機從西班牙南部起飛，橫跨整個地中海到黎巴嫩海岸，只需三個小時。從空中俯視，地中海一派安靜祥和。航船有條不紊、溫和馴順地在波光粼粼的海面上航行。設有城堞的西班牙南岸綿延數千英里，分布有度假村、遊艇碼頭、時髦的度假勝地，以及為南歐經濟提供動力的重要港口及工業區。地中海彷彿是一個波瀾不興的潟湖，人們可以從空中追蹤任何一艘船隻。古代的可怕風暴曾經摧毀奧德修斯（Odysseus）和聖保羅（Saint Paul）的航船，但那個時代已經一去不復返，今天的船隻絲毫不必擔心。地中海曾被羅馬人稱為世界的中心，但在今天我們這個日漸縮小的世界裡卻顯得微不足道。

但在五百年前，地中海給人的體驗是完全不同的。海岸地帶饑饉遍野，由於農耕和放牧，先是植被遭到破壞，然後土地也變得貧瘠。到了十四世紀，但丁（Dante）看到的克里特島已經是個被生態災難完全摧毀的地方。「在海中央坐落著一片荒原，」他寫道，「它一度是泉水潺潺、樹木蔥蘢的福地，現在卻是沙漠。」[5]就連大海也是荒蕪的。地中海是因地質結構猛烈崩塌而形成的，因此從外界進入的清澈海流會猛然跌落到深海溝壑中。地中海也沒有像紐芬蘭或者北海那樣的大陸棚可以養育豐饒的魚群。對於沿海居民來說，這一百多萬平方英里的海面（它被分割成十幾個單獨區域，各自有獨特的氣流條件、複雜的海岸和星羅棋布的島嶼）是難以駕馭、碩大無朋和險象環生的。地中海是那麼大，以至於東、西兩個海域幾乎是完全不同的世界。如果天氣良好，一艘帆船從馬賽到克里特島需要兩個月時間；但如果天公不作美，就需要六個月。當時船隻的適航能力驚人地差，風暴往往毫無徵兆地驟然降臨，海盜多如牛毛，所以水手們往往選擇在近海航行，而不敢穿過開闊海域。航海過程中險象環生，登船啟航往往就意味著要聽天由命。地中海是麻煩重重的海。一四五三年之後，它將成為一場世界大戰的中心。

歐洲史上最激烈、最混亂的鬥爭之一就在地中海上演——伊斯蘭教和基督教爭奪世界中心的鬥爭。這是一場曠日持久的較量。戰火在海上盲目地肆虐了一個多世紀。僅僅是最初的小規模戰爭（土耳其人藉此取代了威尼斯的主導地位）就持續了五十年。這場鬥爭的形式繁多：經濟消耗的小規模戰爭、以信仰為名義的海盜突襲、對海岸要塞和港口的襲擊、對大型島嶼堡壘的圍攻，以及屈指可數的幾場史詩級別大海戰。地中海沿岸的所有民族和利益集團都捲入這場角逐：土耳其人、希臘人、北非人、西班牙人、義大利人和法國人；亞得里亞海和達爾馬提亞（Dalmatian）海岸的各民族；商人、帝國捍衛者、海盜和聖戰者，他們全都時不時地改弦易轍，為捍衛宗教、貿易或者帝國而戰。沒有人能夠長期保持中立，儘管威尼斯人為此付出了大量的努力。

這個被陸地環繞的競技場為衝突對抗提供了無限機遇。地中海在南北向驚人地狹窄；在很多地方，只有一衣帶水將不同的民族隔開。劫掠者可以突然出現在海平面上，然後又自由自在地離去。自蒙古人的閃電式突襲以來，歐洲還是第一次經歷如此驟然興起的恐怖入侵。地中海成了一個毫無法度的暴力生物圈，伊斯蘭教與基督教以無可比擬的殘暴相互碰撞。戰場就是大海、島嶼和海岸，戰局受到風力和天氣的影響，主要的武器則是槳帆船。

✯

鄂圖曼帝國是個多民族國家，儘管基督教世界將他們簡單地稱為「土耳其人」、「基督之名最殘忍的敵人」[6]。在西歐看來，這場鬥爭是最終決戰的根源，是巨大的創傷，也是針對暗黑力量的精神鬥爭。梵蒂岡內部知道托勒密地圖的事情。他們將地圖想像為鄂圖曼帝國征服大業的指導範本，並以驚人的細節，繪聲繪影地揣測著高高矗立於博斯普魯斯海峽之上，托普卡匹宮（Topkapi Palace）內的場景：鄂圖曼蘇丹戴著典型的土耳其式頭巾，身著肥大的土耳其式長袖袍子，長著鷹鉤鼻，生性殘忍，端坐在富麗堂皇卻又透著野蠻勁兒的亭台樓閣內，研究著通往西方的海道。他的腦子裡只有一個念頭：消滅基督教。一五一七年教宗利奧十世（Leo X）深感土耳其人為心腹大患。「他手中無時無刻不拿著描繪義大利海岸的文件和地圖」[7]，教宗心驚膽寒地如此描繪蘇丹：「他的全副注意力都用於集結火砲、建造船隻和勘察歐洲所有的海洋和島嶼。」[8]對土耳其人及其北非盟友來說，向十字軍東征報仇雪恨的時機成熟了，扭轉世界征服格局和控制貿易的機遇來了。

這場鬥爭將在宏大的戰線上進行，且往往超越大海的界限。歐洲人在巴爾幹半島、匈牙利平原、紅海、維也納城下與敵人激戰。但最終，在十六世紀，這場鬥爭的主角的全副力量都將集中於托勒密地圖的中心。這將是一場長達六十年的角力，由穆罕默德二世的曾孫蘇萊曼一世（Suleiman I）策動。戰爭於一五二一年正式爆發，於一五六五至一五七一年間達到高潮，在這六年無可比擬的血戰中，當時的兩位巨人——鄂圖曼土耳其帝國和西班牙的哈布斯堡王朝將高舉各自信仰的戰旗，至死方休。這場戰爭的結局將決定伊斯蘭教和基督教世界的邊界，並影響各個帝國未來的前進方向。這一切，都從一封信開始。

第一部

凱撒們：海上角逐

Caesars: The Contest for the Sea 1521-1558

第一章　蘇丹駕到

一五二一至一五二三年

時間是一五二一年九月十日，一封來自貝爾格勒（Belgrade）的信。信的開頭先是一連串威風凜凜的皇室尊號。接著是威脅：

蘇萊曼蘇丹，蒙真主洪恩，萬王之王，眾君之君，拜占庭與特拉比松（Trebizond）①至高無上的皇帝，波斯、阿拉伯、敘利亞與埃及的強大君主，歐洲與亞洲的最高領主，麥加與阿勒坡（Aleppo）親王，耶路撒冷之君，世界之海的統治者，向菲利普·德·李爾·亞當

① 特拉比松是從拜占庭帝國分裂出的三個帝國之一，創立於一二〇四年四月，延續了兩百五十七年。特拉比松帝國的第一代君主阿歷克塞一世（Alexios I）是拜占庭帝國科穆寧（Komnenos）王朝最後一位皇帝安德洛尼卡一世（Andronikos I）的孫子，他在第四次十字軍東征時預見十字軍將攻取君士坦丁堡，便占據特拉比松獨立建國。在地理上，特拉比松的版圖從未超過黑海南岸地區。一四六一年，鄂圖曼帝國蘇丹穆罕默德二世消滅了特拉比松。

（Philip de L'Isle Adam），羅得（Rhodes）島的大團長，謹致敬意。

閣下獲得了新的職位並業已抵達領地，我對此表示祝賀。我深信不疑，閣下必然會將此地治理得繁榮昌盛，贏得遠勝於閣下前任的光榮。我還希望與閣下永結同好。那麼，做為最親愛的朋友，請您與我一同歡欣鼓舞，因為我追隨著先帝足跡（他曾征服了波斯、耶路撒冷、阿拉伯和埃及），已於去年秋季攻克了最為固若金湯的要塞——貝爾格勒。此後，我向異教徒提出決一雌雄，但那些懦夫沒有接受挑戰的勇氣，於是我占領了其他多座美麗而防禦堅實的城市，以利劍或烈火消滅其大部分居民，將倖存者變賣為奴。在安頓我那兵力雄厚、百戰百勝的大軍進入營地過冬之後，我本人也將凱旋返回位於君士坦丁堡的宮廷。[1]

能夠讀懂字裡行間深意的人都知道，這不是一封表達友誼的書信，而是一封宣戰書。此時，「征服者」穆罕默德的曾孫蘇萊曼才剛登基。根據傳統和習慣，他必須在登基後不久就取得一場戰爭的勝利——每一位新蘇丹都必須為他所繼承的世界帝國再度開疆拓土，以鞏固「東方與西方土地的征服者」[2]的地位。此後，他就可以將戰利品賞賜給臣子，穩固軍隊的忠誠，並大肆進行儀式化的宣傳。捷報（這是皇權的保障）將被發往五湖四海，令伊斯蘭世界五體投地，令基督教世界膽戰心驚；隨後新蘇丹就有權建造他自己的清真寺。

新皇登基還必須有死亡相伴。法統規定，新蘇丹必須處決所有的兄弟，「以天下大局為重」[3]，換言之，將內戰扼殺在萌芽狀態。一批令人心酸的兒童棺木將被從後宮抬出，送給怯聲嗚咽的婦女們；同時，攜帶弓弦（這是勒死目標的刑具）的刺客將被派往各個省分，去獵殺蘇丹的其他兄弟。

蘇萊曼登基時沒有屠殺自己的兄弟，因為他是唯一的男性繼承人。他的父親塞利姆一世（Selim I）很可能在六年前就已經處死其他兒子，以斷絕政變的後患。二十六歲登基的蘇萊曼得到的是一份獨一無二的遺產。他接手的是一個強大、統一，且掌控著無與倫比資源的大帝國。對虔誠的穆斯林來說，蘇萊曼將為他們帶來好運。他的父親在為他取名時打開了一本《古蘭經》，隨機選擇了一個詞，就挑中了「所羅門」（Solomon，也就是土耳其語中的「蘇萊曼」），這預示著他將成為一位像古以色列賢君所羅門那樣以智慧和公正著稱的偉大帝王。在這個迷信預兆的年代，蘇萊曼登基時的每一個細節都被認為具有預言意義。蘇萊曼是鄂圖曼帝國的第十位蘇丹，而且出生於穆斯林紀年法②第十世紀的第十年。「十」是完美的數字：《古蘭經》分為十個部分、先知穆罕默德有十個門徒、《摩西五經》中有十誡，伊斯蘭占星學裡的天界分為十層。他登上世界舞台的時機正是決定帝國命運的關鍵時刻。

蘇萊曼在位的時期，與世界上其他一些互相爭鬥的君主的統治時期有所重疊，蘇萊曼將與他們決一雌雄：哈布斯堡家族的成員——神聖羅馬皇帝查理五世（Charles V）和西班牙國王腓力二世（Philip II）；法國瓦盧瓦（Valois）王朝的國王——法蘭西斯一世（Francis I）及其子亨利二世（Henry II）；統治英格蘭的都鐸（Tudors）王朝的亨利八世（Henry VIII）和伊莉莎白一世

② 伊斯蘭紀年法以西元六二二年為元年，在這一年，先知穆罕默德帶領信眾離開麥加，遷移到麥地那，這一事件稱為「希吉拉」（Hajrah）。伊斯蘭紀年法是一種陰曆，每年十二個月，一共三百五十四或三百五十五天。

（Elizabeth I），莫斯科公國的統治者「恐怖」伊凡（Ivan the Terrible）；伊朗沙阿（shah）③伊斯瑪儀一世（Ismail I）；印度蒙兀兒帝國的皇帝阿克巴（Akbar）。這些君主都沒有蘇萊曼那麼強的開疆拓土的使命感，野心也沒有他那麼大。

從一開始，蘇萊曼就精心籌劃，給覲見的外國使節們留下極其深刻的印象。「蘇丹身材頎長，但非常強健，面龐瘦長但結實有力，」威尼斯人巴爾托洛梅奧·孔塔里尼（Bartolomeo Contarini）如此描繪道，「據傳聞，蘇萊曼名副其實……像所羅門那樣知識淵博、明察秋毫。」[4] 他面容冷靜、目光沉穩，皇袍雖樸素卻威風凜凜。他頭戴巨大的圓形頭巾，低低地壓在前額上，這頭巾使他顯得更加高大，蒼白的臉色使得他不怒自威。他憑藉自己的威儀和宮廷的富麗來震懾外人。很快地，他將索求「凱撒」（Caesar）的稱號，並希冀統領整個地中海。

他計劃在近期先贏得兩場勝利。蘇萊曼對先輩的偉業耳熟能詳，自孩提時代就夢想著完成他的曾祖父穆罕默德二世未能完成的兩項征服大業。第一項是攻克貝爾格勒這座要塞，它是通往匈牙利的大門。蘇萊曼即位不到十個月，就已經兵臨貝爾格勒城下。到一五二一年八月，他已經在貝爾格勒城內的基督教大教堂內祈禱了。第二個目標則是成為「白海的皇帝」——占領羅得島。

圖1　年輕的蘇萊曼

蘇萊曼虎視眈眈的這座島嶼是古時留下的遺跡，與當時的政治環境格格不入。羅得島是中世紀十字軍東征時留下的一個奇異國度，離伊斯蘭世界僅有咫尺之遙。在小亞細亞沿岸綿延一百英里的多德卡尼斯群島（Dodecanese，意思是「十二個島」），是一連串石灰岩島嶼，其中最大也最肥沃的就是羅得島。它位於群島的東南端。而群島的最北端是建有灰白色修道院的帕特莫斯（Patmos）島，這是東正教的一個聖地，聖約翰（Saint John）曾在這裡獲得天啟，寫下了《新約聖經》中的《啟示錄》（*Book of Revelation*）。這些島嶼與亞洲海岸的港灣和海岬距離很近，難解難分，因此亞洲大陸總是聳立在海平面上。從羅得島到亞洲大陸僅有十一英里，如果風向有利，乘帆船幾個小時就能抵達；這的確是投石之遙，以至於在晴朗的冬日，亞洲白雪皚皚的群山在稀薄空氣的折射下幾乎觸手可及。

穆罕默德二世於一四五三年攻克君士坦丁堡的時候，基督教國家仍然占據著整個愛琴海，形成一個防禦圈。這個防禦圈就像一個拱形結構，其力量強弱取決於所有石塊間相互支撐。到一五二一年，整個拱形結構已經土崩瓦解；但做為基石的羅得島卻倖存了下來，以一個孤立的基督教堡壘之姿，威脅著土耳其人的海上航道，制約著他們在海上的擴張。

以教宗的名義守衛羅得島及其附屬島嶼的是十字軍東征時期三大騎士團的最後殘餘——聖約翰騎士團（Knights of Saint John，又稱「醫院騎士團」〔Hospitallers〕）。聖約翰騎士團的興衰反映著十字軍東征大業的成敗。最初組建醫院騎士團是為了醫治和照料在耶路撒冷患病的朝聖者，但

---

③「沙阿」即國王。

後來醫院騎士團像聖殿騎士團（Templars）和條頓騎士團（Teutonic Knights）一樣，演變成了教會的武裝力量。其成員向教宗宣誓終身保持清貧、貞潔和服從；他們的主要使命就是永不停歇地與異教徒戰鬥。聖約翰騎士團參加了爭奪聖地的漫長戰爭中的每一場重要戰役，最後在一二九一年五月的阿卡城，面對穆斯林軍隊的猛攻，聖約翰騎士團成員背對大海，死戰到底，幾乎遭到全殲。被逐出聖地之後，他們希望尋找一個新的基地以便繼續戰鬥，最後相中了信奉基督教的羅得島。一三〇七年，聖約翰騎士團攻占了羅得島。自此，羅得島成了西方基督教世界深深插入伊斯蘭世界的一把利刃，也是在將來發動新的反擊、奪回巴勒斯坦的一個前進基地。

騎士們在羅得島城建立了一座小型的封建堡壘，這是西歐十字軍東征的最後前哨，只聽命於教宗本人。他們的經費來自騎士團在歐洲的大片地產的地租，全部用於聖戰。自稱「聖戰者」的騎士們對軍事要塞瞭若指掌；好幾代人在巴勒斯坦的邊境防禦戰中積累下了豐富的經驗。他們曾建造騎士堡（Crac des Chevaliers）④——十字軍城堡中最固若金湯的一座；現在他們成竹在胸地加固了羅得島城的防禦工事，並開始了海盜的營生：他們建造並裝備了一支由武備精良的槳帆船組成的小型艦隊，藉此劫掠鄂圖曼帝國的海岸和航道，將俘虜賣為奴隸，將戰利品據為己有。

兩百年來，醫院騎士團一直在伊斯蘭世界的邊緣進行海盜活動，以多德卡尼斯群島做為一連串防禦基地，遏制土耳其人。他們甚至在亞洲大陸上也掌握著一個立足點——「解放者」聖彼得（Saint Peter the Liberator）要塞，土耳其人稱之為博德魯姆（Bodrum）要塞。這個要塞既是信仰基督教的奴隸逃亡的中轉站，也是騎士團在歐洲募集經費的宣傳工具。醫院騎士團的騎士們對聖殿騎士團的命運心知肚明，因此小心翼翼地維護著自己「基督教世界之盾」的形象。⑤

歐洲對醫院騎士團看法不一。對羅馬教廷來說，羅得島具有巨大的象徵性意義，因為它是抵抗異教徒的最外層防線；隨著拜占庭在伊斯蘭力量的步步進逼下逐漸土崩瓦解，美麗的島嶼一個個落入土耳其人手中，羅得島就是逐漸萎縮的海上邊疆的重要一環。教宗庇護二世（Pius II）曾哀嘆道：「假如其他的基督教君主都像羅得島這一個小島那樣，堅持不懈地抵抗土耳其人，那麼褻瀆上帝的土耳其人就不會發展得如此壯大。」[5]即便在君士坦丁堡陷落之後，羅得島仍然支持著羅馬教廷最大的夙願——最終重返聖地。但其他人對醫院騎士團就不那麼客氣了，對信仰基督教的航海商人來說，騎士團是個與時代格格不入的危險事物。騎士團的海盜行徑和封鎖西方與伊斯蘭世界貿易，威脅著脆弱的和平，而商業的繁榮完全取決於和平。威尼斯人認為，醫院騎士團和海盜沒有什麼區別，因此視其為僅次於鄂圖曼帝國的威脅。

醫院騎士團名聲在外，但力量其實不大。羅得島上的騎士從來不會超過五百人，他們都是歐洲貴族，得到當地希臘人和雇傭兵或多或少自願的支持。騎士團是一個組織嚴密的精英軍人團體，具有強烈的使命感，因此雖然兵力少，但卻能給敵人製造不少麻煩。他們的槳帆船潛伏在亞洲海岸的蔚藍潟湖和怪石嶙峋的小海灣內，能夠迅速地攔截過往船隻——乘船從伊斯坦堡前往麥

④　騎士堡位於今天的敘利亞境內，由十字軍建立。一一四二年，的黎波里伯爵將該城堡封賞給醫院騎士團。騎士團經營這個城堡一直到它於一二七一年被阿拉伯人占領。

⑤　聖殿騎士團和醫院騎士團一樣，也是基督教三大騎士團之一。它一度享有很多特權，富可敵國，與十字軍的命運密切相關。一二九一年，聖地陷落，聖殿騎士團失去根據地，最終淪為法王腓力四世（Philip IV）解決財務問題的犧牲品。一三〇七年，其眾多成員在法國被捕，遭到殘酷審訊後以異端罪名處以火刑。聖殿騎士團就此滅亡。

加朝觀的伊斯蘭信眾，從黑海運往埃及的木材，從阿拉伯成船運來的香料，以及蜂蜜、魚乾、葡萄酒和絲綢。無論敵友，都對醫院騎士團噤若寒蟬。與醫院騎士團的槳帆船作戰，簡直就像與蠍子糾纏。「這些海盜精力充沛、膽大妄為。」鄂圖曼帝國的史官記載道，「他們擾亂平靜的生活，給商人造成各式各樣的損失，還會捕捉旅行者。」[6]對穆斯林來說，醫院騎士團素來是不共戴天的死敵，是「法蘭克人的邪惡教派、魔鬼最凶殘的兒子、魔鬼後嗣中最腐化的一群」[7]。薩拉丁（Saladin）曾經坦然地屠殺被俘的醫院騎士團成員，而毫無道德顧忌。騎士團對教宗的效忠使得鄂圖曼帝國加倍地敵視他們。更糟糕的是，他們還在羅得島上經營奴隸貿易，出售穆斯林奴隸。「先知的孩子中有多少被這些謊言的後嗣俘虜？」穆斯林史官哀嘆道。「有多少信徒被迫叛教？有多少妻子和兒女（被抓走）？他們罪大惡極、不可饒恕。」[8]

連續多位蘇丹都將羅得島視為心腹大患、對帝國權威的挑戰和急待解決的問題。穆罕默德二世曾派遣大軍前去討伐，但慘遭失敗。一五一七年，蘇萊曼的父親塞利姆一世占領埃及之後，處於埃及通往伊斯坦堡航道正中間的羅得島的戰略威脅就更加突出。十六世紀初的幾十年，地中海東部地區常發生饑饉，該地對於伊斯坦堡的糧食供應至關重要。威尼斯人薩努多（Sanudo）⑥於一五一二年在日記中寫道：「上述羅得島人對蘇丹的子民施加了嚴重的摧殘。」[9]就在這一年，騎士團俘虜了十八艘開往伊斯坦堡的糧船，導致那裡的糧價上漲了一半。民間的怨氣直達天聽，「醫院騎士團阻止前往埃及的商船或朝觀者的船隻通過，用火砲擊沉船隻，將穆斯林俘虜」[10]。對蘇萊曼而言，這不僅僅是戰略上的威脅；他做為「穆罕默德信士的長官」[11]的地位也不穩固了。醫院騎士團在他的帝國的大門口俘虜穆斯林並變賣為奴，是可忍孰不可忍。現在他決定徹底粉碎「法蘭克毒蛇的巢穴」[12]。

✯

蘇萊曼在貝爾格勒寫下誇耀勝利書信的九天之後，收信人踏上了羅得島。他是位法國貴族，名叫菲利普・維里耶・德・李爾・亞當（Philippe Villiers de L'Isle Adam），剛剛當選為騎士團的大團長。他時年五十七歲，家族中有多位先輩在十字軍東征中馬革裹屍。就是他的先人指揮了一二九一年在阿卡城的殊死抵抗。李爾・亞當對他即將執行的任務一定不存幻想。他從馬賽出發前往羅得島上任的途中凶兆不斷。在尼斯（Nice）⑦外海，他的一艘船失了火。在馬爾他海峽，騎士團的旗艦「聖瑪利亞」號（Saint Mary）被閃電擊中，導致九人死亡，電火花將大團長本人的佩劍毀得只剩下扭曲的碎片，但他毫髮未傷地逃離了被燒焦的甲板。船隊在敘拉古（Syracuse）⑧停泊以修復風暴造成的損傷時，他們發現，土耳其海盜庫爾特奧盧（Kurtoglu）在跟蹤他們。庫爾特奧盧率領一隊武裝槳帆船在外海遊弋。騎士團的船隊悄悄溜出敘拉古港，藉助西風航行，迅速甩掉了追蹤者。

---

⑥ 馬里諾・薩努多（Marino Sanudo，一四六六至一五三六年），又稱「小薩努多」，十六世紀威尼斯史學家，他的日記詳細記述了當時的一些事件，包括義大利戰爭和鄂圖曼帝國的威脅。

⑦ 法國東南部港口城市，今天是旅遊勝地。

⑧ 西西里島東岸海港城市。

李爾．亞當讀到蘇萊曼的信後，做了簡潔明瞭、沒有任何客套的回覆，也不承認蘇丹的眾多冠冕堂皇的尊號。「菲利普．維里耶．德．李爾．亞當兄弟⑨、羅得島大團長，向土耳其蘇丹蘇萊曼致意，」他的回信如此開始，「您的使節已經呈上您的書信，我對其用意心知肚明。」[13]大團長隨後記述了庫爾特奧盧企圖俘獲他乘坐的船隻的經過，最後冷漠地以「後會有期」作結。與此同時，他向法國國王也發了一封信：「陛下，自他即蘇丹位以來，這是他寫給羅得島的第一封信，這絕非友誼的表示，而是隱晦的威脅。」[14]

李爾．亞當對可能發生的情況洞若觀火。騎士團的情報工作非常優秀，而且他們四十年來一直在準備抵禦敵人的進攻。十六世紀初，他們不斷向教宗和歐洲各國的宮廷請求提供經費和兵員。鄂圖曼帝國於一五一七年占領埃及後，土耳其人的威脅達到了空前高度。基督教海域正膽戰心驚地等待敵人的下一步行動。對此，教宗利奧十世顯得噤若寒蟬：「可怖的土耳其蘇丹如今掌控了埃及和亞歷山大港，以及整個東羅馬帝國，並且在達達尼爾（Dardanelles）海峽建立起一支強大艦隊，他將鯨吞的不僅僅是西西里和義大利，而是整個世界。」[15]很明顯，羅得島處於正在聚集力量的風暴的最前沿。大團長再次發出求援的呼聲。

但基督教世界對他的求救置若罔聞。蘇萊曼很清楚，義大利是西班牙的哈布斯堡王室與法國的瓦盧瓦王室之間交鋒的戰場；威尼斯在此前與土耳其人的較量中元氣大傷，現在選擇求和；而馬丁．路德（Martin Luther）的宗教改革正使得基督教世界四分五裂。連續多位教宗都竭力刺激歐洲世俗君主們的良心，並幻想新的十字軍東征大業，卻都毫無效果。在比較清醒的時刻，教宗們放聲哀嘆基督教世界的紊亂。只有醫院騎士團成員從歐洲各地集結而來，準備援救羅得島，但他們人數極少。

李爾·亞當不為所動，開始為守城做準備。他派遣船隻到義大利、希臘和克里特島去收購小麥和葡萄酒。他監督部下清理壕溝、修理堡壘，監管火藥作坊的運作，並努力阻止告密者越過狹窄的海峽向蘇丹的國度輸送情報。一五二二年四月，騎士團收割了尚未成熟的小麥，肅清了城外地域，一把火將其夷為平地。港口入口處拉起了一對堅固的鐵鍊。

在四百五十英里之外的伊斯坦堡，蘇萊曼正在集結大軍、裝配艦隊。鄂圖曼帝國軍事行動的一大特色就是，他們動員人力和資源的規模遠遠超過敵人的計算能力。史學家經常會將鄂圖曼軍隊可供集結和投入作戰的兵力誇大兩倍或三倍，或者乾脆放棄計算；遭到圍攻的守軍躲在城垛後，看見城外漫無邊際的人、牲畜和帳篷，常常會將鄂圖曼軍隊的兵力描述為「浩瀚如繁星」[16]。因此，基督教史學家對征討羅得島的土耳其軍隊的兵力做了一番誇飾，聲稱其擁有二十萬大軍和一支強大的艦隊，「加萊賽（galleasse）戰船⑩、槳帆船、平底船、弗斯特（fustae）戰船⑪和雙桅

---

⑨「兄弟」是修道會和教會屬下的騎士團成員相互之間的稱呼，因為他們情同手足。

⑩加萊賽戰船是中世紀一種主要由威尼斯人製造、在地中海使用的大型戰船，一度頗為流行。加萊賽戰船的排水量可達六百噸以上，乃至接近一千噸，在當時可算真正的巨無霸；加萊賽戰船的動力來自划槳和風帆，需要數百名槳手一同運作。較大的船體使它吃水較深，可以很穩定地航行，並可以搭載更多和更強大的火砲以及數量可觀的水兵，因此戰鬥力很強。但搭載大量人員和使用划槳使其不適合遠洋航行。隨著風帆船的崛起以及火砲在海戰中地位的提升，加萊賽戰船逐漸被淘汰。

⑪一種輕型槳帆船。

帆船，總數超過三百艘。」[17]李爾．亞當決定不去仔細計算自己的兵力。他們人數太少，如果數清楚了反而會導致士氣低落，「而且他擔心，進出羅得島的閒雜人等會將這情況報告給土耳其蘇丹」[18]。保衛羅得島城的守軍很可能只有五百名騎士、一千五百名雇傭兵及當地希臘人。大團長決定舉行一系列閱兵，以鼓舞士氣。在閱兵活動中，各個連隊「旌旗招展」，「鑼鼓喧天、號角震耳」[19]。騎士們身穿帶有白色十字的紅罩袍，景象頗為悅目。

穆罕默德二世在一四八〇年圍攻羅得島時並未御駕親征，而是留在伊斯坦堡，派遣一名大將前去討伐。蘇萊曼則決定親自征伐「邪惡的、可詛咒的奴僕」[20]。蘇丹的親臨戰場令戰事風險大增。失敗將是不可接受的；一旦戰敗，指揮官們將被解職，甚至人頭落地。蘇萊曼此行志在必得。

✯

六月十日，騎士團收到了蘇丹的第二封信，這次就沒有客套的外交辭令了：

蘇萊曼蘇丹致羅得島大團長維里耶．德．李爾．亞當、他麾下的騎士們，以及各色人等。你等對我國人民的摧殘令人髮指，使我對他們心生憐憫，而對你們義憤填膺。因此，我命令你們立即投降，將羅得島及其要塞交與我方。我將大發慈悲，允許你們攜帶最珍貴的私人財物安全離去；如果你們願意接受我的統治，我將不向你們收取任何賦稅，也不會以任何方式限制你們的自由，更不會妨害你們的信仰自由。如果你們有理智，就應當選擇友誼與和平，而不是殘酷的戰爭。因為，你們一旦被征服，就將不得不接受勝利者常施加的殘酷懲罰。你們自身的力量、外部的援助和強大的防禦工事都無法保護你們。我將把你們的防禦工事夷為平地……我以上天的真主、創世者、四福音書作者、四千先知（他們從天而降，其中最偉大者乃穆罕默德，最值得崇敬者）、我祖父與父親的英靈、我本人神聖尊貴的帝王頭顱的名義，發出如此誓言。[21]

這一次，大團長不屑回信。他的全部精力集中在生產火藥上。

六月十六日，蘇萊曼率軍開拔，渡過博斯普魯斯海峽，沿著亞洲海岸南下，前往與羅得島隔海相望的集結地。兩天後，他的艦隊從位於加里波利（Gallipoli）的基地啟航，運載著重砲、補給和更多的兵員。

✯

雖然雙方兵力懸殊，但戰局並非完全是一邊倒的。鄂圖曼軍隊於一四八〇年包圍羅得島城時，他們仰望的還是一座典型的中世紀要塞。薄薄的高牆是為了抵禦雲梯和攻城器，但無法抵擋持續的砲火。到一五二二年，城防已經大大改良。騎士們的精神風貌和使命感或許是過時了，但在軍事工程學上，他們卻非常前衛。四十年來，他們花費了大量金錢，雇傭最優秀的義大利工程師來加強他們的堡壘。

這項工程恰好處於一場軍事建築學革命的顛峰時期。火藥時代已經到來；發射石彈的大型火砲已被淘汰，讓位於發射鐵製穿透型砲彈，更為精確、體型更小的銅製火砲，這導致要塞設計也發生了革命。義大利軍事工程師們將他們的行當發展成了一門科學。他們利用羅盤繪製火砲的射界圖紙，並運用彈道學知識設計出激進的解決方案。他們在羅得島的工程代表了軍事工程學的最新成果：巨大的城牆；牆壁極厚、射界更開闊的帶拐角的稜堡；用以使砲彈偏轉的傾斜胸牆；可供安放長射程火砲的基座；喇叭口狀的射擊孔；帶有隱蔽砲台的內層防禦圈；深如峽谷的雙道壕溝；以及能夠使敵人暴露在狂風驟雨般火力下的壕溝外護牆。防禦戰的新原則是縱深防禦和交叉火力。敵人每前進一步，都將遭到來自多個角度的襲擊，而且前方還可能會有陷阱。一五二二年的羅得島城不僅是世界上最固若金湯的城市，也是攻城戰術的試驗場。修建工事的工人主要是穆斯林奴隸；其中有個年輕的水手叫做奧魯奇（Oruch），他註定將永遠不會忘記，更不會原諒這段經歷。

從布局上來看，羅得島城呈圓形，像顆蘋果。但在設防港口與城鎮連接的地方，蘋果的弧線似乎被咬掉了一大口。騎士們作戰時按民族分為若干集群，因此圓形防線被分為八個防區，每個防區各有一座塔樓，每個防區的守軍是同一民族的同胞。有個防區由英格蘭人防守；義大利人負責另一個區；奧弗涅人（Auvergne）⑫防守最強大的一個稜堡；然後是日耳曼人、卡斯提爾人（Castile）⑬、法國人、普羅旺斯人和亞拉岡人（Aragon）。

雖然沒能從西歐得到有力的支援，李爾．亞當還是交了一個好運。他從克里特島招募到了當時最優秀的軍事工程師之一——加布里埃利．塔蒂尼（Gabrielle Tadini），他是「一位了不起的工程師，在軍事學上也是一位卓越的數學家」[22]。塔蒂尼在名義上是受威尼斯人雇傭的，後者堅決反對塔蒂尼為醫院騎士團效力，因為這將會被視為破壞了威尼斯的中立。騎士們藉著夜色掩護，將塔蒂尼從克里特島一個荒無人煙的小海灣接走。這是一場令人精神大振的冒險。塔蒂尼面容飽經風霜、精力充沛、極富創造力，而且英勇無畏，抵得上一千個人。他立即著手對羅得島的防禦工事進行調整，測量距離和射界，對殺戮地帶進行改良。

六月二十四日是聖約翰的瞻禮日，對醫院騎士團來說是最神聖的一天。就在這一天，鄂圖曼艦隊首次嘗試在羅得島登陸。兩天後，艦隊在羅得島城以南六英里處下錨，隨即開始耗時甚久的裝備卸載工作，將人員和物資從大陸運到島上。在莊嚴肅穆的儀式中，大團長將羅得島城的城門鑰匙放置在聖約翰教堂的祭壇上，「懇求聖約翰保管和保護鑰匙，並保衛整個騎士團……仁慈地保護他們免遭正在圍攻他們的強大敵人的侵害。」[23]

土耳其人花了兩週的時間才將所有人員和物資運到島上。他們運來了名目五花八門的各式火砲：射石砲、蜥砲、蛇砲、雙筒砲和罐形砲。這些火砲能夠發射形形色色的彈丸，在攻城戰中各有獨特的功能：直徑九英尺的巨型石彈和穿透性極強的鐵彈丸將被快速投射，轟擊和穿刺城牆；銅製的燃燒彈炸裂後會拋灑出燃燒的石腦油，「以殺戮人員」[24]；還有彈道很高的臼砲彈；甚至還有生化武器──有些火砲被專門用來向城內投射腐爛的屍體。

⑫ 法國中部的一個地區。
⑬ 西班牙中部的一個地區，在西班牙歷史上扮演了重要角色，是現代西班牙的基礎。如今卡斯提爾仍是西班牙的政治和行政中心。

世界上沒有任何一支軍隊比鄂圖曼人更精通攻城戰。拜間諜所賜，他們抵達羅得島的時候就已經對城防有相當的了解，因此對自己的任務做了非常務實的評估。他們寄與厚望的不是攻城大砲，而是地下武器：地雷。所以，登上陽光明媚海灘的人員當中，有很大一部分只裝備了鶴嘴鎬和鏟子。蘇萊曼網羅了巴爾幹地區富有經驗的坑道工兵（主要是基督徒），讓他們在城牆下挖地道。有資料表明，蘇萊曼麾下坑道工兵的數量高達六萬人，相當於全軍的三分之一，當然這個數字有些誇大了。他們將流血流汗，一尺一尺地在設計精巧的義大利式稜堡下方挖掘前進。

七月二十八日，守軍可以看見鄂圖曼帝國的船隻在桅頂懸掛了慶祝條幅——蘇萊曼本人乘坐槳帆船渡過了海峽。當蘇丹在砲火射程外安營紮寨並監督完所有準備工作之後，攻城戰就正式打響了。

✯

雙方最初的戰鬥是爭奪城牆以外的地域，然後是爭奪城牆本身。土耳其坑道工兵首先挖掘一道與羅得島城防線平行的塹壕，然後在塹壕的前方樹立起木柵欄；第二階段是挖掘像蜘蛛網一樣向城牆延伸的坑道。從一開始，這工作就非常殘酷。可憐的坑道工兵在開闊地上無遮無擋地進行挖掘工作，慘遭塔蒂尼精確砲火的屠殺。守軍還不時發動突襲，從城中殺出，消滅了更多的坑道工兵。但這對鄂圖曼帝國的指揮官們來說無關緊要，他們有的是人。塹壕挖好後，火砲被拖入防護性屏障的後方，然後就可以開始砲擊了。重砲連續不斷，日夜轟擊城牆，長達一個月之久。臼砲向城市投射燃燒的彈丸，這些彈丸「落地之後旋即炸裂，火苗飛騰而出，造成破壞」[25]。使用火繩槍的神射手嘗試消滅出現在城垛上的守軍。一名目擊者記述說：「手槍的射擊聲此起彼伏，令人難以置信。」[26]源源不斷的人力供應使得挖掘工作進展神速。坑道工兵從半英里之外搬來「一座土山」[27]，堆築了兩座巨大的，可俯視城牆的土堆，隨後在土堆上安置了五門大砲，居高臨下地轟擊城內。

土耳其軍隊兵力如此雄厚，以至於形成了一道長達一點五英里、橫亙全島的半月形封鎖線，正對著羅得島城面向內陸的一面。龐大的塹壕系統一天天逼近城牆，塹壕敞開的頂部覆蓋有木料和獸皮，坑道工兵就在這掩護下工作。

塔蒂尼積極地採取反制措施。隨著敵人坑道逼近，他建造了巧妙的監聽裝置：在木框架上緊繃獸皮薄膜，上面懸掛著鈴鐺。這種裝置非常靈敏，來自地下的哪怕是最輕微的震動都能使鈴鐺響起。他還挖掘守方的防禦性地道，攔截敵人的地道，將敵人殺死在黑暗中，用火藥將敵人的坑道工兵炸得抱頭鼠竄，另外還設置了複雜的陷阱，用凶悍的交叉火力痛擊前進的敵人。為了防止漏掉敵人的某一條坑道，他在城牆的地基裡開鑿了螺旋形的通風口，以分散敵人地雷爆炸的破壞力。

新建的義大利稜堡能夠有效地抵擋砲擊，但是年代更久遠地段的城牆，尤其是英格蘭人的防區，就比較脆弱了。而且土耳其坑道工兵幹起活來真是不知疲倦。到九月初，塔蒂尼摧毀了敵人的大約五十條坑道，但是到了九月四日，英格蘭人防守的稜堡下方發生巨大爆炸，撼動了全城；這裡的一條地道躲過了守軍的注意力，鄂圖曼人得以在稜堡下方引爆地雷，炸出了一個方圓三十英尺的大洞。鄂圖曼步兵像潮水般地湧入；蘇萊曼的人馬一時建立了橋頭堡，在城牆頂端插上了自己的旗幟，但後來被打退，而且損失慘重。隨後幾天內，戰鬥愈發血腥；鄂圖曼人引爆了很多地雷，但塔蒂尼開鑿的通風口系統發揮了效力，城牆沒有受到多大損傷；鄂圖曼軍隊發動了一些正面攻擊，但都被擊退，幾千名不知名的鄂圖曼士兵戰死。蘇萊曼的主砲手被一發砲彈打斷了雙腿，據說蘇丹認為這個損失比任何一名將軍的陣亡都更嚴重。士兵們士氣低落，不肯進攻；九月九日，指揮官們需要「用劍砍殺」[28]才迫使士兵們投入戰鬥。守軍的傷亡要少得多，但卻嚴重得多，因為他們沒有任何補充兵員。僅在九月四日一天，騎士團就損失了三名主要指揮官：槳帆船分隊的指揮官、掌旗官亨利．曼賽爾（Henry Mansell）和高級指揮官加布里埃利．德．波莫羅（Gabriel de Pommerols），後者「前去視察塹壕時從城牆上墜落……胸部受傷」[29]。

蘇萊曼在砲火射程之外的安全地帶視察戰事，並在作戰日記中以一系列簡潔的言辭做了記錄。八月底，他簡單地寫道：「二十六日和二十七日，戰鬥。二十八日，下令用樹枝和石塊將塹壕填平。二十九日，曾被異教徒摧毀的皮里帕夏（PiriPasha）⑭的砲台再度開始射擊。三十日，塹壕被填平了。三十一日，激烈戰鬥。」[30]這些日記充滿了如同奧林匹斯諸神靜觀凡人打仗一般的冷靜和超然。蘇丹寫到自己的時候都是用第三人稱，似乎真主在人間的影子已經超脫凡人的情感，但從這些日記裡還是能夠感受到蘇丹的期望值的變化軌跡。他麾下的將領——穆斯塔法（Mustapha）帕夏曾告訴他，攻城戰將持續一個月。九月，當一系列地雷的爆炸撼動了城市，缺口被擴大時，似乎勝利的最後一擊已經為期不遠。九月十九日，蘇萊曼記載道，一些部隊成功地打進了一段城牆的內部。「這一次得到了情報，城內沒有第二道壕溝，也沒有第二道城牆。」[31]九月二十三日，穆斯塔法帕夏認定，決戰的時刻到了。傳令官們在全軍宣布，即將展開最後總攻。

蘇萊曼向官兵們發表了演說，激勵大家勇往直前。他命人搭建了觀戰台，從那裡親自觀看最後的總攻。

九月二十四日破曉前，「甚至在晨禱之前」[32]，土耳其軍隊就發動了大規模砲擊。在煙霧的掩護下，蘇萊曼的精銳部隊——近衛軍開始前進。守軍被打了一個措手不及。近衛軍衝上城頭，插起了旗幟。隨後是一場血雨腥風的鏖戰，雙方苦戰了六個小時。大團長成功地集結起守軍，各稜堡和外層城牆內的隱蔽陣地中射出冰雹般的槍彈，對入侵者施以迎頭痛擊。最終，土耳其人心生動搖，撤退了。任何威脅都無法迫使土耳其士兵返回突破口。他們逃離了戰場，留下的是滾滾狼煙和滿地血汙的瓦礫堆。蘇萊曼在當天的日記裡只寫了一句話：「進攻被打退。」[33]次日，他宣布，命令穆斯塔法帕夏在全軍面前遊行，然後用亂箭將他射死。第二天，他回心轉意，饒恕了穆斯塔法帕夏。

✯

---

⑭ 皮里帕夏即著名的「皮里雷斯」（PiriReis，一四六五／一四七〇至一五五三年），原名哈吉·艾哈邁德·穆哈德因·皮里（Hacı Ahmed Muhiddin Piri）。「哈吉」是對曾經前往麥加聖地的朝覲者的尊稱。「雷斯」原意是「船長」，後來變為對海軍高級將領的尊稱。「帕夏」是鄂圖曼帝國行政系統裡的高級官員，通常是總督、將軍及高官。皮里雷斯是當時著名的將領、航海家、地理學家和地圖繪製師。他參加了一五二二年的對羅得島的圍攻。由於他留存今日的著作《航海書》（*Kitab-ı Bahriye*）精確描述了地中海的眾多重要港口和海防咽喉，令人不禁猜測，他很可能同時也是鄂圖曼帝國的海軍情報頭子。

羅得島遭圍攻的消息藉著竊竊低語傳遍了地中海世界。歐洲的帝王們雖然按兵不動，但畢竟還是理解羅得島的重要性：它是阻擋鄂圖曼帝國海上擴張的堤壩。神聖羅馬帝國的皇帝查理五世預計，羅得島一旦陷落，地中海中部海域將向土耳其人洞開；土耳其人將繼續推進，從海上進攻義大利，「最終摧殘和毀滅整個基督教世界」[34]。但對羅得島來說不幸的是，這個精明的洞見卻沒有產生實值的影響。十月，只有幾艘小船突破了土耳其人的封鎖，帶來僅有幾名騎士的援兵。在義大利，醫院騎士團招募了兩千名雇傭兵，這支隊伍抵達西西里島上的墨西拿（Messina），隨後就止步不前。因為沒有武裝護航，他們不敢出海。在遙遠的英格蘭，一些英格蘭騎士為遠征做了準備。但他們的船隻啟航太晚，遭遇了惡劣的海況，後來在比斯開（Biscay）灣沉船，無人生還。

攻勢在持續中。土耳其人堅持不懈地對城牆進行爆破，或者正面攻擊。在十天內，土耳其人對英格蘭人的防區發動了五次進攻，均被打退。到十月初，大部分英格蘭騎士非死即傷。十月十日，形勢急劇惡化。西班牙人防區的城牆遭到突破，殺入突破口的土耳其人死死咬住陣地，西班牙人無法將其逐出。騎士團倉促修建了一道內層城牆，對這個突破口進行了遏制，但土耳其人仍穩穩地站住了腳跟。「對我們來說，這是厄運當頭的一天，」一名騎士寫道，「這是我們滅亡的開端。」[35]次日，更多噩耗降臨：塔蒂尼在透過槍眼視察防禦工事時，被一名神射手一槍擊中面部。槍彈打爛了他的眼窩，從頭顱側面射出。這位勇猛的工程師雖然身負重傷，但仍頑強地活了下來。在接下來的六週內他無法參加戰鬥。同時，可用的火砲數量日漸縮減，火藥也已經所剩無幾。大團長不得不下令，未經批准不得開砲。

城內開始疑神疑鬼地大肆搜捕間諜。當地民族混雜，有拉丁人⑮、希臘人和猶太人，以及被迫為騎士團效勞、心懷不滿的穆斯林奴隸，因此人們很容易懷疑，城內潛伏著通敵的第五縱隊。在圍城初期，有一些土耳其女奴企圖燒毀房屋，這個陰謀受挫，主謀被處死。雖然受到嚴密監控，男性奴隸還是不斷偷跑；他們趁夜色爬下城牆，或者溜進大海、游出港口。蘇萊曼從逃兵那裡得知，在九月二十四日的戰鬥中，騎士團損失了三百人，其中包括幾名重要的指揮官。還是在九月，一名猶太醫生（其實是蘇萊曼的父親多年前安插在城內的間諜）用弩箭向城外傳遞消息，被當場抓獲。神經緊繃的居民們開始幻想處處都有間諜；關於背叛的謠言和對末日的預言如野火般傳播。十月底，又抓到一個用弩箭傳遞消息的猶太人。他是騎士團財務官安德烈亞·達瑪拉爾（Andrea D'Amaral）的僕人。達瑪拉爾是個粗暴陰沉、不受歡迎的人物，他原本有望成為大團長，但最終未能如願。騎士們現在什麼都肯相信。達瑪拉爾被逮捕，並遭到嚴刑拷打。他拒絕承認通敵罪行，但還是被判有罪，先被處以絞刑（一直到瀕死，隨即解開絞索），然後開膛、閹割、斬首，最後被肢解。他的頭顱和分解的肢體被插在城牆的矛尖上。軍營中瀰漫著恐懼。

✯

隨著援兵的希望愈來愈渺茫，騎士們把最後的希望寄託在天氣上。在地中海作戰是要看老天爺臉色的。到了秋末的綿綿霪雨開始的時候，士兵們就無心戀戰，一心想返回兵營；應徵入伍的

⑮ 指信仰羅馬天主教，以拉丁語為教會語言的西歐人。

人員想返回自己的村莊和農場。船身低矮的槳帆船無法應付愈來愈糟的海況，在海上待的時間太長的船隻將面臨滅頂之災。琢磨日曆最認真的就是土耳其人了，傳統的作戰季節從每年的波斯新年三月二十一日開始，到十月底結束。羅得島上十月二十五日開始下雨。塹壕內灌滿雨水，地面化做泥潭。戰場變得像索姆（Somme）河⑯一樣。風向轉為東風，將安納托利亞平原的寒冷驅趕到羅得島。工兵們的手指被凍僵，難以握住鐵鏟。開始有人病死。鞭策士兵繼續作戰也變得更困難了。進攻方開始灰心喪氣。

鄂圖曼帝國的任何指揮官如果能自行決斷的話，都一定會停止進攻，以減小損失。因為他會害怕自己的艦隊被風暴和礁石摧毀，擔心自己的軍隊心懷不滿、口出怨言，而且因為疾病而虛弱不堪。指揮官會寧可讓蘇丹雷霆大怒，也一定要率軍撤退。但蘇萊曼這次是御駕親征，所以絕不能放棄——他志在必得。執掌朝綱不久就遭遇失敗，會嚴重損害他的權威。十月三十一日的作戰會議決定，艦隊將開往安納托利亞海岸的一個安全錨地；蘇萊曼下令建造一座石製的「逍遙宮」[36]，做為他的冬季寓所；攻城戰則將繼續進行。

戰事拖過了整個十一月。騎士們現在人數太少，無法面面俱到地防禦所有地段，也沒有足夠的奴工來修補防禦工事或者轉移火砲。「我們沒有火藥了，」英格蘭騎士尼古拉斯·羅伯茨（Nicholas Roberts）爵士寫道，「也沒有任何彈藥，除了麵包和水之外沒有任何糧食。我們已經絕望。」[37]海上沒有任何大規模援軍抵達。土耳其人穩穩地控制著西班牙人防區的突破口。此時那個突破口已經寬到足以讓四十個人肩並肩地騎馬通過。騎士團對這個缺口發動了更多進攻，但寒冷的天氣和疾風驟雨令士氣十分低落，「傾盆大雨下個不停，無休無止；雨點被凍結；下了很多冰雹。」[38]十一月三十日，土耳其人發動了最後一次大規模攻勢。騎士團雖然挫敗了這次進攻，但再也無法將敵人打退。戰事陷入了僵局。城內的現實主義者「感到城市已經守不下去，敵人在一個地段突入了四十碼，在另一地段突入了三十碼。他們已經無路可退，也無法將敵人擊退」[39]。而蘇萊曼每天都不得不目睹自己的軍隊蒙受新的慘重損失。現代的要塞設計為防守方加分不少，有效地彌補了攻防雙方的懸殊兵力，使得雙方的力量更加平衡。他知道自己的士兵的忍耐是有限度的。他必須找到一個解決方案。

十二月一日，一名熱那亞（Genoa）叛教者令人意外地出現在城門前，主動提出為和談操作斡旋。他被趕走，但兩天後又回來了。以有條件投降為目標的談判就這麼小心翼翼地祕密展開了。絕對不能讓外界知道，是蘇丹本人在尋求談判。如果世人知道世界上最強大的君主也在求和，會大損他的顏面。神祕的信件被送到大團長手中（蘇丹當然會否認這些信是他發出的），重申了投降的條件。雙方漸漸地發展出了一種外交活動的模式。騎士們在閉門會議中對此事做了漫長的討論。李爾．亞當主張死戰到底；將羅得島拱手交給敵人的想法讓他悲痛得甚至暈倒在地。但塔蒂尼知道，從軍事上而言，他們已經走投無路；而且城內居民也想起了貝爾格勒居民的悲慘

⑯ 第一次世界大戰中，英法聯軍於一九一六年七月對法國索姆河以北的德軍發動正面進攻。德軍陣地堅不可摧，進攻第一天英軍就傷亡近六萬人。攻勢逐漸變成一場消耗戰。十月，傾盆大雨將戰場變成無法通行的泥潭，聯軍不得不放棄戰役。此時，聯軍僅前進了八千公尺。德軍傷亡約六十五萬、英軍約四十二萬、法軍約十九萬五千。索姆河戰役自此成為徒勞無功和瘋狂殘殺的代名詞。

命運，涕泗橫流地哀求騎士團投降。蘇丹提出的條件非常慷慨，令守軍相當吃驚，起初甚至還頗有些狐疑：騎士們可以保持體面，攜帶財產和除了火砲之外的武器離開。平民的人身和宗教自由將得到尊重；鄂圖曼人不會強迫平民改信伊斯蘭教，也不會將教堂改為清真寺；五年內不收任何賦稅。做為交換，騎士們應當交出所有的島嶼和要塞，包括亞洲大陸上的「解放者」聖彼得要塞。這種慷慨大度說明，蘇萊曼也陷入了僵局，急於儘快結束冬季戰爭。他甚至表示願意提供船隻，送騎士們撤離。

談判斷斷續續地進行了兩週。李爾．亞當努力拖延時間，於是土耳其人發動了一次新的進攻，迫使他回到談判桌前。最終他接受了不可避免的命運。蘇萊曼非常堅決，不可動搖，「哪怕土耳其民族滅絕」[40]，他也一定要得到要塞。但蘇萊曼說服了基督徒們，他一定會信守諾言。為了營造互信的氣氛，蘇萊曼撤軍一英里，並與守軍交換了人質。騎士團的人質包括尼古拉斯．羅伯茨爵士，他是有史以來第一位有幸目睹蘇丹真容的英格蘭人。這經歷給他留下了極其深刻的印象。「土耳其蘇丹非常睿智、審慎……言辭與行動皆是如此，」他寫道，「我們首先被帶去向他請安，我們看到……一座極其奢華的大帳篷。」在這裡，他向蘇萊曼鞠躬致意，後者「坐在純金打造的椅子上，帳內沒有其他人」[41]。即便身處臨時搭建的軍營，蘇萊曼的氣場仍然十分強大。

十二月二十日，雙方最終簽訂了協議。四天後，李爾．亞當身著「樸素的服飾」（黑色的喪服）前去向蘇萊曼俯首稱臣。這次會面幾乎洋溢著君子之風。滿臉絡腮鬍子、滿腹憂傷的李爾．亞當俯身去親吻蘇萊曼的手，這顯然觸動了後者；騎士們英勇的抵抗也讓他心生敬意。透過譯員，他用同情的話語撫慰了明顯在衰老的李爾．亞當，談及了世事的難料，「由於人的命運浮沉不定，丟失城市和王國也屢見不鮮」[42]。他轉向他的維齊爾（Vizier）⑰，喃喃道：「我不得不將這位勇敢的老人逐出自己的家園，這令我非常憂傷。」[43]兩天後，蘇萊曼親自視察剛剛征服的城市，一路上幾乎沒有任何衛兵陪同，完全信賴騎士們的榮譽感，這個姿態是非比尋常的。他離開城市時掀起了自己的頭巾，向對手表示敬意。

但並非事事都一帆風順。耶誕節那天，一隊鄂圖曼近衛軍進了城，表面上是擔任守衛，卻搶劫、褻瀆了教堂。在遙遠的羅馬，發生了一件不祥之事，與基督教堡壘的即將陷落形成巧合。在聖彼得大教

圖2 衰老的李爾·亞當

⑰「維齊爾」最初是阿拉伯帝國阿拔斯王朝哈里發的首席大臣或代表，後來指各穆斯林國家的高級行政官員。維齊爾代表哈里發，後來代表蘇丹，處理一切政務。鄂圖曼帝國把維齊爾的稱號同時授給幾個人。鄂圖曼帝國的宰相稱為「大維齊爾」，是蘇丹的全權代表，下文中譯為「首席大臣」。

堂舉行的耶誕節禮拜中，教堂拱頂高處的飛簷上有一塊石頭脫落，正好落在教宗腳邊。信徒們視此為一個明白無誤的訊息：基督教世界的基石已經崩潰；異教徒通往地中海的道路已經暢通無阻。在羅得島城，穆斯林高呼：「阿拉！」勝利入城，近衛軍的軍旗（伊斯蘭世界的勝利旗幟之一）被徐徐升起，皇家鼓點和音樂響起。「就這樣，曾經屈從於謬誤的城市歸入了伊斯蘭的土地。」[44]

✯

一五二三年新年的黃昏，倖存的騎士，包括能夠行走的和必須抬在擔架上的傷病員，共計一百八十人，登上了他們的克拉克（carrack）帆船⑱「聖瑪利亞」號和三艘槳帆船「聖雅各」號（Saint James）、「聖凱薩琳」號（Saint Catherine）、「聖博納文圖拉」號（Saint Bonaventura）。他們帶走了騎士團的檔案和最珍貴的聖物：盛放在鑲嵌珠寶的匣子內的施洗者約翰的右臂骨和一幅珍貴的聖母像。蘇萊曼一心想把塔蒂尼招入自己麾下，因此早已將他帶走了。

船隊從港口啟航後，騎士們可以眺望小亞細亞白雪皚皚的群山，回想四百年的十字軍東征史。隨著羅得島的陷落和博德魯姆要塞的投降，十字軍東征正式走入歷史。在隨後的幾十年中，對醫院騎士團成員們來說，羅得島將是一個令人憧憬和神往的天堂；收復羅得島的美好幻想要過了很久才會破滅。現正等待他們的是充滿不確定性的未來；在克里特島海的上空，黑夜正在向他們疾馳。倚著護欄眺望遠方的人群中有一位年輕的法國貴族，叫做讓·帕里索·德·拉·瓦萊特（Jean Parisot de La Valette）。他時年二十六歲，與蘇丹年紀相同。在岸上的人群中有一位年輕的土耳其士兵，他叫穆斯塔法，在此次戰役中功勳卓著。

✰

蘇萊曼大獲全勝，凱旋返回伊斯坦堡。登基僅僅十八個月內，這位沉默寡言的年輕君主已經明白無誤地傳達出了自己的宏圖大略。占領貝爾格勒之後，通往匈牙利和中歐的道路已經洞開；奪得羅得島，就是翦除了基督教在地中海東部的最後一座軍事要塞。「敏捷如蛇」[45]的鄂圖曼帝國戰船可以席捲地中海中部了。羅得島攻防戰打響了一場宏大戰爭的第一槍，這場角逐將從維也納城下一路打到直布羅陀海峽。

蘇萊曼在這些征服大業之後的統治是鄂圖曼帝國歷史上最長久也最輝煌的篇章。被土耳其人稱為「立法者」（Lawgiver），被基督徒譽為「大帝」的蘇萊曼將發動史詩規模的戰爭，令他的帝國達到全盛的頂峰。第十世蘇丹的威嚴、公正和雄心無人可比。然而蘇萊曼的黃金時代卻受到聖約翰騎士團的煩擾——四十年後，騎士團將在拉．瓦萊特的領導下再次給蘇丹製造麻煩。蘇萊曼年輕時在羅得島的慷慨大度將被歷史證明為一個代價沉重的錯誤。在一五二二年之後，並非只有年輕的蘇丹一個人自認為奉天承運。在托勒密地圖的最西端，有著另外一位足以與他匹敵的偉大帝王。

---

⑱ 克拉克帆船是十五世紀盛行於地中海的一種三桅或四桅帆船。它的特徵是巨大的弧形船尾，以及船首的巨大斜桅。克拉克帆船體型較大、穩定性好，是歐洲史上第一種可用做遠洋航行的船隻。

第二章 求援

一五一七至一五三〇年

五年前。一千五百英里以西。另一片大海。一五一七年十一月，在惡劣天氣下，一支四十艘帆船的船隊正顛簸地穿過比斯開灣。它們是來自荷蘭的弗利辛恩（Vlissingen）的佛萊明（Flemish）船隻，目的地是西班牙北岸。這些堅固的克拉克帆船足以抵禦大西洋的驚濤駭浪。每艘船都張掛著巨大的帆，主帆在冬季勁風的吹拂下鼓脹起來。狂風驟雨席捲灰色的海域，有時遮蔽了船隊，有時又讓它們在昏暗的日光下顯露身形。海岸線逐漸出現在雨簾中。

甚至從遠處也可以清楚地看到，有一艘船與眾不同。「國王」號（Real）上載著年輕的勃艮第（Burgundy）公爵查理，他是來繼承西班牙王位的。「國王」號的帆上裝飾著代表宗教和帝國權威的複雜徽記：

> 主帆上繪有耶穌被釘在十字架上的圖像，兩側是聖母瑪利亞和使徒聖約翰[1]。整幅圖像

的周邊是海克力斯（Hercules）的兩根巨柱。①國王的箴言「走得更遠」②寫在纏繞在兩根巨柱之間的卷軸上。這一切構成了王室紋章。上桅帆上畫著三位一體像，後桅帆上繪有聖尼古拉（Saint Nicholas）像。前桅帆上畫著環抱聖嬰的聖母走在月球上，周圍環繞著太陽的光輝，她頭戴飾有七顆星的冠冕；最上面是卡斯提爾的主保聖人聖雅各在戰鬥中斬殺異教徒的場景。

✯

查理年僅十七歲。複雜的王朝繼承法統規定，他理應是自查理曼（Charlemagne）以來歐洲最龐大領地的繼承人。他的領地之廣大，可與鄂圖曼帝國等量齊觀，而他的頭銜之多也足以與蘇萊曼匹敵。書記員要用長長兩頁紙才能寫下他的全部頭銜：亞拉岡、卡斯提爾與那瓦勒（Navarre）國王，那不勒斯與西西里國王，勃艮第領主，米蘭公爵，哈布斯堡家族的族長，弗朗什—孔泰（Franche-Comté）、盧森堡與夏羅爾（Charolais）的統治者等等。他的領地在全歐洲星羅棋布，如同象棋上的黑色方塊，從東方的匈牙利一直延伸到西方的大西洋，從阿姆斯特丹一直到北非海岸，甚至包括更遙遠的地方——新發現的美洲大陸。

船帆上的徽記是年輕國王的佛萊明謀臣們精心挑選的，目的是爭取他的新臣民西班牙人的好感，並宣示他們的國王對整個帝國和聖戰領導地位的所有權。在西班牙的地理大發現時代，查理的領土將遠遠超出直布羅陀海峽，囊括整個世界。他繼承了西班牙王冠，同時也繼承了「天主教國王」的頭銜和消滅伊斯蘭新月、以聖雅各之名擊敗穆斯林軍隊的使命。

從一開始，他的謀臣們就宣揚著這種觀點：他們的君主是奉天承運，來擔任全世界的皇帝的。他從奧地利的哈布斯堡家族那裡繼承了這樣的箴言：「奧地利理當統領全世界。」[2]兩年後的一五一九年，透過重金賄賂，他當選為神聖羅馬皇帝，史稱查理五世。這完全是個榮譽稱號，並不會帶來新的土地或收入，但在那個重視皇帝頭銜的年代，它能賦與極大的威望。有了這個頭銜，查理五世就成為捍衛天主教歐洲、反對穆斯林和基督教異端的戰士。很快地，查理五世就將被譽為一個日不落帝國的君主。就在他當選皇帝的那一年，麥哲倫（Magellan）揚帆起航，後來為西班牙爭得了全球霸業。

☆

但不幸的是，在一五一七年十一月，查理五世登上西班牙土地的時候，上演的卻是一樁鬧劇，此時還無人能預見到他未來的帝王威儀。船隊接近西班牙海岸時，佛萊明水手們鬱悶地發

---

①「海克力斯的巨柱」是直布羅陀海峽南北兩岸上的巨岩，北面一柱是位於英屬直布羅陀境內的直布羅陀巨岩，而南面一柱則在北非，但確切是哪座山峰並沒有定論。根據希臘神話，這兩大巨岩是大力士海克力斯所立，為他捕捉巨人革律翁（Geryon）之行留下紀念。

②原文為拉丁文Plus Ultra，暗示西班牙視海克力斯之柱為通向新世界之門，而非地中海的門戶；西班牙當時在海外還有大片殖民地。而根據歷史學家考證，這句銘文來自海克力斯之柱樹立之時，刻在上面的警告銘文Non Plus Ultra，意為「此處之外，再無一物」，表示海克力斯之柱就是已知世界的盡頭。而據傳是查理五世少年時身邊的博士建議他把Non刪去，做為自己的座右銘，刻在自己的紋章上。

現，他們抵達的地方位於目的地以西一百英里處。他們在無人通報的情況下突然出現在一個叫比利亞維西奧薩（Villaviciosa）的小港口。當地居民沒有讀懂查理五世的船帆上威風凜凜的徽記，而誤以為他們是海盜。居民們大為恐慌，攜帶財物逃進山裡，準備抵抗。「西班牙人，快來參見國王陛下！」[3]的呼喊也未能澄清事實。眾所周知，海盜會使出各種陰謀詭計來蒙蔽不夠謹慎的人。過了相當一段時間，一些膽子比較大的平民「偷偷摸摸地從灌木叢和樹籬中走出來」[4]，這才認出了卡斯提爾的旗幟。查理五世呆若木雞的臣民們終於振作起精神，倉促準備了鬥牛比賽來為國王接風洗塵。

這不是一個光榮的開端。踉踉蹌蹌地登上西班牙土地的十七歲國王也沒有什麼震撼人心的威儀可言。蘇萊曼精心設計的威嚴儀容令所有看到他的人肅然起敬，而查理五世看上去卻像個白癡。哈布斯堡皇族世世代代的近親結婚帶來了不良的遺傳。他的眼睛圓鼓鼓的，皮膚非常蒼白，雖然身材勻稱、天庭飽滿，但卻有個嚴重的缺陷——長長的下顎非常突出，導致嘴巴經常是張開的。那些過於粗魯，或者地位極高因此能夠言行無忌的人會說：這個年輕人看上去表情茫然，直像個傻瓜。他的祖父馬克西米利安一世（Maximilian I）直截了當地說：他活像個異教偶像。面部畸形使得查理五世無法正常地咀嚼食物（所以他一生都被消化不良困擾），並且造成了口吃。這位國王不會說西班牙語。他看上去嚴肅緘默、智商不高，很難讓人預想到，他將來竟能統領天下。威尼斯人認為他對謀臣們言聽計從，是後者的傀儡。但表面現象是騙人的。查理五世雖然其貌不揚，但卻極富獨立思考的精神；雖然沉默寡言，卻堅定不移地忠實於帝國的政務和保衛基督教世界的使命。「他腦子裡藏的東西，」一位教宗使節明智地評斷道，「比臉上顯露出來的多得多。」[5]

查理五世初登西班牙土地的不愉快經歷，預示著他很快就將遭遇諸多困難。在這位以法語和佛萊明語為母語的新國王即位之初，西班牙各地紛紛叛亂，據說只有從沒親眼見過他的人們才沒有揭竿而起。

除了伊比利半島的內部問題之外，查理五世幾乎馬上就捲入了基督教西班牙與伊斯蘭世界之間剪不斷理還亂的歷史難題中。在查理五世的船帆徽記上非常突出的直布羅陀海峽，不僅是通往美洲和西印度群島的門戶，也是與敵意日增的伊斯蘭世界間的邊疆，兩者之間僅僅隔著八英里寬的海峽。他抵達西班牙不久之後，北非奧蘭（Oran）③的軍事總督科馬雷斯（Comares）侯爵就針對具體形勢向他做了詳細彙報。與科馬雷斯侯爵一同前來覲見國王的還有一位身穿阿拉伯服裝的人。科馬雷斯呈上的請願書很快對國王的雄圖大略構成了考驗。

圖3　年輕的查理五世

③ 在今天的阿爾及利亞西北部。

科馬雷斯申訴的問題可以一直追溯到幾個世紀前阿拉伯人對西班牙南部的占領，以及基督徒漫長的反攻，即著名的「收復失地」運動，但也涉及聖約翰騎士團。當時的人們對大轉折的年分——一四九二年，也就是哥倫布首航的那年——還記憶猶新。就在那一年，卡斯提爾女王伊莎貝拉（Isabella）和亞拉岡國王斐迪南（Ferdinand）征服了摩爾人（Moors）在西班牙的最後據點——格拉納達（Granada）王國。在伊比利半島安寧生活了八百年的穆斯林，一下子喪失了家園。很多人渡過海峽，逃往北非。留在半島上的幾萬名穆斯林在基督教社會愈來愈不寬容的環境下，不得不忍受愈來愈多的限制。到了一五〇二年，卡斯提爾的穆斯林面臨著一個艱難的抉擇：要嘛改宗基督教，要嘛離開西班牙。於是又有很多穆斯林憤然離去；留下的人，即所謂的摩里斯科人（Morisco）或新基督徒④，往往只是在名義上改信基督教，因此受到愈發焦慮的基督教君主的懷疑。

☆

這些事件越過大海，對歐洲人稱之為巴巴里（Barbary）海岸，而阿拉伯人稱之為馬格里布的地區，也就是今天的摩洛哥、阿爾及利亞和突尼西亞一帶，產生了極大的刺激。在這條海上邊界的兩側，海盜活動一向都很猖獗。現在復仇心切的大批穆斯林遭到驅逐，更令人咬牙切齒。海盜活動不再是全無章法的恣意搶劫，而變成了一場聖戰。從巴巴里海岸的安全港口發起的劫掠活動愈來愈猖狂。基督教西班牙開始為自己清理門戶的舉措付出代價。新一代的伊斯蘭海盜對西班牙海岸熟悉到了駭人的程度；他們會說西班牙語，能夠冒充西班牙人；更糟糕的是，他們還能得到地中海北岸心懷不滿的摩里斯科人的大力支持。基督教西班牙開始感到自己四面受敵。做為回應，基督徒攻占了巴巴里海岸的海盜要塞，建造了一連串堡壘，做為對抗伊斯蘭世界的「馬奇諾防線」。

事實證明，這項政策考慮欠成熟，執行也很不得力。西班牙堡壘群岌岌可危地矗立在敵人的海岸上，沒有得到充足的資源，又受到心懷怨恨的異族平民的包圍。西班牙更重大的利益在義大利和新大陸。北非沒有唾手可得的財富來刺激西班牙主教們的遠征熱情，於是成了一條幾乎被遺忘的戰線。現在西班牙不得不為此付出代價：一群土耳其冒險家正在把整個地中海西部變成一個主戰場。科馬雷斯向國王申訴的就是巴巴羅薩（Barbarossa）兄弟的事情。

奧魯奇和赫茲爾（Hizir）兩兄弟被基督徒稱為「巴巴羅薩」——紅鬍子。他們是來自地中海東部的冒險家。他們在羅得島攻防戰之前出生在萊斯博斯（Lesbos）島，那裡正處於伊斯蘭教和基督教兩個世界之間四分五裂的邊界上；他們的生活跨越了兩個世界。他們的父親是鄂圖曼帝國的一名騎兵，母親則是一名希臘基督徒。他們以伊斯蘭教的名義開展海盜活動，還是拜聖約翰騎士團所賜。在與騎士們的一場衝突中，奧魯奇不幸被俘，他的另一名兄弟被打死。奧魯奇成了騎士團的奴隸，披枷帶鎖地在羅得島的新堡壘的工地上苦幹，然後又在騎士團的槳帆船上充當槳手，直到他銼斷了鐵鍊，泅水逃走。青年時代的這段經歷促使他自命為伊斯蘭的戰士。

一五一二年前後，這對兄弟倆突然出現在馬格里布海岸。這兩個一窮二白的冒險家在鄂圖曼

④ 指改宗基督教的西班牙穆斯林及其後裔。「摩里斯科」在西班牙語中的字面意思是「小摩爾人」，有輕蔑和貶低的意思。

帝國的一場內戰中選錯了邊，因此不得不逃離愛琴海。他們身無分文，有的只是水手的高超本領：藉助星辰航海的技術、對大海瞭若指掌，以及敢於冒險的精神。他們是鄂圖曼帝國的科爾特斯（Cortés）⑤，此時科爾特斯即將以基督教的名義征服墨西哥；和科爾特斯一樣，他們也將給他們的西部邊疆帶來命中註定的轉折。「從紅鬍子奧魯奇開始在我們的海域航行、劫掠我們土地的那一刻起，」史學家洛佩斯．德．戈馬拉（López de Gómara）⑥後來寫道，「我們的西班牙從海盜那裡遭受的所有苦難就拉開了帷幕。」[6]

奧魯奇集團的基地設在傑爾巴（Djerba）島，離今天的突尼斯海岸很近。那是一個岸邊種著棕櫚樹的多沙小島，面向內陸的一面有個安全的深水潟湖，非常適合海盜活動。從這裡，野心勃勃的海盜們可以輕鬆出擊，搶劫在北非與義大利海岸之間來往的船隻。他們很快養成了自己的習慣：春天航海季節開始時，他們乘幾艘船出航，通常是一艘由基督徒奴隸划槳的大型槳帆船和幾艘較小的划槳船，用來作戰和襲擊西班牙與義大利之間的航道。最初他們的目標是運送大宗貨物（布料、軍械、小麥和鐵礦石）的商船；他們會在島嶼的背風處伏擊商船，展開攻擊時發出令人毛骨悚然的「阿拉！」呼聲。他們劫獲的所有物資都被用於提高自己在馬格里布的地位。他們會將繳獲的船隻開回傑爾巴島，將其拆解，在不生樹木的岸邊利用這些木材打造新的戰船。他們和突尼斯的蘇丹達成了一項協議，獲准利用該城的港口拉格萊塔（La Goletta）做為基地，並以奴隸和禮物獲得了蘇丹及平民的好感，同時他們的聖戰大業也得到了宗教領袖的支持。他們潛行於西班牙海岸，將西班牙穆斯林接到海峽南岸，並利用自己對西班牙地形的知識洗劫基督徒的村莊。義大利南部海岸地帶以及各個大島，包含馬略卡（Majorca）島、梅諾卡（Minorca）島、薩丁尼亞（Sardinia）島和西西里島，都開始對這些海盜心懷畏懼。海盜的襲擊往往出人意料、迅猛而恐怖，造成了嚴重的破壞。赫茲爾聲稱在一個月內就俘虜了二十一艘商船和三千八百人，包括男人、婦女和兒童。

隨著海盜們威名遠播，或者說臭名遠揚，他們逐漸成了傳奇人物。奧魯奇身材五短、粗壯結實，常常大發雷霆，右耳戴著金耳環，頭髮和鬍鬚都是紅色的，令人遐想，也令人畏懼。在馬格里布的口頭傳說與詩歌中，以及在被壓迫的西班牙穆斯林口

圖4　奧魯奇

⑤ 埃爾南・科爾特斯（Hernán Cortés，一四八五至一五四七年）是地理大發現時代活躍在中、南美洲的西班牙殖民者，以摧毀阿茲特克古文明，並在墨西哥建立西班牙殖民地而聞名。

⑥ 法蘭西斯科・洛佩斯・德・戈馬拉（Francisco López de Gómara，一五一一至一五六六年），西班牙史學家。雖然他從未到過美洲，但根據科爾特斯等人的口述，撰寫了關於西班牙征服美洲的著作。有人批評他的著作錯誤很多，尤其過於誇大科爾特斯的功績。

中，他是伊斯蘭世界的俠盜羅賓漢，還具有巫師的魔力。傳說，他的財富取之不盡、用之不竭；真主給了他刀槍不入的本領；他和魔鬼定下了盟約，可以讓他的船隻隱形。對他的殘暴的描述同樣神乎其神。傳說奧魯奇曾經用牙齒咬開一名基督徒的喉嚨，吞吃了他的舌頭；他曾用彎刀殺死五十人；他曾將一名醫院騎士團成員的首級繫在一根繩子上，然後旋轉起來，直到首級的眼珠爆裂。在西班牙和義大利南部，人們聽到他的名字時都要畫十字。南歐的新印刷機火速印出駭人聽聞的小冊子。基督徒的私掠海盜得到了許諾，一旦抓住奧魯奇，不管死活，必有重賞。

巴巴羅薩兄弟自己也特意推動傳播這些神話。他們在北非海岸尋求將自己的地位合法化，試圖為自己建立真主保佑下的聖戰者形象。赫茲爾聲稱：「真主創造了他，以便震懾基督徒，令他們不敢出航。」[7]他得到了先知的托夢。恐怖和殘暴都是戰爭的武器。一五一四年，他劫掠梅諾卡島時，在岸上留下了一匹馬，馬尾上縛著一張告示：「我是天堂的雷霆；我的復仇絕不停歇，直到我殺死你們所有的男人，並將你們的妻子、女兒和孩子全部販賣為奴。」[8]這種暴行足以威懾基督教世界的海域。

✯

哥哥奧魯奇野心勃勃，不甘心一輩子做海盜。他來到馬格里布的時候，北非傳統的諸王國已經開始分崩離析，分裂為一系列城邦（突尼斯、的黎波里和阿爾及爾），以及周邊的阿拉伯人及山區柏柏人（Berbers）的部落，這些城邦和部落之間混戰不休。兄弟倆決心以西班牙征服者般的殘酷，善加利用伊斯蘭世界內陸的權力真空，致力於在這個新世界為自己開闢出霸王基業。一五一五年，奧魯奇與伊斯坦堡的帝國中心取得了聯繫。他派遣航海家和地圖繪製家皮里雷斯，帶著禮物（一艘被俘的法國船隻）去覲見蘇丹塞利姆一世（蘇萊曼的父親），懇求他的保護。蘇丹投桃報李，給這些雄心勃勃的海盜一些封賞。他賞賜了榮譽性的禮品：頭銜、頭巾和鑲嵌珠寶的佩劍。更實用的禮物是兩艘滿載士兵、火藥和大砲的重型槳帆船。這是個重要的時刻——與帝國中心的首次接觸將啟動一個進程，最終使馬格里布成為鄂圖曼帝國的一部分。

次年，奧魯奇在一場令人震驚的伊斯蘭世界內部的政變中，奪得了阿爾及爾的統治權。他親手將當地的蘇丹扼死在浴室內，派遣他新近獲得的、裝備火槍的鄂圖曼士兵席捲全城街道。與此同時，西班牙的私掠海盜正在新大陸使用火藥做類似的事情——搶奪殖民地。

此刻西班牙人對鄂圖曼海盜、摩里斯科人和伊斯坦堡的蘇丹這三者的聯合感到驚恐萬分。他們在北非海岸的要塞群受到持續不斷的壓力。奧魯奇對西班牙人位於貝賈亞（Béjaïa）的前哨陣地發動了兩次進攻，但都失敗了。西班牙人發動了反擊，企圖將巴巴羅薩兄弟趕出阿爾及爾，但遭到慘敗，船隻和部隊幾乎全軍覆沒。奧魯奇和鄂圖曼篡位者們的地位得到鞏固，於是繼續向內陸擴張。他們占領了馬格里布中部的古老首府特萊姆森（Tlemcen），殺害了統治當地的阿拉伯王族的七十名成員，並進一步孤立了西班牙軍隊控制的阿爾及爾島嶼要塞和鄰近的奧蘭。很快地，奧魯奇就控制了今天的阿爾及利亞的幾乎全境。他對海上交通和海岸的劫掠極具破壞性，而且愈演愈烈。穆斯林海盜開始將身體殘缺的俘虜拋棄在基督教國家的海岸上，並嘲弄地讓他們「去報告你們的基督教國王們：『這就是你們宣揚的十字軍東征。』」[9]西班牙人感到深受威脅。交戰多年以來，他們唯一的勝利就是在貝賈亞用火繩槍打殘了奧魯奇的一隻胳膊。從此以後，奧魯奇獲得了一個新綽號「斷臂」，也有人稱他為「銀臂」，因為據說他命人用純銀打造了一隻前臂和手，接在自己的殘肢上。這個傳說足以反映，對基督徒而言，他是怎樣的一個噩夢。

✯

就在此時，年輕的查理五世收到了科馬雷斯侯爵以及他的阿拉伯盟友——被廢黜的特萊姆森國王的求援。侯爵解釋了北非急劇惡化的形勢，以及西班牙在當前和未來面臨的危機。他懇求年輕的國王抓住這個千載難逢的機遇。科馬雷斯認識到，奧魯奇這一次在特萊姆森走得太遠，超過了自己的能力所及。這座城市地處內陸，離海盜們位於阿爾及爾的巢穴相距兩百英里。他手下的那群土耳其人數量不多，而且激怒了當地的阿拉伯人，讓後者幾乎到了揭竿而起的地步。這是基督徒發動反攻、一勞永逸地肅清地中海西部海盜的良機。已經發誓要粉碎異教徒的年輕國王自然不能拒絕這個挑戰。他下令發起他在地中海的第一次冒險。

查理五世提供科馬雷斯一萬名士兵，以及足夠的經費去煽動阿拉伯人大舉造反。這一次，西班牙人的行動果斷堅決。他們行動快速，切斷了通往阿爾及爾的補給線，封鎖了特萊姆森，對其進行長期圍攻。城防瓦解後，奧魯奇沒戲可唱了。阿拉伯人高呼「幹掉他！」海盜國王帶著一小群隨從溜出城市，快馬加鞭地逃走了。西班牙軍隊發現了他們的蹤跡，於是開始追擊。奧魯奇將特萊姆森的財物丟棄在塵土漫天的道路上。很多西班牙官兵停下來去撿拾地上的寶石和硬幣，但一群更為堅定的士兵窮追不捨，終於將奧魯奇圍困在一片乾旱的丘陵地帶。他們呼喚聖雅各相助，圍上去進行最後的獵殺。土耳其人戰鬥到最後一人，奧魯奇用獨臂揮舞著戰斧，直到他被一根長矛刺中。他臨死之前還凶狠地咬了殺死他的那人一口。唐・賈西亞・費爾南德斯・德・拉・普拉薩（Don Garcia Fernandez de la Plazza）的身上就這麼留下了一個傳奇的傷口，直到他去世。西班牙人砍下了奧魯奇的銀臂，做為戰利品，並將他的腦袋插在長槍的槍尖上。西班牙人還藉著火炬的光亮將奧魯奇的軀體釘在特萊姆森的城牆上。之所以這麼做，是因為人們的迷信，就像刺穿吸血鬼，阻止他復活一樣。奧魯奇怪誕可怕的帶有紅鬍子的腦袋（眼珠子仍然惡狠狠地瞪著，似乎還不服氣），被插在槍尖上送到馬格里布各地展示，向眾人證明，奧魯奇確已死亡。最後，已經腐爛的頭顱被送往西班牙。人們盯著它，虔誠地畫著十字，在這可怕景象前戰戰兢兢。

✯

對新近登基的查理五世來說，這是一場了不起的勝利，但它帶來的優勢幾乎隨即就喪失殆盡。西班牙一直沒有一項解決北非問題的大政方針；軍隊沒有繼續向阿爾及爾進軍並徹底搗毀海盜巢穴，而是班師回朝了。奧魯奇的屍骸還釘在城牆上的時候，他更為狡黠的弟弟就迅速崛起，繼續兄長未竟的事業。赫茲爾永遠不會忘記，更不會原諒曾經受到的侮辱和傷害，於是繼續在地中海西部堅持聖戰。他的第一個行動就是徹底繼承兄長的衣缽和神話——原本是黑髮的赫茲爾將自己的鬍鬚染成了紅色。他的第二個行動甚至更加精明。

赫茲爾認識到，他在馬格里布的地位是岌岌可危的。如果他這樣一個外來入侵者想要在阿拉伯海岸生存下去，需要的不僅僅是兵員和裝備，還需要宗教和政治上的權威。他決定放棄兄長獨立建國的夢想。他派了一艘船到伊斯坦堡，給蘇丹獻上新的禮物，並正式向後者俯首稱臣。他請求將阿爾及爾併入鄂圖曼帝國。蘇丹塞利姆一世做出了友好的回應：他正式任命赫茲爾為「阿拉伯人的阿爾及利亞」的總督，並將傳統規定的總督身分的標誌物賞賜給他：一匹駿馬、一把彎刀和華貴的馬尾旌旗。不久之後，塞利姆一世就駕崩了。現在，在阿爾及爾的清真寺裡，人們在星期五祈禱中念叨的、城市的貨幣上鑄造的都是蘇萊曼的名字。阿爾及利亞一下子變成了鄂圖曼帝國的一個行省。來自地中海東部的野心勃勃的水手們為帝國開拓了廣大領土，而幾乎沒有花帝國國庫的一分錢。於是，赫茲爾獲得了政治上的合法性和新的資源：火藥、大砲和兩千名近衛軍。還有四千名志願者也加入了他的隊伍，急於在這位神奇的統帥麾下分一杯羹。蘇萊曼授與這位年輕的海盜一個新的榮譽稱號——海雷丁（Hayreddin），意思是「信仰之善」。於是，隨著時間的流逝，他成了眾所周知的海雷丁．巴巴羅薩。

這些事件具有決定性意義。從海雷丁正式向蘇萊曼效忠，「親吻聖旨，並必恭必敬地將其放置在自己頭上」[10]的那一刻起，鬥爭的性質就發生了變化。從此以後，北非就不再僅僅是西班牙和一些惹麻煩的海盜之間的局部問題，而變成了蘇萊曼和查理五世之間鬥爭的最前沿，這最終將不可避免地引發一場海上的全面戰爭。

第三章　邪惡之王

一五二〇至一五三〇年

蘇丹對托勒密地圖所代表的整個世界的覬覦令歐洲君主們不寒而慄，但就在羅得島陷落後不久，曾參加攻城戰的一位船長向蘇萊曼進獻了本非同一般的書，假如基督徒們知道這本書的存在的話，肯定會魂飛魄散。這本書的作者是一位對地理具有強烈好奇心的土耳其航海家，名叫皮里雷斯，也就是皮里船長。此前他已經為前任蘇丹們繪製了一套準確度驚人的世界地圖，其中包括了哥倫布所用地圖的複製品。這次的《航海書》更為實用。它除了對哥倫布和瓦斯科・達伽馬（Vasco da Gama）的發現做了記述外，還包含在地中海航行的指導手冊，資料來自皮里雷斯本人的航海經驗。該書包含兩百一十幅帶有航海指南的示意圖，對近海地帶做了詳細介紹。除了愛琴海外，它還解釋了如何在異教徒控制下的所有近海海域航行，遠至直布羅陀海峽。對每次只能航行幾天就需要上岸補充淡水的槳帆船來說，特別關鍵的是，書裡還標示了海岸和島嶼上有泉水的地點。皮里展示了威尼斯方圓百里之內和義大利與西班牙海岸所有可供槳帆船補充淡水的地點。他的著作其實是海戰的藍圖。

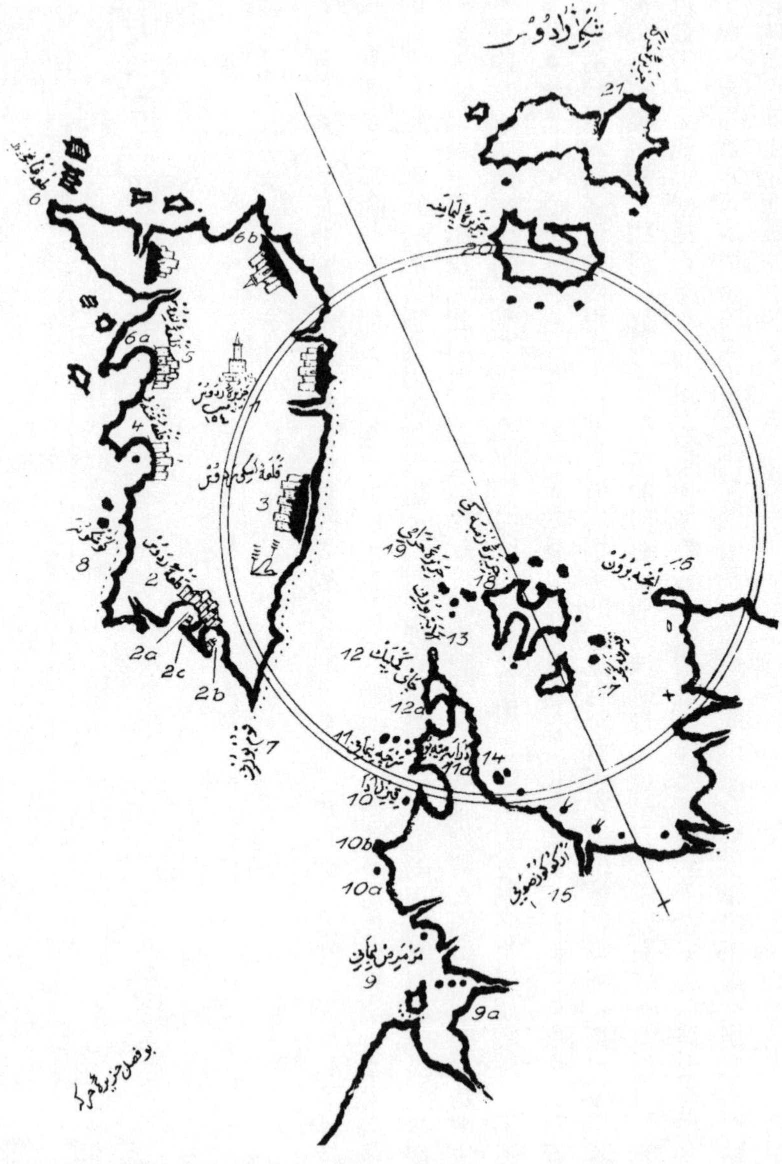

圖5　《航海書》中的羅得島和小亞細亞的海岸線

在後來的歲月裡，蘇萊曼的海軍將會廣泛運用《航海書》。但在當時，蘇丹對它以及作者本人卻不屑一顧，這也體現出蘇丹對大海的態度。在一五二〇年代，他除了聲稱自己是地中海的主人外，對這片大海並不感興趣。他的雄圖主要體現在陸地上。大海是陌生的、也是荒蕪的，就把它留給海盜們好了。只有陸地上的開疆拓土才能帶來榮耀、新的頭銜，以及可供撫慰軍隊的土地和戰利品。攻打羅得島是蘇萊曼在地中海上唯一一次的冒險；一五二六年，他縱馬討伐的是匈牙利和查理五世在奧地利的領地。最初參加地中海戰爭的是海雷丁這樣身處邊疆之人。

✯

雖然得到了軍事上的應援，海雷丁的地位仍然岌岌可危。不過查理五世也無法利用海盜暫時的虛弱，因為他被其他的困難煩擾著。預計到鄂圖曼帝國將沿著多瑙河大舉進攻，查理五世將奧地利領地交給了自己的兄弟斐迪南，而把注意力轉向另一場針對基督徒鄰居的戰爭。他的敵人是因未能當選神聖羅馬皇帝而耿耿於懷的法國國王法蘭西斯一世。這兩位君主時斷時續地打了一輩子。由於對法戰爭完全吸引了查理五世的注意力，在奧魯奇死後的歲月裡，西班牙在馬格里布的要塞持續地衰敗了下去。一系列協調不力的遠征造成了慘重的損失。一五一九年，西班牙軍隊試圖攻打阿爾及爾，不料船隻失事，官兵慘遭屠殺。指揮官烏戈·德·蒙卡達（Hugo de Moncada）躲在海岸上的死屍堆裡，不光采地撿了一條性命。巴巴羅薩因為兄長被殺，怒火滿腔，不允許對方贖回戰俘。查理五世提供一大筆贖金，希望贖回軍官們，巴巴羅薩卻下令將俘虜處死。查理五世提出付一筆錢，將死者遺體贖回，巴巴羅薩卻將屍體投入大海，「如果死者的親屬來到阿爾及爾，他們不會知道自己的父親或兄弟埋骨何方，也看不到骨灰，他們能看到的只有浪濤」[1]。此次重創西班牙艦隊之後，海雷丁就能夠恣意襲擊查理五世的海岸了。

海雷丁的地位潮起潮落。一五二〇年，阿拉伯人和柏柏人合夥把他趕出了阿爾及爾，但西班牙人沒有抓住這個機會壯大自己。他們從來沒有完全掌握巴巴里海岸複雜的風向，出航總是太晚。一五二三年，蒙卡達再次率軍出征，卻遭遇了更嚴重的事故，導致「二十六艘大船和數量眾多的小船損毀」[2]。阿爾及爾註定將成為基督教十字軍的集體傷心之地。西班牙人利用宏偉的島嶼要塞（Peñón）對阿爾及爾進行了一定程度的控制，但在巴巴里海岸的西班牙要塞群駐軍的士氣卻非常低落。北非是一條被遺忘的戰線；有其他更重要的目標和戰利品吸引著帝國的注意力。這是一場沒人想打下去的戰爭。西班牙士兵們得到的兵餉少得可憐，有時甚至會受到剋扣。要塞的物資補給毫無規律性可言，有時甚至會有駐軍餓死。他們聽到新大陸傳來的消息，無不豔羨不已。「這裡可不像祕魯那樣，走出門就能撿得到寶石，」一位軍官抱怨道，「這裡是非洲，我們看得到的只有土耳其人和摩爾人。」[3]有些士兵會叛變投敵，背棄自己的基督教信仰；也有人去美洲冒險，或者買通蛇頭，偷偷返回西班牙。西班牙人在北非能夠堅持下來，完全是因為馬格里布的政治動盪。

對地中海東部的人們來講，馬格里布就是新大陸。隨著海雷丁名望日漲，愈來愈多的海盜向西航行，步他的後塵。西班牙人也認識到了財富的誘惑。「聽到在巴巴里海岸發財致富的傳說，人們蜂擁而來。就是這種狂熱驅使著西班牙人奔向西印度群島的礦產。」[4]史學家迪亞哥·德·阿埃多（Diego de Haëdo）如此寫道。到一五二〇年代末期，巴巴里海岸至少有四十個海盜頭子在活動，在海雷丁的部署下襲擾基督教海域。海雷丁自己的形象也變得令人望而生畏：不可戰勝，令人毛骨悚然，又雄才大略。他將自己打扮為真主意志和蘇萊曼皇權的表現；他未卜先知的夢使得他安然逃過伏擊、避開風暴，順利地攻城拔寨。用他自己的話來說，他出現在基督教艦隊中時，「如同太陽的光輝令星辰黯然失色」[5]。他的旗艦「阿爾及利亞人」號（Algerian）配備的槳手多達一百零八人，桅頂張掛著一面紅色大旗，上面畫有三彎銀月，船尾上帶有兩句相互交織的阿拉伯文句子。其中一句寫道：「我將征服」；另一句是「真主的佑護遠勝過最堅固的鎧甲和最雄偉的塔樓」[6]。在「阿爾及利亞人」號逼近時，基督徒船隻往往不戰而降，船員們寧可投海自盡，也不願意忍受海盜槳帆船的漫長折磨。海雷丁詭計多端、心狠手辣，發起火來如同火山爆發。他經歷過成千上萬次航行，對大海瞭若指掌；透過俘虜口供和西班牙穆斯林提供的大量消息，他可以獲得極其準確的情報，對敵人的意圖洞若觀火。因此他能夠出其不意、肆無忌憚地發動攻擊。每年他率領由十八艘船組成的小艦隊掃蕩兩、三次，攔截商船、燒毀沿海村莊、擄掠人口。十年間，

圖6　海雷丁

僅在巴塞隆納和瓦倫西亞之間長度僅兩百英里的海岸線上，他就俘虜了一萬人。

海雷丁的神通廣大和宣傳攻勢讓基督教歐洲的民眾為之戰慄。奧魯奇的威名已經漸漸為人們淡忘，於是海雷丁成了唯一一個「巴巴羅薩」，以及不計其數駭人聽聞的故事和歌謠主角。印刷機持續轟鳴，印出海量的大開本報紙和木刻肖像畫，以滿足民眾對他的好奇心。法國作家拉伯雷（Rabelais）在一五三〇年送了一幅這樣的肖像畫給一位來自羅馬的朋友，並向後者保證，這幅畫是「根據真人相貌畫出的」[7]。在印製的肖像上，海雷丁威風凜凜，戴著頭巾，身著富麗堂皇的長袍，巨大的雙手抓著一幅卷軸和一把刀柄帶有鷹頭裝飾的彎刀。他眼窩深陷，目光炯炯，鬍鬚蜷曲如同食人妖，表情顯得狡詐又貪婪。新技術使得歐洲人得以端詳這位充滿神話色彩的海盜，在他身上找到了殘暴的樣板。「巴巴羅薩，巴巴羅薩，你是邪惡之王」[8]，西班牙海岸地區流傳著這樣的歌謠。

✯

追隨海雷丁左右，服從他的鋼鐵意志，並將戰利品的百分之十二進獻給海雷丁的其他海盜，也在海上譜寫著自己的恐怖傳奇。他們來自五湖四海。很多人是背棄信仰的前基督徒，由於犯罪或是被海盜俘虜而無法返回家園，於是至少在名義上改信了伊斯蘭教。他們在海上生活、在海上死亡，他們給船隻取了美麗的名字：「珍珠」號、「海神之門」號、「太陽」號、「金色檸檬樹」號、「阿爾及爾玫瑰」號。讓人難以想像，這些居然是海盜船。他們短暫但豐富多采的冒險生涯是對當時地中海世界的貧困、暴力和顛沛流離的絕佳總結。曾將俘虜捆綁在砲口上，然後開砲將他們炸得粉身碎骨的薩拉赫（Salah）船長死於瘟疫。「刀疤臉」卡拉曼人（Karaman）①阿里缺了兩根手指；他在義大利海岸深受憎惡，熱那亞人曾發誓要把他關在鐵籠子裡供人觀看。「克里特島人」莫雷茲（Al Morez）會用砍下的一隻人臂毆打他的槳手。突尼斯農民們在試著判斷某人的殘暴程度時經常說的一句話是：「他比莫雷茲還殘忍？」科西嘉人埃利（Elie）是海上伏擊戰的專家，他的最終下場是被釘死在自己的桅杆上。綽號「魔鬼獵手」的利古里亞人（Ligurian）艾登（Aydin）在阿爾及利亞一條河裡溺水死亡。這些人就是海雷丁的聖戰中的分隊指揮官。他們砍下俘虜的鼻子和手，裝滿麻袋，做為戰利品；他們不顧忌任何規範。

一五二〇年代，海盜活動日益猖獗，但查理五世的決策卻助長了海盜的氣焰。在宗教裁判所橫行無忌的年代，西班牙境內剩餘的穆斯林仍然是個懸而未決的問題。在一五二〇年代初期的一次叛亂中，瓦倫西亞的摩爾居民對皇帝忠心不二，但皇帝卻以怨報德。查理五世天性並不是個宗教狂熱分子，但他深知自己做為神聖羅馬皇帝，對基督教世界應負有怎樣的責任。一五二五年，他批准了所謂的「亞拉岡淨化宣言」（Purification of Aragon），根據這道敕令，亞拉岡地區的所有穆斯林要嘛改宗，要嘛將被驅逐。直截了當的意思是，穆斯林必須在改宗和死亡間做出選擇。巴巴羅薩迅速對處於困境中的瓦倫西亞地區摩爾人伸出援手。大批穆斯林被海盜船運往馬格里布，其中很多人加入了海盜戰爭，或者向海盜建議可供發動報復性攻擊的合適目標。沒有一個海灣、海岸村莊或者島嶼不曾遭到海盜的侵襲。西班牙臣民向國王的抱怨愈來愈強烈。

① 土耳其南部的一個行省，其首府也叫卡拉曼。

一五二九年五月，這些因素終於促使矛盾激化。西班牙對其非洲前哨的忽視導致了決定性的大災難。對阿爾及爾城及其港口起到遏制作用的阿爾及爾小型島嶼要塞的火藥所剩不多了。間諜將這情況報告給海雷丁，後者立即派兵猛攻要塞。要塞司令馬丁・德・瓦格斯（Martin de Vargas）被要求要嘛改宗伊斯蘭教，要嘛死路一條。他選擇了犧牲。在土耳其近衛軍面前，他被活活打死。這是緩慢而痛苦的結局。不久之後，對此事仍被蒙在鼓裡的西班牙朝廷，派來包括九艘船的換防部隊，全部被海盜俘虜。

阿爾及爾島嶼要塞的陷落對地中海西部帶來了持久的影響。海雷丁將城堡拆除，建造了一條堤道將城堡所在的小島與大陸連為一體，於是得到了一個具有不可估量戰略價值的安全良港。這極大地加強了海盜的力量。在蔚藍大海上閃爍發光的白色阿爾及爾城化為海盜的王國和市場，號稱馬格里布的巴格達或者大馬士革。海盜船可以安全地在此停泊，收集戰利品和買賣奴隸。這對查理五世來說成了一個長期性難題。阿爾及爾是一直席捲到多瑙河的宏大戰場的最西端。在島嶼要塞陷落的十天前，蘇萊曼率領七萬五千人大軍從伊斯坦堡御駕親征，殺向維也納。

但迎接這場猛攻的是查理五世的弟弟斐迪南。此時查理五世正在做一件更愉悅的事情。在與法國爭鬥了八年之後，他正在簽署一項和約，並希望藉此獲得長期和平。暫時從戎馬奔波的重擔下解脫出來，他出發去迎接一生最偉大的勝利——在義大利接受加冕，成為神聖羅馬皇帝和基督教世界的捍衛者。在禮砲轟鳴聲中，他乘坐皇家槳帆船（船隊的指揮官是羅德里戈・德・波圖翁多〔Rodrigo de Portuondo〕）從巴塞隆納出發了。

這是一個雄霸天下、不可一世的瞬間，查理五世或許可以追求全世界統治者的地位。他的疆土從祕魯一直延伸到萊因河，但在西班牙海岸上，他卻十分脆弱。一五二九年夏季，這裡沒有了艦隊的保護，海雷丁很快就得到了風聲。他立即派遣麾下經驗最豐富的海盜頭子「魔鬼獵手」艾登，率領十五艘小型划槳船去洗劫巴利阿里（Balearic）群島和西班牙海岸。報復主要集中在瓦倫西亞。在搶劫大批經過的商船之後，艾登的海盜們突然襲擊了一些正在慶祝瞻禮日的老百姓，抓獲了大批朝聖者，然後又從同一片海岸上解救了兩百名穆斯林，最後揚長而去。

波圖翁多將皇帝送到了熱那亞，正在返航，這時他得到海盜大舉出動的消息。在追回穆斯林奴僕即可獲得一萬埃斯庫多（escudo）②重賞的刺激下，他立即前去攔截艾登。海盜船正停泊在荒無人煙的福門特拉島（Formentera，位於馬略卡島西南方）岸上，被波圖翁多殺了個措手不及。波圖翁多的九艘重型槳帆船把海盜的小型划槳船打了個落花流水。他完全有能力，也應當用大砲把海盜船轟個粉身碎骨，但他麾下的士兵有一半正在熱那亞為皇帝保駕護航，而且他如果要拿到一萬埃斯庫多的賞金，就必須把穆斯林活捉回去。他決定不開砲，因而在躊躇之間喪失了良機。艾登的小型划槳船艦隊得以逃離海岸，從西班牙槳帆船的側面發起反擊。現在輪到西班牙人措手不及了。波圖翁多被一發火繩槍子彈擊斃；他的旗艦向敵人投降了。其他西班牙戰船陷入了恐慌。有八艘槳帆船被俘虜；第九艘得以逃脫，報告這個噩耗。艾登的戰船現在數量翻了一倍，禮砲齊鳴、旌旗招展地返回了阿爾及爾。船上的基督徒奴隸（包括波圖翁多的兒子）如此之多，以至於「他們擠在一起，完全無法挪動身子」[9]。

② 西班牙、葡萄牙的古貨幣，不同時期的幣值差別很大。

西班牙海軍首次在遠海與巴巴羅薩海盜艦隊的大規模交鋒以恥辱告終。「這是西班牙槳帆船艦隊史上蒙受的最慘重損失。」[10]洛佩斯・德・戈馬拉戲劇性地寫道。這位並不以客觀公正聞名的西班牙史學家把被俘船員的命運描繪得慘不忍睹。波圖翁多的兒子「和其他很多西班牙人一起，被巴巴羅薩刺穿在尖木樁上……有人說，巴巴羅薩折磨和處決某些俘虜的方式既令人髮指，又別出心裁。他命人在鄉間平地上挖掘了齊腰深的土坑，將西班牙人放置其中；他把他們活埋在坑裡，只露出胳膊和頭部，然後命令眾多騎兵從俘虜身上狂奔過去」[11]。巴巴羅薩這方的史書記載則有所不同：「海雷丁在基督徒和摩爾人所在的各國和各個地區傳揚著自己的赫赫威名，並送給蘇丹兩艘槳帆船，其中一艘載著波圖翁多和其他重要的基督徒俘虜。」[12]海盜大亨的事蹟是真是假，難以辨明。

✯

波圖翁多如果控制著全部兵力，也許結果會大不相同，但他的一半士兵此時正在波隆納（Bologna）準備查理五世加冕的慶祝活動。一五二九年十一月五日，查理五世進入這座城市，為兩個月後的加冕典禮預做準備。查理五世的入城式是一場精心導演的皇家戲劇，以古羅馬皇帝的凱旋式為藍本，也是皇帝向全球霸業提出主張的特別宣言。查理五世在教宗和他疆域內所有顯貴大員的陪同下，騎馬走過凱旋門。鼓樂喧天、熱鬧非凡。對盛宴滿懷期盼的老百姓高呼著：「凱撒，查理，皇帝！」[13]查理五世在四名頭戴羽飾頭盔的騎士舉起的錦緞華蓋下，莊嚴地策馬前行。他那裝飾精美的頭盔上帶有金鷹，他的右手緊握皇帝的權杖。在皇帝與教宗的旌旗海洋中，有一面十字軍的旗幟，上面畫著被釘在十字架上的基督。在隨後幾個月的慶典中，藝術大師帕爾米賈尼諾（Parmigiano）③開始創作一幅巨大的、帶有寓意的皇帝肖像。畫中，嬰兒海克力斯將地球獻給查理五世，地球面對觀眾的一面不是西印度群島或者他的歐洲屬地，而是地中海，那是世界的中心，註定要接受凱撒的統治。

✯

事實上，在十天前皇家槳帆船艦隊蒙受的恥辱，已經揭露了查理五世這場加冕默劇背後的空洞。查理五世和巴巴羅薩兄弟交戰十二年來，唯一看得見、摸得著的戰利品就是奧魯奇的頭顱和他的深紅色斗篷，這兩件東西此時被陳列在哥多華（Córdoba）大教堂內，令虔誠的基督徒心生恐懼。西班牙在馬格里布的地位搖搖欲墜；大海從來沒有如此危險過。地中海西部處於被鄂圖曼帝國先鋒部隊吞併的危險中。十一月十五日，查理五世在波隆納收到了托雷多（Toledo）大主教的一封信，信中以冷峻的言辭概述了當前的局勢。現在必須立即採取措施；「除非災難性的局面得到扭轉，」大主教寫道，「從直布羅陀到東方的地中海貿易都將喪失殆盡。」[14]此刻務必當機立斷。他敦促皇帝新建一支擁有二十艘戰船的艦隊，「以宏大艦隊出航，將巴巴羅薩消滅在他自己的巢穴（阿爾及爾）內，否則純粹用於防禦的金錢將付之東流」[15]。伊莎貝拉皇后也寫了一封內

③ 法蘭切斯科．帕爾米賈尼諾（Francesco Parmigiano，一五〇三至一五四〇年），義大利畫家，擅長肖像畫，作品中往往帶有誇張風格，人物肢體修長。「帕爾米賈尼諾」的意思是「來自帕爾馬（Parma）的小個子」。

容相仿的信。阿爾及爾是基督教世界獲得和平的關鍵，而巴巴羅薩是阿爾及爾的關鍵。

✯

查理五世審視這兩封信時，心中有兩個考慮。第一個考慮是相當重要的。在霪霪秋雨中，蘇萊曼被迫停止了對維也納的圍攻。到十月初，天氣已經轉冷。蘇萊曼的補給線過長，而適合作戰的季節已經過去了。十月十四日，他在自己的作戰日記中以慣常的簡練風格寫下了這樣的話，彷彿這只是小事一樁：「在城牆上進行爆破，取得新的突破口。會議。徒勞的進攻。下令返回君士坦丁堡。」簡短的幾句話描繪出了撤退途中的慘澹：「十七日。軍隊抵達布魯克（Bruck）。下雪。十八日。我軍在阿爾滕堡（Altenburg）附近越過三座橋梁。不少輜重和部分火砲在沼澤地丟失。十九日。渡多瑙河時遇到極大困難。雪繼續下。」[16]這是鄂圖曼帝國在兩百年中的首度受挫。蘇萊曼不得不在伊斯坦堡組織一場慶祝典禮，以在民眾面前挽回顏面。

查理五世的第二個考慮更為直接。在托雷多大主教提出建議之前，他就已經準備好了反擊的手段。一五二八年，他成功地從競爭對手——法國國王那裡爭取到當時熱那亞的卓越海軍將領安德烈亞·多里亞（Andrea Doria）的效忠。多里亞是熱那亞城古老貴族的一員，也是個雇傭兵首領和冒險家。對法蘭西斯一世幻想破滅之後，多里亞接受了查理五世的豐厚賞金，轉投他的麾下。多里亞的確本領高超，而且後來的事實證明，他的忠誠禁得起考驗。多里亞帶來了他自己的槳帆船艦隊，並允許查理五世使用熱那亞的戰略性港口，另外他還帶來了豐富的海戰和反海盜的經驗。但多里亞也有弱點。因為他的槳帆船是他個人的私有財產，所以在使用上非常小心謹慎；

儘管如此，他仍然是目前在皇帝領土內最精明強幹的基督徒海軍指揮官。有了他，西班牙及其義大利屬地間的航道一下子就安全了許多。熱那亞人幫助查理五世控制他自己的海岸地帶，並向他奉上了一支強大的艦隊，來防禦這些海岸。查理五世打算利用多里亞來阻止哈布斯堡家族在地中海的衰落，並積極主動地發動戰爭。

查理五世還加強了義大利南翼的防禦。自羅得島陷落之後，聖約翰騎士團就一直無家可歸，在地中海四處漂泊。李爾·亞當向歐洲的權貴們逐個請願，希望獲得一個新的基地，以便把騎士團的使命——聖戰延續下去。亨利八世在倫敦和藹可親地接見了這位老人，並提供他火砲；但只有查理五世有可能給騎士團一個永久的家園。他提出把馬爾他島（位於西西里島以南，處在海盜襲擾義大利海岸的必經之路上）贈送給騎士團。但這個禮物不是無條件的，查理五世可不會免費贈送。騎士團還有一項義務——保衛皇帝位於巴巴里海岸上的黎波里城的要塞。皇帝的提議對騎士團並不有利，但李爾·亞當沒有別的選擇。如果沒有一個基地可供開展海盜活動，騎士團一定會土崩瓦解。一五三〇年，查理五世將意義重大的詔書發給了李爾·亞當：「將馬爾他島、戈佐（Gozo）島和科米諾（Comino）島賞賜給騎士團，以便他們能夠安寧地執行其宗教義務，保護基督教共同體的利益，憑藉其力量與武器打擊神聖信仰的奸詐敵人。條件是，騎士團應於每年萬聖節向兼任西西里統治者的查理五世進貢一隻獵鷹。」[17]這筆交易把騎士團推到了地中海正中央的風口浪尖上。

第四章 遠征突尼斯

一五三〇至一五三五年

查理五世發動反擊的努力不僅限於西班牙和義大利海岸。到了一五三〇年，蘇丹和皇帝之間的戰爭以對角線橫亙整個歐洲，基督教世界自認為在各地都處於下風。馬丁．路德的著名新教頌歌「上帝是一座強大的堡壘」（A Mighty Fortress is Our God）的中心比喻不是隨意挑選的——當時蘇萊曼正在攻打維也納。土耳其人一心要前進和包圍，而基督徒卻偏執於防守的心態。匈牙利平原上星羅棋布著眾多要塞，其建造和維護都十分昂貴；義大利人忙於在自己脆弱的海岸上修建大量瞭望塔；西班牙要塞群在險惡的馬格里布海岸上苦苦支撐。伊斯蘭世界的威脅無處不在，壓得人喘不過氣來。

✯

衝突的規模遠遠超過了人們的預期。十六世紀初，帝國權力發生了新的集中：奧地利的哈布斯堡家族和鄂圖曼土耳其帝國，能夠以前所未有的規模聚集人力和資源，並且還能找到足以支撐帝國運行的經濟手段。戰爭的引擎就是位於馬德里和伊斯坦堡的中央集權式官僚政府，它們能夠以相當高的效率徵收賦稅、招募軍隊、調度船隻、組織補給、製造火砲和生產火藥，這種高效率在完全依賴手工勞動的中世紀戰爭中是無法想像的。軍隊規模愈來愈雄厚，火砲威力愈來愈強大，後勤和資源配置（在運輸所需時間和交通方式的限制之下）愈來愈複雜和縝密。這是一場兩個虎視全球的大帝國之間的鬥爭——就在一五三〇年代，西班牙征服者皮薩羅（Pizarro）①征服了祕魯，土耳其人進攻了印度。各個相距遙遠的地點之間發生了錯綜複雜的關聯，把世界各地拉得更近了。奧地利人尋求與波斯人結盟，土耳其人希望和法國人聯手；日耳曼路德派的大業因伊斯坦堡的決策而風生水起；在新大陸開採的金銀為在非洲進行的戰爭提供經費。對聖戰的承諾只是帝國霸業的工具，還有很多其他因素在起作用。在歐洲，拉丁語的衰落、民族觀念興起、宗教改革，正撼動著古老的傳統。整個地中海世界都受制於神祕的力量。人口暴增，城市發展迅速，現金交易取代了實物交換。通貨膨脹輕易地讓人們感受到，沒有什麼東西是恆久不變、值得永遠信賴的了。

在一五三〇年代，地中海世界普遍感受到這種全球性的躁動。民眾的想像力大受刺激，對千禧年充滿期待。在伊斯蘭世界內部，有人認為，穆斯林紀年法的第十世紀將帶來歷史的終結；在基督教國家，一五三三年被認為是耶穌受難的一千五百週年。無論是基督教還是伊斯蘭世界，都流傳著諸多預言。大家普遍相信，蘇萊曼和查理五世將決一死戰，爭奪整個世界。一五三一年，荷蘭人文主義思想家伊拉斯謨斯（Erasmus）寫信給一位朋友：「此地流傳著一個謠言——其實算不得謠言，而是路人皆知的事情：土耳其蘇丹將率領他的全部軍隊入侵日耳曼，角逐最大的戰利品。查理五世和蘇丹中必有一人將成為世界之主，因為一個世界的天空再也承受不了兩個太陽。」[1]查理五世的謀臣們對世界之主的想法做了很多討論，但皇帝本人更為謹慎，他必須考慮法國或者信新教的日耳曼地區會怎樣看待這種宏偉主張，因此他對此語焉不詳。他是捍衛天主教信仰、反對異教徒（伊斯蘭教和新教）的鬥士。蘇萊曼所處的伊斯蘭世界則更為統一，所以他可以直言不諱。「正如天堂只有一個神，人間也只能有一個帝國。」[2]他的首席大臣易卜拉欣（Ibrahim）帕夏向來訪的外國使節毫不隱晦地宣稱：「西班牙就像隻蜥蜴，在灰塵裡四下啄食一丁點野草；而我們的蘇丹像隻巨龍，張開大口即可吞下整個世界。」[3]

✯

在這豪言壯語的背後，伊斯坦堡民眾其實很害怕查理五世的侵略性意圖。由於帝國在匈牙利戰敗而大大增加的焦慮和悲觀情緒，瀰漫著整座城市。各種徵兆口口相傳，這似乎暗示著，命運之輪將再一次逆轉，君士坦丁堡將重歸基督教世界。就像瘟疫和糧食短缺一樣，這是動盪年代的表徵，但也反映了人們內心的恐懼。如果查理五世夢想著收復君士坦丁堡的話，那麼蘇萊曼則渴

---

① 法蘭西斯科．皮薩羅（Francisco Pizarro，一四七一／一四七六至一五四一年）是滅亡印加帝國的西班牙征服者。一五一〇年，他開始參加探索新大陸的遠征，三年後加入巴爾沃亞（Balboa）領導的探險隊，發現了太平洋。他沿哥倫比亞海岸進行了兩次發現之旅（一五二四至一五二五年、一五二六至一五二八年），並繼續向南探索，把新領地命名為祕魯。一五三一年，他消滅了印加帝國。皮薩羅的餘生致力於鞏固西班牙對祕魯的統治。他建造了利馬（Lima）城，後在該地被他背叛過的西班牙同夥殺死。

望征服羅馬。兩位帝王都親臨戰場，儘管都非常小心地選擇安全的地點。到了一五三〇年，這場鬥爭已經日漸成為兩位君主之間的私怨，因為兩位競爭對手都對關鍵性的頭銜（凱撒和世界中心的主人）提出了主張。蘇萊曼聽聞關於查理五世於一五三〇年舉行加冕典禮的描述，不禁火冒三丈。「他無比憎惡皇帝和他的『凱撒』頭銜；他，土耳其蘇丹將奪取凱撒的稱號。」[4]法王法蘭西斯一世如是說。蘇丹素來將查理五世僅僅稱為「西班牙國王」，與他展開了一對一的較量。一五三二年春季，蘇萊曼準備再次率軍沿多瑙河北上，並且發出了電閃雷鳴般的挑戰：「西班牙國王長久以來一直宣稱與土耳其蘇丹作對；但我，蒙真主洪恩，將率大軍討伐他。如果他有勇氣，就在戰場等我；我們將聽從真主的意願，在適當的時機相遇。但如果他不敢等我，就應當稱臣納貢。」[5]查理五世的答覆也是毫不含糊的。他在給妻子的信中寫道：「我義不容辭，必須親自出馬，捍衛基督教信仰。」[6]

雙方的競爭聚焦在權威的外顯表徵上。查理五世在波隆納入城式的每一個細節都被報告給了蘇丹。蘇萊曼在北上的途中也安排了自己的凱旋式，上演與對手旗鼓相當的盛大場面。他命令威尼斯人為他製作一整套足以供古羅馬皇帝使用的豪華物件：一支權杖、一個寶座，以及一頂令人嘆為觀止，上頭鑲嵌有寶石的皇冠式頭盔，義大利人聲稱這頂頭盔曾是亞歷山大大帝（Alexander the Great）的戰利品。蘇萊曼在大批騎兵的簇擁下，在無比宏偉的盛裝隊伍中進入了貝爾格勒城，「儀式莊嚴豪華，鼓樂喧天，堪稱奇觀；他按照古羅馬的習俗，在遊行途中沿著街道穿過了凱旋門。」[7]這是一場規模宏偉的宣傳戰。而在另一頭，查理五世和日耳曼新教諸侯舉行了一場令人焦躁的談判，耽擱了一些時日。他集結了一支大軍，準備乘船沿多瑙河南下。最終死戰的舞

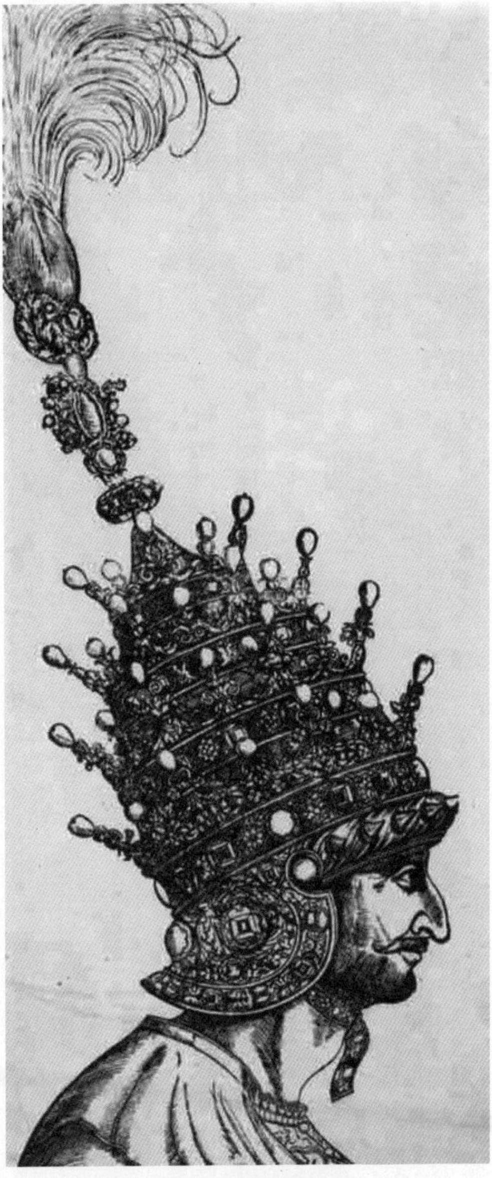

圖7　蘇萊曼鑲嵌有寶石的皇冠式頭盔

台似乎已經架設完畢。

但這場決定性的大戰卻沒有發生。匈牙利中部一個叫克塞格（Közeg）②的小要塞英勇地抵抗來犯大軍，阻擋蘇萊曼進軍達數週之久。而且像查理五世這樣謹小慎微的人，很可能本來就打算避免正面對抗的野戰。蘇萊曼的軍隊在傾盆大雨中止步不前，不得不再次撤退。歸途要穿過高

② 位於匈牙利西部，與奧地利接壤之處。

山隘道和水位高漲的河流，這是一場令人筋疲力竭的艱難跋涉。「大雨持續不斷……渡河十分困難……遭遇濃霧，伸手不見五指」[8]，蘇萊曼的作戰日記似乎在重複前一次出征時的紀錄。蘇萊曼返回伊斯坦堡後，按照慣例又舉行了慶祝活動，用凱旋的遊行隊伍和徹夜不滅的燈火來慶祝對西班牙國王的勝利。官方宣布的說法是：「那可悲的西班牙國王為保住性命而抱頭鼠竄，棄他那不信真主的子民於不顧。」[9]哈布斯堡家族則安排了自己的凱旋儀式，慶祝一場子虛烏有的勝利——藝術家們開始製作表現查理五世從土耳其人魔爪中，解放維也納城的雕版畫。雙方都在堂而皇之地誇大其詞，且絲毫不顧事實。但真實情況是，土耳其人在一個作戰季節內已經達到了行軍距離的極限，而查理五世的精力主要投注在地中海，他從來沒有選擇多瑙河盆地做為主戰場。蘇萊曼攻打克塞格的時候，查理五世仍遠在兩百英里之外。這是他們兩人距離最近的一個時刻。

✫

與此同時，查理五世選擇了這個時機來轉移整場戰爭的焦點。兩人在多瑙河沿岸各自虛晃一招的同時，查理五世批准了一次牽制性攻擊。一五三二年春，他命令安德烈亞．多里亞劫掠希臘海岸。四十四艘槳帆船從西西里啟航東進。多里亞心狠手辣並高效地完成了任務。九月十二日，當蘇萊曼正在艱難地撤退時，多里亞猛攻了鄂圖曼帝國具有戰略意義的柯洛尼（Coron）要塞（位於伯羅奔尼撒半島南端），並大肆蹂躪了附近的海岸地區。一支隊伍為皇帝占領了柯洛尼。蘇萊曼大發雷霆。次年春季，他匆匆組建了一支艦隊，前去收復這座城堡，多里亞卻予以迎頭痛擊，令蘇萊曼的恥辱翻倍。六十艘鄂圖曼槳帆船封鎖了柯洛尼，但多里亞輕鬆地突破了封鎖線，把它們打得屁滾尿流。

這些事件令愛琴海東部波瀾大起。土耳其人將希臘視為本土海域，但對其的防禦卻十分疲軟。如果多里亞能夠占領柯洛尼，那還有什麼能阻止他進攻伊斯坦堡呢？鄂圖曼帝國正規海軍的缺陷暴露無遺；海軍是整個帝國的一個可怕弱點。蘇萊曼認識到，為了自己的安全和榮譽，地中海不再是一個次要戰場了。它是一個主要戰區，必須牢牢控制。

蘇丹迅速做出了反應。他將海雷丁從阿爾及爾召回京城，因為後者是唯一一個有經驗、有能力指揮大規模反擊的人。一五三三年夏季，這位傳奇海盜率領十四艘槳帆船，「在轟鳴不斷的禮砲聲中」駛入金角灣，前去覲見蘇丹。他帶來了「十八名船長、他的夥伴，以及豐盛的禮物。他有幸得以親吻蘇丹的手，並得到不計其數的賞賜」[10]。在首席大臣易卜拉欣帕夏的支持下，海雷丁被任命為蘇丹的海軍司令，任務是建造一支新的艦隊、奪回柯洛尼，以及反擊膽敢放肆的西班牙國王。海雷丁不僅得到了「地中海艦隊總司令」（kapudan-i-derya）的正式頭銜，蘇萊曼還專門為他設立了一個總督席位，轄有「群島行省」，即鄂圖曼帝國統治下的地中海沿岸地區。這足以說明，蘇萊曼如今對爭奪大海的鬥爭是多麼重視。

✯

海雷丁時年六十七或六十八歲，處於幸運的顛峰，雖然年事已高，但精力仍然十分充沛。一五三三至一五三四年冬季，他開始著手在金角灣的造船廠重整鄂圖曼海軍。他充分利用了帝國的所有優越自然條件。造船需要消耗大量原材料：木材、瀝青、油脂、黑鐵和帆布。這些物資在帝國本土均可獲得；而造船工匠、水手以及槳手（對基督徒海軍來說，人力是個永久性的難題）可以由中央集權政府高效地徵募，其範圍和效率是無可比擬的。有了這些資源，海雷丁毫不停歇地建造一支無愧於白海統治者威名的帝國艦隊。歐洲的間諜和外交官們密切地注視著他的進展。這種刺探並不困難，因為造船廠周圍沒有高牆阻隔。「巴巴羅薩長期待在造船廠內，」西歐得到了這樣的報告，「為了節省時間，他飲食都在那裡。」[11]

五月二十三日，蘇萊曼再次跨上戰馬，御駕親征，這一次的敵人是波斯國王。此時巴巴羅薩的新艦隊在禮砲聲中駛出了金角灣。佛萊明使節科爾內留斯・德・斯赫博爾（Cornelius de Schepper）目睹了艦隊的出航，給多里亞寫了一份憂心忡忡的報告。艦隊一共擁有七十艘可動的槳帆船，包括三艘船尾

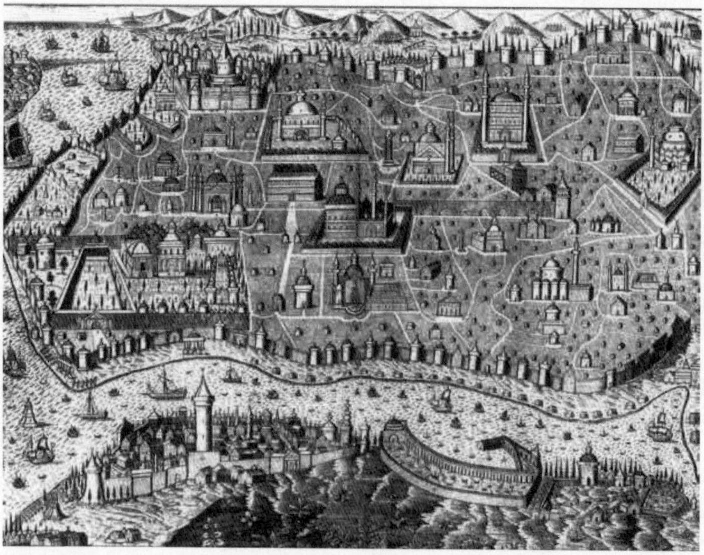

圖8　伊斯坦堡、金角灣和兵工廠（靠前中心處）

帶有燈籠的指揮船。海雷丁裝飾華麗的旗艦配備有一百六十名基督徒划槳奴隸。「他一共擁有一千兩百三十三名基督徒奴隸……其他槳手是塞爾維亞人和保加利亞人，所有槳手都被鐵鍊鎖住，因為他們是基督徒。」[12]每艘槳帆船配有發射石彈的銅砲和一百至一百二十名士兵，「很多人參加遠征是沒有任何兵餉的，而是受海雷丁威名的吸引，以及對戰利品的渴求。」艦隊攜帶了大量財物，用來支付給領兵餉的官兵：五萬金杜卡特（ducat）③、價值四萬杜卡特的寶石和三百匹金線布。蘇萊曼調集了數量驚人的資源。

在伊斯坦堡的法國使節後來對此刻的意義有了深刻的理解。「土耳其人的霸權地位，是從海雷丁在伊斯坦堡船塢度過的第一個冬天開始的。」[13]他在十年後如此寫道。這支靈敏地駛向加里波利的艦隊代表了土耳其海軍實力的猛增。這是大規模海戰時代的開端。在隨後的四十年中，幾乎每年春天，歐洲間諜都會發回，關於土耳其龐大艦隊準備摧毀脆弱的基督教國家海岸地區的可怕傳言。

海雷丁的新艦隊開始踏上復仇之路。這年夏季，他的戰船如潮水般襲擊了查理五世在義大利南部屬地的海岸。蘇丹的新海軍司令顯然得到了精確的情報。他獲報亞得里亞海岸建有大量瞭望塔，於是繞過義大利半島的「腳後跟」，蹂躪了通往那不勒斯的義大利西海岸，燒毀村莊、摧毀船隻、將所有居民都賣為奴隸。他的大規模登陸如此迅捷和恐怖，顛簸猛烈的槳帆船圍逼毫無防禦之海岸的衝擊力如此強大，就像鄂圖曼帝國邊界上令人毛骨悚然的突襲一樣。多里亞艦隊位於

③ 杜卡特是歐洲歷史上很多國家都使用過的一種金幣，幣值在不同時期、不同地區差別很大。

墨西拿的一支分隊只能守在港內，眼睜睜地看著鄂圖曼艦隊如潮水般湧過。離西西里對岸不遠處的雷焦（Reggio），在敵人接近時不得不被放棄；巴巴羅薩在那裡捕獲了六艘運輸船，將城鎮燒毀。他將聖盧奇多（San Lucido）城堡付之一炬，俘虜了八百人。在切特拉羅（Cetraro），他燒毀了十八艘槳帆船。他溜過那不勒斯，洗劫了一個叫斯佩爾隆加（Sperlonga）的漁村，然後登陸，侵入內陸十二英里，企圖抓捕美貌的豐迪（Fondi）伯爵夫人茱莉亞·貢扎加（Julia Gonzaga），將她做為禮物進獻給蘇丹的後宮。他的陰謀沒有得逞，於是將豐迪燒毀，「屠殺了很多男人，並劫走所有的婦女和兒童」[14]。在六十英里外的羅馬，人們開始逃離城市。返航途中，他又在那不勒斯焚毀了六艘正在建造中的帝國槳帆船。然後，在人們反應過來之前，他的艦隊已經離去，消失在南方的蔚藍大海中，繞過正在悶燃的斯特隆伯利（Stromboli）島④，駛往突尼斯。他帶走了或許有幾百名，甚至有幾千名俘虜，其中一部分被送給了在伊斯坦堡的蘇萊曼。

這是一場令人髮指的恐怖暴行和血腥報復，但這還只是開始。海雷丁的個人目標在馬格里布的海岸上。八月十六日，他的小艦隊在突尼斯落錨，船上運載的土耳其近衛軍上了岸。當地不受歡迎的阿拉伯統治者穆萊·哈桑（Muley Hasan）未發一槍便逃離了城市。土耳其人占領了突尼斯，一下子為查理五世增加了一倍的煩惱。突尼斯城位於馬格里布的頸部，制衡著整個地中海的軸線。突尼斯和西西里之間的海峽僅有一百英里寬，馬爾他就坐落在海峽中央。從突尼斯駛往皇帝的領地，只需二十個小時。突尼斯為海盜襲擾、甚至入侵義大利提供了一個跳板，最自然的踏腳石當然是先從聖約翰騎士團手中奪取馬爾他。這是進入南歐的傳統路線；在九世紀，阿拉伯人就是從這條路徑進入西西里的。海雷丁已經得到了「真主的啟示」，將如法炮製。據說他在襲擾義大利的過程中曾得到托夢，說他註定將得到西西里島。

到了一五三四年底，整個地中海西部已經對巴巴羅薩新艦隊帶來的巨大威脅噤若寒蟬。西班牙和義大利海岸被愈來愈強烈的恐懼不安所困擾。船運保險費大增；海岸城鎮加固了防禦工事，村莊則被放棄，另外建造了新的瞭望塔群。多里亞和西班牙海軍司令阿爾瓦羅．德．巴桑（Álvaro de Bazán）追蹤著關於巴巴羅薩行蹤的每一條傳言，讓自己的槳帆船艦隊時刻待命，隨時出擊。「從墨西拿海峽到直布羅陀海峽，歐洲沒有一個地方的居民可以安寧地吃飯，或者高枕無憂。」[15]西班牙人桑多瓦爾（Sandoval）⑤寫道。甚至保持中立的威尼斯人在自己安全的潟湖內也惴惴不安，開始建造新的戰船。這已經不是膽大包天的海盜襲擊，而是兩個大帝國之間的戰爭蔓延到了大海的中心。

✯

義大利南部遭襲對查理五世來說是個傷害，而來自突尼斯的新威脅更是讓他無比震驚。他很確信，這是蘇萊曼為自己在匈牙利的戰敗之恥，和在希臘遭到多里亞攻擊而進行的報復。查理五世對蘇萊曼的舉動不能置若罔聞。對敵人的任何行動都必須給與更大規模的回應。查理五世決心

---

④ 斯特隆伯利島位於義大利西西里島東北方，島上有活火山。

⑤ 普魯登希奧．德．桑多瓦爾（Prudencio de Sandoval，一五五三至一六二〇年），西班牙僧侶和史學家，他的著作對研究查理五世時期的歷史非常重要。

「進攻敵人，將他逐出基督教世界的海域」[16]。他決定組織一場針對巴巴羅薩的征討，並御駕親征，哪怕危及自己的人身安全也在所不惜。

一五三四至一五三五年冬天，查理五世親自出馬，籌劃一場代價昂貴的突尼斯海上遠征。他從整個帝國境內徵集了兵力和船隻。運輸船從安特衛普（Antwerp）啟航，由被鐵鍊鎖住的新教徒擔任槳手。軍隊從日耳曼、西班牙和義大利各地開拔，前往位於海岸的集結地。多里亞在巴塞隆納集結了他的槳帆船艦隊；巴桑率軍從馬拉加（Malaga）⑥出航。聖約翰騎士團乘坐他們的大型克拉克帆船「聖安妮」號（Saint Anne，當時世界上最大的船隻）前來參戰；葡萄牙人派來了二十三艘卡拉維爾（caravel）帆船⑦和另外一艘克拉克大帆船；教宗也資助了一支隊伍。熱那亞和巴塞隆納到處是人群和艦船，熱鬧非凡；成桶的餅乾、淡水、火藥、馬匹、大砲和火繩槍被裝上船。事實證明，查理五世是一位傑出的軍事籌劃者。這次遠征規模空前，按照哈布斯堡家族的標準也算協調有力。這一次，艦隊的出航趕上了有利季節。一五三五年六月初，艦隊在西西里海岸集結完畢：共有七十四艘槳帆船、三百艘帆船和三萬名士兵。皇帝對艦隊做了檢閱，這是一場精心安排的儀式，富有宗教象徵意義和皇家的威儀。查理五世下令建造一艘無愧於他做為基督教世界捍衛者地位的宏偉戰艦：一艘四層槳戰船，即一艘巨大無比的槳帆船，每個槳位的上、下四層各有一名槳手，鍍金艉樓帶有城堡狀結構和紅、金兩色天鵝絨的華蓋，桅杆上飄揚著帶有紋章的旗幟。其中一面旌旗上畫有耶穌受難像和查理五世的個人箴言「走得更遠」，另一面大旗畫有光芒四射的星辰，周圍環繞著箭矢，寫有「上帝為我引路」[17]字樣。六月十四日，艦隊從薩丁尼亞島盛大出航。槳手們用力划槳，華麗的戰船沿著停泊船隻中間的航道前行，周邊號角齊鳴，人們歡呼雷動。查理五世還帶來了他的御用畫師揚・維爾摩恩（Jan Vermeyen），以便記錄唾手可得的勝利。皇帝打算掌握好自己在畫卷上的形象。

艦隊花了不到一天時間就抵達北非海岸。到了六月十五日早上，艦隊已經在古迦太基（Carthage）遺址周邊下錨，準備攻打拉格萊塔。這座要塞控制著通往內湖（「綠色之城」突尼斯就坐落在內湖岸邊）的航道，被稱為「咽喉」。海雷丁不斷從突尼斯城襲擊帝國軍隊，因此後者花了一個月時間才排除了拉格萊塔這個障礙。七月十四日，帝國軍隊的克拉克帆船和槳帆船一波波逼近要塞，用船首砲猛轟敵人的防禦工事。在一番狂轟濫炸之後，步兵突破了城牆，以巨大的代價攻克了要塞。西班牙人在要塞廢墟中意外地發現了帶有法國王室百合花紋章的砲彈。

海雷丁目瞪口呆地看著帝國軍隊逼近突尼斯城。他的地位岌岌可危；他尤其擔心數千名被鐵鍊鎖住的基督徒奴隸會暴動。他提議把奴隸斬盡殺絕，但受到身邊隨從的強烈反對。這倒不是因為出於道德上的顧慮，而是因為奴隸主們不願意自己的財產受到損失。果然，巴巴羅薩的擔憂不是沒有道理的。在激烈戰鬥之後，他率領部隊返回突尼斯城的城牆。在城內，一群被迫改宗伊斯蘭教的俘虜感到局勢發生了變化，開始逃脫枷鎖。基督徒奪取了軍械庫，武裝起來，衝上大街。巴巴羅薩背後沒有安全的基地，只得逃之夭夭。他率領幾千名土耳其人逃往阿爾及爾。七月二十一日，查理五世帶著勝利進入突尼斯城，沒有受到任何抵抗，他的坐騎在慘遭屠殺的穆斯林屍體

⑥ 位於西班牙南部，是西班牙在地中海僅次於巴塞隆納的第二大港。著名畫家畢卡索（Picasso）出生於此地。

⑦ 卡拉維爾帆船是十五世紀盛行的一種三桅帆船，當時的葡萄牙和西班牙航海家普遍用它來進行海上探險。

上高步踏過。

戰爭的結局是血腥的。查理五世已經向部下許諾，由於突尼斯城沒有投降，所以按照慣例，允許士兵們盡情擄掠。於是，突尼斯城居民遭遇了恐怖的大屠殺。清真寺被洗劫一空；成千上萬的突尼斯人雖然對海雷丁並不比對穆萊·哈桑更有好感，但仍然在大街上慘遭屠戮。一萬多名平民被賣為奴隸。穆斯林對義大利的襲擊、基督徒被劫掠和賣為奴隸、巴巴羅薩兄弟對基督教海岸地區二十年來的殘酷侵害的不共戴天之仇，為帝國軍隊的報復欲火上澆油。他們對這座城市施以極其殘忍的蹂躪。

在血洗突尼斯之後，查理五世在天主教歐洲的威望大增。他置生死於度外，親臨突尼斯戰場，證明了自己的勇氣、決心和軍事才華。根據當時的西班牙史料，他曾衝殺在最前線，「手執長矛，像最貧賤的普通士兵一樣出生入死」[18]，子彈曾從他的頭邊呼嘯而過。他胯下的戰馬被槍彈打死，而他的侍從就戰死在他身旁。西班牙史學家確保他的英雄事蹟被廣為傳揚。查理五世認為，自己完全有資格自稱為「戰爭之皇」（emperor of war）。

戰後帶來的實際收益也是非常可觀的：做為帝國傀儡的穆萊·哈桑被重新扶上突尼斯王座，拉格萊塔則駐紮了西班牙軍隊。最重要的是，前一年春季不可一世地從伊斯坦堡出航的那支鄂圖曼艦隊，現在幾乎被查理五世燒了個一乾二淨，在突尼斯的湖內就摧毀了八十二艘船艦。查理五世原打算對巴巴羅薩窮追不捨，占領阿爾及爾，但軍中爆發了痢疾。八月十七日，他威風凜凜地返回了那不勒斯，深信已經將對手打倒在地。

查理五世在運籌帷幄時從不會因為經費問題而綁手綁腳，但遠征突尼斯的經濟代價是驚人的。槳帆船艦隊的維持經費是極為昂貴的，而且皇帝才剛剛在多瑙河上對抗蘇萊曼的戰事中支出了九十萬杜卡特。按照估算，駛往突尼斯的艦隊要花費一百萬杜卡特，但查理五世並沒有這麼多的錢。針對巴巴羅薩的遠征之所以能實現，要感謝在世界另一端發生的事件。一五三三年八月二十九日，法蘭西斯科．皮薩羅綁架了阿塔瓦爾帕（Atahualpa），安地斯山脈卡哈馬卡（Cajamarca）地區的印加帝國的末代皇帝。他在勒索了一大筆黃金做為贖金之後，將人質扼殺。於是，西班牙蓋倫（galleon）帆船⑧的隊伍為查理五世奉上了一筆意外橫財——價值一百二十萬杜卡特的南美黃金，「用以對土耳其人、路德和信仰的其他敵人開展聖戰」[19]。阿塔瓦爾帕的金庫為查理五世的聖戰付了帳。這是新大陸第一次影響了舊大陸的歷史軌跡。

對查理五世來說，是上帝幫助他贏得了這場大捷，因此他是以上帝的捍衛者的身分返航的。「在我這樣一個基督徒看來，您在突尼斯取得的無比光榮的勝利，遠遠勝過其他流傳青史的事件。」[20]阿諛諂媚的史學家保羅．喬維奧（Paolo Giovio）⑨如此寫道。御用畫師揚．維爾摩恩設計了一套十二幅的掛毯，記錄此次戰役中的場景。皇帝本人無論走到哪裡，都要帶著這套掛毯，

---

⑧ 蓋倫帆船是至少有兩層甲板的大型帆船，在十六至十八世紀期間被歐洲多國採用。它可以說是卡拉維爾帆船及克拉克帆船的改良版本，船身堅固，可用做遠洋航行。最重要的是，它的生產成本比克拉克帆船便宜，生產三艘克拉克帆船的成本可以生產五艘蓋倫帆船。蓋倫帆船被製造出來的年代，正好是西歐各國爭相建立海上強權的大航海時代。所以，蓋倫帆船的面世對歐洲局勢的發展亦有一定的影響。

⑨ 保羅．喬維奧（一四八三至一五五二年），文藝復興時期的義大利醫生、史學家、傳記家。他對當時的多場戰爭做了記述，成為重要的歷史文獻來源。

以見證他的輝煌。這是皇帝戎馬生涯的一個顛峰。

✯

巴巴羅薩的基地被摧毀，馬格里布與伊斯坦堡之間的聯繫被切斷，這在整個地中海西部產生了極大反響。查理五世抵達那不勒斯時得到了群眾山呼海嘯般的歡呼。有謠言在流傳，聲稱巴巴羅薩本人已經一命嗚呼。海岸地區沉浸在節日氣氛中；人們用教堂鐘聲、禮砲、遊行和宴飲來慶祝喜訊。在托雷多和格拉納達，信徒們唱著聖歌遊行，跪拜在聖母像面前。聖約翰騎士團舉行了感恩儀式，在馬爾他的夜空中燃放煙花爆竹；而受此事件影響較小且生性比較輕浮的威尼斯人則抓住這個藉口，舉行了狂歡節和假面舞會。但最為欣喜若狂的是巴利阿里群島的居民。馬略卡島和梅諾卡島從前在海盜手裡蒙受了極大苦難。在馬略卡島的帕爾馬（Palma）城，人們歡呼雀躍地重演了海盜的敗落。一名罪犯被染紅鬍鬚，割掉舌頭，穿上土耳其服裝，然後被推推搡搡地擁進城市廣場。在群眾的歡呼聲中，這個驚恐萬分的犯人被活活燒死。喜悅、殘忍、復仇、宗教救贖、狂歡、神祕的狂熱──強烈的情感激盪著整片大海。

十月的一天，在這種狂歡氣氛中，一隊飄揚著西班牙旗幟的槳帆船駛進了梅諾卡島的馬翁（Mahon）港。從海岸上觀察的人們喜悅地高呼，表示歡迎，以為那是多里亞的艦隊掃蕩北非海岸歸來。他們看得清船上水手穿著基督徒的衣服，於是在船隊穩步入港時敲響教堂大鐘，以示歡迎。停泊在港內的一艘葡萄牙卡拉維爾帆船放了一砲，做為友好的致敬，不料對方還以猛烈砲火。葡萄牙人大吃一驚，趕緊進行武裝，但為時已晚，巴巴羅薩的槳帆船群正向他們猛撲過來。

老海盜根本沒有死。他安全逃出了突尼斯，重整旗鼓，捲土重來。他在突尼斯以西的博納（Bona）⑩還有十五艘槳帆船。他在那裡躲過了多里亞，駛往阿爾及爾，在那裡又集結了更多的船隻。現在他又回來蹂躪基督教的海域了。偽裝成西班牙船隻的槳帆船群做為真主的復仇，降臨馬翁。巴巴羅薩俘虜了那艘卡拉維爾帆船，將城鎮洗劫一空，擄走一千八百人，並摧毀了城防工事。阿爾及爾的奴隸市場上一時間貨物爆滿。

基督教海域重回到先前的噩夢狀態。海岸地區的人們不禁為之心驚肉跳，這份恐懼由西班牙和義大利各個港口的大小船隻，傳到了沒有設防的各個島嶼和海岸城鎮。查理五世投入的大量努力和金錢似乎都白費了。他只是挫傷了巴巴羅薩，並未將他徹底消滅。當年年底，蘇丹的海軍司令回到了伊斯坦堡。通常對敗軍之將從不寬容的蘇萊曼原諒了他丟失戰船的罪過，並命令他建造一支新的艦隊。

⑩ 又稱博恩（Bône），今稱安納巴（Annaba），位於阿爾及利亞北部、地中海沿岸的一座城市。

圖9　揚帆航行的槳帆船

第五章　多里亞與巴巴羅薩

一五三六至一五四一年

查理五世有多里亞，蘇萊曼有巴巴羅薩。很顯然，在突尼斯戰役之後，爭奪地中海的兩位帝王都選擇了自己的鬥士，並集結力量。巴巴羅薩是蘇丹的海軍司令，多里亞則是查理五世的艦隊統領。這兩位航海家都是各自主公意志的執行者。地中海不再是一個海盜爭鬥的遙遠邊疆，而變成了像匈牙利平原那樣的大帝國角逐的主戰場。年復一年，戰事愈來愈激烈。巴巴羅薩於一五三六年再次進攻義大利，多里亞以牙還牙，於次年在希臘海岸俘虜了若干鄂圖曼槳帆船。艦隊的規模也愈來愈宏大。一五三四年，巴巴羅薩建造了九十艘槳帆船；一五三五年，他建造了一百二十艘。兩位指揮官多次在海上擦肩而過，在義大利的海角和海灣周圍互相追蹤，但從來沒有交過手。他們的海戰是一系列缺乏協調的猛擊，如同罹患失憶症的拳擊手之間的搏鬥。有很多因素導致一直沒有發生連續性的大戰役：海洋條件的限制、作戰季節的掣肘、戰役準備的後勤工作的耗時、在沒有雷達的時代只能盲目地搜尋敵人，以及經驗豐富的水手的謹慎天性。雙方都深知海戰的風險。細微的劣勢也可能會導致嚴重後果，風向的微微轉變也可能影響戰局。與風險極大的海戰相比，安全的劫掠與突襲永遠是上策。但到了一五三〇年代中期，由於帝國野心的持續壓力和建造更大艦隊的軍備競賽，兩人之間的空間在日漸縮小，他們將不可避免地發生碰撞。

在拉格萊塔發現的法國砲彈對查理五世來說是個凶兆。一五三六年，他又開始了一場針對法國瓦盧瓦王朝國王法蘭西斯一世的全面戰爭。對四分五裂的歐洲來說，這是一個令人痛心的事實——天主教國王用來與法國和新教徒作戰的時間、金錢和精力，多過於對抗蘇萊曼的消耗。哈布斯堡家族在人們心中的強大形象令基督教世界恐懼，而不是將後者團結起來。於是在這種大環境下，蘇萊曼得以巧妙地影響地中海的力量平衡。

法國人多年來一直與鄂圖曼帝國眉來眼去，尋求與後者結盟，要嘛是直接透過祕密的使節，要嘛是以巴巴羅薩兄弟為管道。早在一五二〇年，法國就派遣了一名大使到突尼斯，勸說海盜「在皇帝的那不勒斯屬地內給他製造更多麻煩」[1]。他們為海雷丁提供了軍事技術的支援（大砲、火藥和砲彈），以及關於皇帝的情報。「我不否認，」法蘭西斯一世向威尼斯大使承認道，「我希望土耳其蘇丹實力強大、做好戰爭準備，但我這麼希望不是為了他的緣故——因為他是個異教徒，而我們都是基督徒——而是為了削弱皇帝的力量，迫使他靡費金錢，並讓反對這個可怕敵人的各國政府吃上一顆定心丸。」[2]一五三六年初，法蘭西斯一世和蘇萊曼簽訂了一項協議，給與對方貿易權。協議的背後深意是，他們將對義大利發動鉗形攻勢，打垮查理五世。在蘇丹的帝國爭霸戰中，地中海成了舞台中心。法蘭西斯一世對蘇丹的最終目標顯然心知肚明。「土耳其蘇丹會發動海上遠征，」他告訴威尼斯人，「或許會一直打到羅馬，因為蘇萊曼蘇丹總是在說『進軍羅馬！進軍羅馬！』」[3]蘇丹命令已經返回伊斯坦堡的巴巴羅薩「建造兩百艘戰船，準備遠征阿普利亞（Apulia）①，於是他投入了這項工作」4。土耳其的海軍力量再次得到升級。

在亞得里亞海北部，威尼斯人焦躁不安地關注著這些事件。鄂圖曼人遠征羅馬勢必意味著侵犯威尼斯在亞得里亞海的領海。威尼斯竭盡全力，想在兩個極具威脅性的大帝國之間保持自己的獨立。查理五世已經吞併了威尼斯周邊的所有義大利土地；蘇萊曼的海軍則威脅著威尼斯的海上領地。威尼斯共和國的唯一野心就是在海上安安穩穩地做生意、掙大錢。它無力在軍事上競爭，因此主要依靠嫻熟的政治手段來保障自己的安全。威尼斯積極地向土耳其蘇丹獻媚討好，毫不吝惜地用大筆金錢賄賂土耳其高官，並堅持不懈地對蘇丹的一舉一動進行刺探。威尼斯人把他們最優秀的外交官派往伊斯坦堡，在那裡供養著一大群會講土耳其語的線人和地圖繪製師，並發回無窮無盡的加密報告。這項政策為威尼斯買來了三十年的和平。對他們來講最重要的是與易卜拉欣帕夏（位高權重的首席大臣）的特殊關係。易卜拉欣生於亞得里亞海岸，原先是威尼斯的臣民。他深受蘇丹信任，但隨著蘇萊曼將炯炯的目光轉向大海，這一切都開始發生變化。

一五三六年三月五日晚上，易卜拉欣如往常一般來到皇宮，與蘇萊曼一起用膳。他離開的時候，吃驚地遇見了劊子手阿里和一隊宮廷奴隸。野心勃勃的維齊爾行為太過分，幾乎認為蘇丹的權力就是他自己的，並且招致了蘇丹的妻子希蕾姆（Hurrem）的嫌惡。次日早上，人們發現了易卜拉欣被砍得血肉模糊的屍體。從鮮血四濺的牆壁上可以明顯看出，易卜拉欣一直反抗到倒地

① 今稱普利亞（Puglia），是義大利南部的一個大區，東鄰亞得里亞海，東南臨愛奧尼亞海，南面則鄰近奧特朗托（Otranto）海峽及塔蘭托（Taranto）灣。

斃命。這個血汗的房間被保留下來，多年都維持原狀，用來警告所有野心勃勃的維齊爾，只消蘇丹一聲令下，寵臣也會立刻變成一具冰冷的屍體。

✵

易卜拉欣被處決標誌著蘇萊曼統治的一個重大轉折。自此之後，蘇萊曼更加嚴峻；伊斯蘭教的虔誠取代了原先有志成為凱撒的帝王威儀。易卜拉欣的暴死使得威尼斯在一夜之間失去了一個重要的支持者。顯然，蘇萊曼愈來愈無法容忍「威尼斯異教徒……這個以巨大財富、廣泛的商貿活動和在交易中以狡詐和陰險著稱的民族」[5]。威尼斯槳帆船和土耳其海盜在亞得里亞海發生的尖銳衝突，為鄂圖曼帝國的入侵提供了一個藉口。一五三七年初，蘇萊曼在法國人的支持下準備對義大利發動兩路夾攻，並將威尼斯位於科孚（Corfu）島的基地視為入侵的踏腳石。土耳其人極具針對性地要求威尼斯元老院與他們結盟。威尼斯共和國進退兩難；土耳其人雖然沒有明說，但這顯然是個威脅；威尼斯不可避免地需要在查理五世和蘇萊曼之間做出選擇。威尼斯人倔促不安地宣布中立，禮貌地拒絕了蘇丹的要求，然後武裝了一百艘槳帆船，因為「據我們觀察，世界上其他君主都在這麼做」[6]。他們決定靜觀其變。

法國國王的預測是完全正確的。一五三七年五月，蘇萊曼派出一支大軍，前往位於亞得里亞海岸的阿爾巴尼亞城鎮發羅拉（Valona）。與此同時，巴巴羅薩也從海上大舉出動。一百七十艘槳帆船駛出伊斯坦堡，向義大利的亞得里亞海岸猛撲。在一個月內，他「如同瘟疫般在阿普利亞海岸肆虐」[7]，焚毀城堡、擄掠人口，令恐慌情緒一直傳到羅馬。多里亞的艦隊規模不足以與這支大艦隊抗衡，於是他撤回西西里，繼續關注事態發展。八月底，蘇丹宣布改變策略，命令巴巴羅薩占領科孚島。兩萬五千人在島上登陸，攻打要塞，但令威尼斯人自己也很意外的是，要塞居然守住了。土耳其人萬分期待與法國人會師，但後者始終不見蹤影；攻城大砲在霪霪秋雨中陷入泥潭，而且威尼斯人明智地對自己的稜堡進行了加固。三週後，蘇萊曼下令放棄攻城，但威尼斯已經不可挽回地捲入了戰爭，加入了皇帝的那一方。一五三七年冬季，教宗保羅三世（Paul III）從中斡旋，提出了具體的條件，打算建立一個神聖聯盟（Holy League）「以反對公敵——暴君土耳其蘇丹」[8]。聯盟的形式將是一場海上的十字軍東征，最終目標是占領伊斯坦堡，立查理五世為君士坦丁堡皇帝。威尼斯人是務實主義者，私底下更希望能夠快速打垮巴巴羅薩，恢復原狀，繼續與伊斯蘭世界進行和平的貿易。

這是一個關鍵的時刻。南歐感到自己命運未

圖10　海盜船正在追趕基督教船隻

卜。基督教世界如果遭到決定性失敗，整個地中海就將任憑鄂圖曼艦隊無情劫掠。一五三八年春天，當盟國正在組織和活動的時候，巴巴羅薩已經出海，給了威尼斯人一個教訓，失敗將意味著什麼。除了賽普勒斯和克里特島之外，威尼斯在愛琴海上還控制著一連串小型港口和島嶼，包括伯羅奔尼撒半島上的納夫普利翁（Napilon）城和莫奈姆瓦夏（Monemvasia）城、斯基亞奈斯（Skiathos）島、斯科派洛斯（Skopelos）島、斯基羅斯（Skyros）島、聖托里尼（Santorini）島，還有其他一些分散的基地，它們都擁有整潔的港口、天主教教堂和陰森森的稜堡，城門上雕刻著聖馬可（Saint Mark）②的獅子。海雷丁逐個洗劫了威尼斯的這些基地，屠殺全部守軍，將身體健全的男人擄走當做划槳奴隸，然後繼續航行，在熾熱的天空下只留下燃燒的廢墟。鄂圖曼史學家簡潔地列舉了威尼斯共和國的損失：「在本年度內，威尼斯人擁有二十五個島嶼，每座島嶼都建有一座、兩座或三座城堡；這些城堡全被攻克，十二個島嶼稱臣納貢，其他十三個島嶼受到劫掠。」[9]海雷丁正在蹂躪克里特島南岸時，有一艘小型划槳船送來了消息，基督徒正在亞得里亞海集結一支相當規模的艦隊。於是他轉身北上，前去應戰。

☆

神聖聯盟在科孚島的集結非常緩慢。威尼斯人和教宗的槳帆船在五月就抵達了那裡，求戰心切。但他們在那裡足足等了將近三個月，總司令多里亞才緩緩地從熱那亞出發，繞過義大利半島，前來會合。他到九月初才抵達，此時天氣已經開始轉冷。義大利和西班牙部隊之間當即就發生了爭執。漫長的等待讓威尼斯人焦躁不安。維持槳帆船艦隊的代價給共和國造成了很大開銷；

因此他們急於搶在巴巴羅薩能夠進一步破壞威尼斯的附屬島嶼之前，發起決定性的攻擊。基督教歐洲的政治在很大程度上受各方決策的支配；各方的戰略目標差別甚大，就連頗為樂觀的教宗保羅三世也無法掩飾這分歧。威尼斯之所以參戰，是為了要保護自己在地中海東部的領地。而對查理五世而言，海上邊界就到西西里為止，他對威尼斯在更東方的利益不感興趣。多里亞之所以行動這麼緩慢，很可能是皇帝的授意。對多里亞而言，雙方之間的互不信任幾乎是公開的，這源於熱那亞和威尼斯之間的宿怨。這一切都很不吉利。

九月初，艦隊終於出航，尋找與巴巴羅薩決戰的機會。他們擁有數量優勢——一百三十九艘重型槳帆船和七十艘帆船，而敵人只有九十艘重型槳帆船和五十艘小型划槳船。但是土耳其人躲在希臘西海岸的一個小海灣——普雷韋扎（Preveza）灣，得到了岸基大砲的良好保護。有將近三週的時間，神聖聯盟艦隊封鎖了普雷韋扎，但無法引蛇出洞，而天氣也漸漸變得寒冷；多里亞擔心暴風會摧毀他的艦隊。九月二十七日晚，他決定起錨撤退。就在此時，一直嚴密觀察戰局的巴巴羅薩看到他的機會來了。多里亞和巴巴羅薩在地中海的貓抓老鼠遊戲，已經玩了好多年，現在該是決一雌雄、奪取海權的時機了。

✯

九月二十八日是個狂風怒號的秋日。土耳其人出動作戰時，外海的基督教艦隊非常分散；各

---

② 基督教傳福音者，傳說是《馬可福音》的作者，他也是威尼斯的主保聖人。

國的小艦隊混雜在一起，槳帆船和帆船也亂糟糟的，缺乏協調。求戰心切的威尼斯人高呼「戰鬥！戰鬥！」划槳向前衝。多里亞卻令人無法理解地將自己的船隊留在後方。最前鋒的戰船被孤立了。威尼斯人的艦隊中有一艘重武裝的大帆船，面對大群鄂圖曼槳帆船的襲擊仍巋然不動。但其他船隻不是被俘虜就是被擊沉了。多里亞轉向戰場的時候，依然讓自己的戰船保持在外海，只進行遠距離的砲擊。威尼斯大帆船在整個白天打得鄂圖曼艦隊不能近身，但當夜幕降臨、風向轉變時，多里亞卻放棄了戰鬥，開始撤退，並熄滅了自己的船尾燈籠，以防止敵人追擊。按照鄂圖曼帝國史學家的說法，多里亞「撕扯著自己的鬍鬚，抱頭鼠竄，所有的小型槳帆船都跟著他逃走了」[10]。

巴巴羅薩獲得了一場著名的勝利，班師回朝。「在那天上午和日落之間進行的戰鬥，於此前的海上從未有過。」[11]後世的史學家卡迪布・切列比（Katip Chelebi）如此寫道。蘇萊曼得到捷報後，「當眾宣布了勝利的消息，所有在場的人都站立起來，向真主表達感恩和讚美。隨後海軍司令（巴巴羅薩）得到命令，向主要軍官支付十萬金幣的賞金，向全國各地發送捷報，並在所有城鎮公開宣布這個喜訊」[12]。

事實上，這場戰役的規模算是相當小的。傳說中的大批槳帆船猛烈交鋒根本就是子虛烏有。神聖聯盟可能損失了十二艘船，跟幾天後七十艘鄂圖曼帝國船隻被風暴摧毀的情況相比，根本不算什麼，但這對神聖聯盟的心理打擊是巨大的。基督徒完全被敵人的策略壓倒了。基督徒的損失主要在威尼斯人的艦隊。多里亞沒有支援威尼斯人，這令他們火冒三丈。他們感到，熱那亞的海軍司令要嘛是背叛了他們，要嘛是險惡地刻意為之，要嘛是懦弱怯戰。多里亞或許並不十分熱心於這場戰事，或許是看到敵人的航海技術超過自己，於是選擇撤退，以減少自己槳帆船的損失。巴巴羅薩很可能是占了上風；他安全地躲在普雷韋扎灣內，可以選擇在對手處於不利風向時發動進攻，但兩人之所以沒能決一死戰，還有別的因素在起作用。

威尼斯人不知道的是，查理五世沒能在突尼斯消滅巴巴羅薩，於是使出了陰招。一五三七年，他開始祕密地與這位蘇丹的海軍司令談判，引誘他棄暗投明，而就在戰役前夜，這些協商仍在進行中。九月二十日，巴巴羅薩派來一位西班牙籍信使，與多里亞和西西里總督進行了會談。巴巴羅薩提出的條件是令人無法接受的，據說他要求對方返還突尼斯，但這些協商顯示，敵對的兩位海軍統帥之間有著某種合謀關係。他們兩人都是受人雇傭，而且名望都受到了威脅。兩人都有足夠的理由謹慎行事；對他們而言，如果不顧風向而魯莽地犯險，損失都將遠遠大於收益。西班牙人記起了一句諺語：「一隻烏鴉不會去啄另一隻的眼睛。」對多里亞來說，還有別的生意上的考量：很多槳帆船是他的私人財產；他當然不願意為了幫助可憎的宿敵威尼斯人，而損失自己的戰船。三十年後，經驗不如多里亞和巴巴羅薩豐富的指揮官們，將在同一片海域孤注一擲，將對風向的小心謹慎置之腦後。

我們完全無法確定，巴巴羅薩在這番活動中究竟有幾分真誠。或許易卜拉欣帕夏的垮台，讓他看清了在蘇丹的朝廷裡伴君如伴虎，又或許查理五世許諾幫助他實現在馬格里布獨立建國的夢想。而更有可能的情況是，他在陪著查理五世和多里亞玩，哄騙對手，令其產生狐疑和猶豫。可以確定的是，在伊斯坦堡的法國間諜羅梅羅（Romero）醫生沒有絲毫疑慮。「我可以擔保，巴巴羅薩是個比先知穆罕默德還虔誠的穆斯林。」羅梅羅醫生寫道，「和西班牙人的談判只是個幌子。」[13]

普雷韋扎戰役的軍事後果乍看無足輕重，但它在政治和心理上的影響卻非常巨大。它證明，只有一支團結一致的基督教艦隊才能與擁有海量資源的土耳其人匹敵。一五三八年，對基督教世界而言，任何協調統一的反土耳其人海上軍事行動都是空中樓閣。一五四〇年，神聖聯盟土崩瓦解，威尼斯人與蘇丹簽訂了一項喪權辱國的和約。他們支付了一大筆贖金，並被迫承認被巴巴羅薩奪去的所有領土歸蘇丹所有。威尼斯事實上已經成了土耳其的附庸，儘管沒有人使用這個詞。整個地中海經驗最豐富的海軍大國威尼斯，在接下來的二十五年中沒再參加任何海上戰役，直到對多里亞家族的猜忌促使他們再次揚帆起航。普雷韋扎戰役為鄂圖曼帝國統治地中海打開了大門。威尼斯人在這場戰役中唯一得到的成果，就是大帆船的優異戰鬥力得到了實戰考驗。他們認識到了大型浮動砲台的價值，將在未來學以致用。

✯

查理五世再做了一次努力，試圖打破鄂圖曼帝國在地中海西部的霸權。他記起了在突尼斯的勝利，於是決定向阿爾及爾發起一次類似的行動。一五四一年夏季，蘇萊曼在匈牙利，而巴巴羅薩在多瑙河上作戰。這是發起進攻的絕佳機會。

皇帝頗熱中於冒險。到了一五四一年，他受到了極大的財政壓力。為了節約經費，他決定在當年晚些時候進攻阿爾及爾。因為他很確信，在冬天不會有從伊斯坦堡啟航的艦隊來阻擋他，所以可以減少投入的兵力，減少各方面的開支。多里亞曾警告他，這樣做風險很大，但查理五世還是決定賭一把。

這次冒險的結局是災難性的。九月末，皇帝規模可觀的艦隊從熱那亞啟航。參加此次遠征的冒險家當中包括墨西哥的征服者埃爾南·科爾特斯，他也想在舊世界施展一番拳腳。直到十月二十日，各參戰單位才在阿爾及爾集結完畢，此時天氣還算晴朗。軍隊登陸成功，在等待給養的時候，查理五世的好運氣用完了。十月二十三日夜間，突然下起了傾盆大雨。士兵們無法保持火藥乾燥，於是一下子處於劣勢。巴巴羅薩先前任命了一名叫做哈桑的義大利叛教者，在他不在的期間代行阿爾及爾總督的職務。哈桑是個勇敢而堅決果斷的人。他率軍殺出城，擊潰查理五世的軍隊。全靠聖約翰騎士團的一支小分隊拚死抵抗，才防止全軍潰散。但更糟的還在後頭。一夜之間，風力猛增；在沿岸巡弋的帆船拖著嘎吱作響的鐵錨，一艘接著一艘地被大風吹到了岸上。倖存者摸黑在驚濤駭浪中跌跌撞撞地登陸，慘遭當地人屠殺。查理五世不得不率領敗軍沿著海岸撤退二十英里，多里亞的槳帆船在那裡等著接他。然而船隻不夠，無法將部隊主力救走。查理五世乘坐的那艘槳帆船在近海顛簸著，險象環生。他將自己的馬匹從船上推下海，告別了巴巴里海岸。被拋棄在海岸上的官兵的惡毒咒罵，隨著狂風送到了他的耳邊。查理五世損失了一百四十艘帆船、十五艘槳帆船、八千名士兵和三百名西班牙貴族。大海令他丟盡了顏面。戰後，阿爾及爾奴隸市場的奴隸供過於求，以至於在一五四一年，每個基督徒奴隸只能賣相當於一頭洋蔥的價錢。

查理五世看待這起災難倒是非常冷靜和理智。「我們必須感謝上帝，」他在給弟弟斐迪南的信中寫道，「並希望在這次災難之後，祂將善待我們，賜給我們真正的好運。」[14]此外，他不肯接受必然的失敗結論——他出航的時間太晚。關於驟然興起的暴風，他寫道：「沒人能夠預先猜到它。儘早行動並非關鍵所在，關鍵在選擇最佳時機。只有上帝知道何時是最佳時機。」[15]任何熟悉馬格里布海岸的人都不會同意他的話。查理五世此後不再出海遠征。次年，他前往尼德蘭（Netherlands），去處理新教徒叛亂的棘手問題和一場新的對法戰爭。

第六章　土耳其的海

一五四三至一五六〇年

到了一五四〇年代，局勢已經很明朗，查理五世在爭奪地中海的戰爭中處於下風。普雷韋扎的慘敗使得各基督教國家無法再次合作；阿爾及爾的災難確立了這座城市做為伊斯蘭海盜之都的地位。此時形形色色的冒險家和叛教者從地中海各個角落蜂擁奔赴阿爾及爾，參加對基督教海岸和航道的劫掠。

在這種氣氛下，一五四三至一五四四年法國海岸非同一般的景象，尤其令基督教歐洲震驚和惶恐。法國和查理五世又打了起來，於是法蘭西斯一世進一步加強了自己和蘇萊曼的聯盟。巴巴羅薩受邀與法軍合兵一處。他們一同洗劫了尼斯城，查理五世的一個附庸屬地。一五四三年冬天發生另一件令基督教世界瞠目結舌的事情——巴巴羅薩麾下凶猛的細長型槳帆船安全地停泊在法國港口土倫（Toulon）。土倫城內有三萬名鄂圖曼士兵；大教堂被改為清真寺，基督教墓地遭到了褻瀆。土倫城被迫使用鄂圖曼帝國的貨幣，城內飄揚著召喚穆斯林祈禱的呼聲，每天五次。「看到土倫，你可以想像自己身處君士坦丁堡。」[1]一名法國目擊者宣稱。東方國度似乎已經祕密入侵了基督教海岸。自稱「最虔誠的基督教國王」的法蘭西斯一世，已經同意為巴巴羅薩的艦隊提供過冬的糧草，並加強他的部隊，以便「他可以統領大海」，條件是巴巴羅薩應當繼續劫掠查理五世的領地。事實上，被迫供養這批不受歡迎客人的是土倫居民。

這種奇異的聯盟很快就因為雙方的貌合神離而出現裂痕。對於這樁令全歐洲震驚的聯盟，法蘭西斯一世是三心二意、支吾搪塞的。巴巴羅薩對盟友的軟弱十分鄙夷，於是扣押了整支法國艦隊，索要贖金。法國人開始感到自己和魔鬼結了盟約；法蘭西斯一世最終不得不付給巴巴羅薩八十萬金埃居（ecu），請他拿錢走人。贖金當然是土倫居民出的，這讓他們成了窮光蛋，但同時也因為土耳其人的離去而鬆了一口氣。

一五四四年五月，鄂圖曼艦隊駛往伊斯坦堡，陪同他們的還有五艘法國槳帆船，後者載著觀見蘇萊曼的外交使節。船上有一位法國神父，名叫熱羅姆・莫朗（Jérôme Maurand）。這位醉心於古典文化的教士自願參加此次航行，擔任船隊的神父。他急切希望看到君士坦丁堡和沿途的古典①世界遺跡。

莫朗在一艘槳帆船的甲板上飽覽了地中海的自然和人工奇觀，將旖旎的勝景全部記錄在自己的日記裡。他目睹了海上閃電風暴的可怕景觀和桅杆頂端聖艾爾摩（Saint Elmo）之火②的詭異閃爍。他看到了仍然被塗成鮮豔的藍色和金色的古羅馬別墅遺跡，還在黑暗中駛過了斯特隆伯利島的火山，後者「一刻不停地吐出巨大的火焰」。武爾卡奈羅（Volcanello）島的沙灘「黑如墨汁」[2]，令他嘆為觀止；他還凝神觀看了島上冒著氣泡、帶有硫磺氣味的火山口，令人想起地獄的深淵。在希臘南部的鄂圖曼帝國港口莫東（Modon）③，他參觀了一座完全由基督徒骨骸搭建成的方尖碑，還登陸遊覽了特洛伊古城的遺址，最後抵達「著名的、皇家的、非常偉大的君士坦丁堡城」[3]。當他乘坐的槳帆船經過蘇丹皇宮時，禮砲齊鳴，歡迎他們的到來。這一路上，他也很不情願地見證了鄂圖曼帝國海權的強大。

蘇萊曼為巴巴羅薩提供的帝國艦隊（一百二十艘槳帆船和一些支援帆船），以不可阻擋的力量在義大利西海岸肆虐。查理五世的海岸防禦體系無力抵擋這樣武裝強大、機動性超強的敵人。聽到海盜來犯的消息時，人們直接逃之夭夭。空蕩蕩的村莊被焚毀；有時入侵者會追擊逃亡的平民，深入內陸好幾英里。如果人們躲進一座牢固的海岸堡壘，槳帆船的船長們就會將船頭轉向海岸，用大砲猛轟城牆，或者把船上的大砲拖曳上岸，攻打堡壘，也不管需要多長的時間。巴巴羅薩的軍隊根本不怕反擊。只有少量的西班牙士兵把守著孤立的瞭望塔。在海上，多里亞的侄子詹奈托（Giannetto）率領二十五艘槳帆船追蹤敵人艦隊，但剛有交鋒的跡象，就被迫撤回了那不勒斯。

莫朗一天又一天地觀看土耳其艦隊的活動。伊斯蘭聖戰、帝國爭霸、私人劫掠和惡意報復雜糅在一起，共同鞭策著土耳其人的劫掠活動。他目擊了規模龐大的人口擄掠行動。每次襲擊過

---

① 指古希臘和羅馬。

② 聖艾爾摩之火是一種自古以來就被海員觀察到的自然現象，常發生於雷雨中，在桅杆頂端之類的尖狀物上，產生如火焰般的藍白色閃光。它其實是一種冷光現象，是由於雷雨中強大的電場造成場內空氣離子化所致。

③ 今稱邁索尼（Methoni），是希臘南部的港口城市。「莫東」是威尼斯人給它取的名字。

後，長長隊伍中的男女和兒童身披鎖鏈，被驅趕到岸邊登船，在海上還要面對與陸上同樣大的風險。有時，某些海岸村莊會進行一種殘酷的抽彩，抽中的人就要被交給海盜，他們希望這樣至少能保住一部分的人口。埃爾科萊（Ercole）港願意交出八十人，由巴巴羅薩自行挑選，條件是釋放其中的三十人。他接受了這個交易，但仍然將村莊付之一炬，只有一座房屋沒有被燒毀。防禦工事當然會被摧毀。他們發現吉廖（Giglio）島已經人去樓空，於是將村鎮夷為平地，但城堡還進行了抵抗，於是又將城堡炸了個稀巴爛。投降的六百三十二名基督徒被賣為奴隸，他們的指揮官和教士則在巴巴羅薩面前被斬首，以儆效尤。這是一種經過精心設計，打擊敵人士氣非常有效的方法。「這真是非比尋常，」莫朗證實，「僅僅提到土耳其人，就讓基督徒不僅失去了力量，還喪失了智慧。」[4]巴巴羅薩使用的是成吉思汗式的極端殘暴手段。

巴巴羅薩的某些鎮壓行動是為了發洩私怨，甚至對死人也不放過。在海岸城鎮特拉莫納（Telamona），他命人將前不久去世的巴爾托洛梅．佩蕾蒂（Bartolome Peretti）的遺體從墓穴中掘出，按照儀式將其開膛破肚、剁成碎片，然後把殘屍和他的軍官和僕人的屍體一起在公共廣場上焚燒。巴巴羅薩離去之後，人肉燒焦的氣味還瀰漫在空氣中。戰戰兢兢的老百姓從藏匿地點溜出來，對這種暴行感到無比震驚。這是針對佩蕾蒂在前一年襲擊巴巴羅薩的故鄉萊斯博斯島，摧毀巴巴羅薩父親的住宅的報復。

鄂圖曼人繼續航行。艦隊焚燒了伊斯基亞（Ischia）島上的數個村莊並帶走了兩千名奴隸。他們的艦隊如同遮天蔽日的黑翼一般掃過那不勒斯時，那裡的居民和守軍畏縮在岸砲後面，不敢露頭。更南方的薩萊諾（Salerno）只是因為一個奇跡才得救。槳帆船群逼近薩萊諾時天色已黑，

圖11　在伊斯基亞島卸下奴隸

如此接近城市，莫朗甚至看得見城內窗戶裡的燈光，這時「上帝大發慈悲」，伸出了援手。突然間颳起了暴風，「西南面的殘酷之海漆黑一片，槳帆船甚至看不見彼此，再加上持續不斷的傾盆大雨，令人無法忍受」。船上擠在露天裡的基督徒划槳奴隸被淋成了「落湯雞」，還遭到殘酷的毆打。一艘滿載俘虜的小型划槳船在風暴中傾覆，「除了一些游泳逃生的土耳其人外，其他人全部溺斃」[5]。

與土耳其人一起航行的法國人，對於他們的暴行，愈來愈感到瞠目結舌。在利帕里（Lipari）島（西西里外海的一系列火山島中最大的島嶼）發生的事情，終於讓法國人忍無可忍了。利帕里島民已經得知土耳其艦隊接近的消息。他們加強了防禦工事，但沒有疏散婦女和兒童，也沒有撤往裝備精良的要塞。海雷丁派遣五千人和十六門大砲登陸，準備長期圍困利帕里。在他狂轟濫炸的時候，守軍試圖進行談判；他們提出一萬五千杜卡特的贖金，但海雷丁索要三萬杜卡特和四百名兒童。最終，守軍以為雙方已經達成了協議，將為每個人支付贖金。於是他們舉手投降，交出了城堡的鑰匙，但海雷丁背信棄義，除了支付大量贖金的一些富戶外，所有人都被賣為奴隸。普通百姓被命令一個個地從凶殘執拗的帕夏面前走過。年老體衰和沒有價值的人被用木棒狠揍一頓，然後釋放。其他人則被用鐵鍊鎖著，帶往利帕里島的港口。海盜們發現有一些老年人躲在大教堂內，於是抓住他們，扒掉他們的衣服，將他們活活地開膛破肚，「藉此洩憤」。莫朗完全無法理解這些行為。「當我們問起這些土耳其人，為什麼要如此殘酷地對待可憐的基督徒？他們回答說，這種行為具有極大的美德。這是我們得到的唯一回答。」[6]莫朗也不能理解，上帝為什麼會允許如此的苦難發生；他只能做出結論，這是由於基督徒自己的罪孽，因為據說利帕里人「喜好雞姦」[7]。

深受震動的法國人自己掏腰包，贖買了一些俘虜，然後看著其他人被帶走，目睹「命運悲慘的利帕里人被迫離開自己的城市，被賣為奴隸。他們淚流滿面、發出呻吟和抽噎；父親看著自己的兒子，母親看著自己的女兒，憂傷的眼裡抑制不住淚水」[8]。查理五世血洗突尼斯，海雷丁蹂躪利帕里——爭奪地中海的角逐已經成了殘害平民的戰爭。利帕里的城堡、大教堂、墓園和房屋遭到洗劫和焚毀。利帕里城成了冒著黑煙的瓦礫堆。巴巴羅薩安排了暫時停戰，主動提出在附近的西西里將新俘虜全都賣掉，這時法國槳帆船編了個藉口，自行離開了。

一五四四年夏季，巴巴羅薩從義大利海岸和附近的海域俘虜了約六千人。在返航途中，超載運送奴隸的船隻處於危險中，於是船員們將幾百名較虛弱的俘虜投入了大海。巴巴羅薩勝利返回金角灣時已是黑夜，港內禮砲齊鳴、燈火通明，歡迎他的凱旋。成千上萬人聚集在岸邊，爭相一睹「大海之王」[9]的凱旋。這將是他的最後一次大遠航。一五四六年夏季，八十歲高齡的巴巴羅薩在自己位於伊斯坦堡的宅邸內因熱病死去，廣大群眾對他哀悼不已。他被安葬在博斯普魯斯海峽沿岸的一座宏大陵墓內。後來所有將出征遠航的將士都要來他的靈前參拜。葬禮上「槍砲齊鳴，以聖徒應得的禮儀紀念他」[10]。在經歷數十年的恐慌之後，基督徒幾乎不敢相信，「邪惡之王」真的已經死了。基督徒對巴巴羅薩的恐懼已經到了迷信的程度，有個傳說一直流傳下來：巴巴羅薩可以離開自己的墳墓，與亡靈一起在大地上漫遊。只有一位希臘魔法師能夠解決這個問題——在墳墓內埋葬一隻黑狗，以安撫焦躁不安的陰魂，讓它重返黑帝斯（Hadas）。

巴巴羅薩也的確不斷地「重返人間」來威嚇基督教海岸。在他身後，有新一代的海盜頭子繼承他的衣缽；其中最突出的一位叫做圖爾古特（Turgut），基督徒稱他為德拉古特（Dragut）。他出生於安納托利亞海岸，人生軌跡與導師巴巴羅薩如出一轍——他起先是馬格里布海岸雄心勃勃的私掠海盜，後來參加過普雷韋扎海戰，自一五四六年起向蘇萊曼效忠達二十年之久。巴巴羅薩在大海裡種下了龍牙④，將有一代代的海盜前仆後繼。

巴巴羅薩在一五四四年的最後一次大遠征證明，穆斯林艦隊可以在海上隨意巡遊，指哪打哪。這些規模宏大的掃蕩是地中海全面戰爭的一部分，而土耳其人正在贏得這場戰爭的勝利。擄掠人口是土耳其帝國政策的工具，造成的損害是極大的。從巴巴羅薩於一五三四年首次率領帝國艦隊出航起的四十年中，義大利和西班牙海岸損失了大量人口：一五三五年，梅諾卡島損失了一千八百人；一五四四年，那不勒斯灣損失了七千人；一五五一年，馬爾他外海的戈佐島損失了五千人；一五五四年，卡拉布里亞（Calabria）損失了六千人；一五六六年，格拉納達損失了四千人。土耳其人有能力以優勢兵力向具體的地點發動出其不意的攻擊；他們能夠登陸並恣意摧毀相當規模的海岸城鎮，甚至能夠威脅義大利的主要城市。一五四〇年，安德烈亞．多里亞的侄子將圖爾古特圍困在薩丁尼亞島海岸，將其俘虜，並把他賣為划槳奴隸。對此，巴巴羅薩發出威脅，如果不釋放圖爾古特，就將封鎖那不勒斯；熱那亞人認為服從這個條件是上策。多里亞和巴巴羅薩兩人親自會面來商談具體的條件。但這三千五百杜卡特的贖金對基督徒來說是筆糟糕的買賣，因為十一年後，圖爾古特將封鎖熱那亞。在普雷韋扎戰役之後，基督徒沒有足夠強大的海軍來回應這樣的威脅。查理五世忙於同時進行好多場戰爭，因此無暇，或者無力，在海上對抗土耳其人。這時多里亞能做的僅僅是施加一些壓力。

海盜的襲擊也不僅僅透過大艦隊的行動來進行。查理五世和蘇萊曼之間戰爭的此消彼長，取決於發生衝突的時機，但在一五四七年，蘇丹與皇帝簽署了一項和約，以便抽出精力來征討波斯，於是海上的大規模遠征就暫時停止了。儘管如此，戰爭仍然以其他形式繼續進行。馬格里布野心勃勃的海盜填補了這個真空，給基督教海岸帶來了一種完全不同的苦難。鄂圖曼艦隊是大咧咧地打破各地的防禦，而實力較小的海盜則訴諸於伏擊和偷襲。這種恐怖暴行更為狡詐和迂迴。偷襲取代了正面猛攻。

海盜的策略很快就為人們熟知，令人戰慄。可能會有幾艘小型划槳船在外海遊弋，躲在海平面下，熬過白天的炎熱。同時他們會派遣一艘俘虜來的漁船去偵察海岸，可能會讓一名本地的變節者來指認合適的目標。船隊會在凌晨行動，低矮的黑色海盜船在滿天星光下乘風破浪，駛過夜幕下的大海。船上沒有燈籠；海盜用木塞堵住基督徒划槳奴隸的嘴，防止他們喊出聲來。船首抵岸時，海盜迅速突襲村莊；他們踢開房門，將衣衫不整的居民從床上拖下來，砍斷教堂大鐘的繩子，以防止村民發出警報；幾聲尖叫和犬吠在廣場上迴響，一大群糊里糊塗的俘虜被帶到他們自己的海灘上，驅趕上船。然後海盜就消失了。「他們擄走年輕女人和兒童，」一名西西里村民對這樣一次襲擊回憶道，「他們搶走貨物和金錢，然後閃電般地回到他們的槳帆船上，定好航向，就消失了。」[11]恐怖主要在於它的出其不意。

---

④ 根據希臘神話，腓尼基王子卡德摩斯（Cadmus）殺死了一條巨龍，按照雅典娜的指示，將龍牙播種在地下，生長出許多武士。這些武士互相殘殺，其倖存者和卡德摩斯一起建立了底比斯（Thebes）城。

在十六世紀中葉，地中海周邊的人口失蹤已經是家常便飯，在海邊勞作的人會突然間蹤跡全無——單獨駕船出海的漁夫、在海邊放羊的牧人、收割莊稼或者料理葡萄園的工人（有時甚至在內陸幾英里處也不安全）、在島嶼間不定期航行的船隻上的水手，全都是海盜綁架的對象。被海盜劫持後，幾天之內他們就可能出現在阿爾及爾的奴隸市場上，或者被關押在海盜船上，隨著為尋找更多戰利品的海盜船進行漫長的航行。在途中身體變虛弱或者死亡的人會被丟到海裡。

在特別殘酷的情況下，俘虜可能會在一、兩天後就重回自己的村莊。海盜會在近海現身，升起停戰旗，展示俘虜，索取贖金。哀痛無比的親屬們會有一天的時間去籌集贖金。有的人家可能會將自己的田地和船隻抵押給當地的放債人，於是自此陷入無法逃避的債務漩渦。如果他們沒能籌到贖金，人質就會徹底消失。那些非常貧窮且目不識丁的農民很少有機會被贖回，因此很少能再次看到自己的家園。

這種突來的襲擊讓基督教海域陷入了深深的恐懼。那些在海上或者陸地上被擄走的人，永遠不會忘記被俘的創傷。「至於我，」法國人杜．沙斯特萊（Du Chastelet）回憶那個噩夢時道，「我注意到一個高大的摩爾人向我走來。他的衣袖一直捲到肩膀上，只有四根指頭的大手握著一把軍刀；我害怕得說不出話來。這張烏黑的臉奇醜無比，帶有兩顆象牙白色的眼珠，醜惡地轉來轉去，他帶給我的恐懼遠遠超過人類先民目睹伊甸園門前帶火寶劍時的恐懼。」[12]

這種恐懼因種族差異而加劇。在狹窄的地中海上，兩個文明透過突來的暴行和復仇相互接觸。歐洲人此時正在西非劫掠黑奴，但在地中海，他們自己卻是被奴役的對象，儘管在十六世紀，被伊斯蘭世界奴役的歐洲人的數量遠遠超過歐洲人擄走的黑奴。在大西洋上的奴隸貿易是一種冷酷的生意，而在地中海，奴隸貿易卻受到雙方宗教仇恨的激發。伊斯蘭的劫掠不僅僅是為了損害西班牙和義大利的物質基礎，也是為了打擊對手的精神和心理基礎。熱羅姆·莫朗於一五四四年所目睹，土耳其人對墓園的洗劫和對教堂的儀式化褻瀆，是有其深意的。義大利詩人庫爾蒂奧·馬太（Curthio Mattei）曾哀嘆「上帝蒙受的凌辱」——聖像被用匕首插在地上，聖禮和祭壇遭到嘲諷。他還為土耳其人挖掘死屍、搗毀已經辭世數代的人們遺骸的惡行感到震驚不已：「我們死者的遺體已經入土十多年，在地下也不得安寧。」[13]海盜在義大利民間傳說中成了地獄的代理人，而讓人愈發無法忍受的是，這些撒旦的使節往往是為形勢所迫，又或心甘情願改宗伊斯蘭教的叛節基督徒，而這些人對自己的家園非常熟悉，因此更能夠大肆破壞。

✯

在這種大環境下，查理五世在一五四一年沒能收復阿爾及爾，就顯得尤其嚴重。這座城市現在得到了一座防波堤和強大防禦工事的保護，成了海盜活動的中心。這是座充滿淘金熱的城市，任何人在這裡都可以夢想變得像巴巴羅薩那樣富有。來自貧瘠大海的各個角落的冒險家、私掠海盜和浪蕩子，有穆斯林也有基督徒，都爭先湧向這座城市，打算在「擄掠基督徒」[14]的生意上試試身手。這座城市有的地方像是一座俗艷的大市場，奴隸和戰利品在這裡買賣轉手；有的地方則像是蘇聯的古拉格（Gulag）勞改營。成千上萬的俘虜被關在奴隸營地裡。這些營地由澡堂改建而成，黑暗、擁擠、臭氣熏天。奴隸們每天都戴著鐐銬，從這裡被領出去做苦工。富有的俘虜，例如在阿爾及爾被關押五年的西班牙作家賽凡提斯（Cervantes），在等待贖金的日子裡或許會得到相當程度的善待。而貧窮的俘虜就必須搬運石頭、伐木、採鹽、修建宮殿和壁壘，最糟糕的情況是去船上划槳，直到疾病、虐待和營養不良奪去他們的生命。

我們無從得知，一五四〇年之後的歲月裡究竟有多少人被賣為奴隸，但這並不是只有一方在做的生意。雙方在整個地中海都在進行「擄掠人口」的活動，如果說伊斯蘭世界的販賣奴隸活動很猖獗的話，基督教世界也進行了小規模的以牙還牙。聖約翰騎士團就是冷酷無情的奴隸販子，尤其是拉．瓦萊特，那個年輕時曾在羅得島作戰的法國騎士。騎士們以馬爾他為基地，派出一小群配備有重型武裝的槳帆船，重新回到了他們在愛琴海的舊有活動範圍，襲擾著鄂圖曼帝國在埃及和伊斯坦堡之間的航道。騎士們和海上的任何海盜一樣心狠手辣、毫無顧忌。熱羅姆．莫朗抵達威尼斯所屬的蒂諾斯（Tinos）島時，騎士們剛剛「拜訪」過這裡。島民們歡迎了這些「朋友和基督徒」，直到一天早上，島民們在離開城鎮，下地幹活時，「這個騎士和他的部下看到城堡裡人很少，於是殺了他們，洗劫了城堡，擄走婦女、男孩和女孩做為奴隸」[15]。這些醜惡行徑很快就遭了報應。這名騎士被土耳其海盜抓獲，送往伊斯坦堡，莫朗在那裡目睹他被處決。命運無常，風水輪流轉。

騎士團不是基督教方面唯一的奴隸販子。任何小規模的基督徒海盜都可以試試身手，劫掠地中海東部；義大利海岸上的利佛諾（Livorno）和那不勒斯都有生意興隆的奴隸市場。不少穆斯林被擄走，關進馬爾他的奴隸營，或者押上教宗屬下的帝國槳帆船，但穆斯林奴隸的數量遠少於被抓到馬格里布或者伊斯坦堡的基督徒奴隸。關於被賣身為奴的基督徒，留下了海量的文字敘述，但關於穆斯林奴隸幾乎沒有留下任何資料。偶爾有模糊不清的關於個人苦難的記述會打破這普遍的沉默。一五五〇年代末，一個名叫胡瑪（Huma）的女子不斷向蘇萊曼哭訴，請求追回自己前往麥加朝聖時被聖約翰騎士團擄走的孩子。她的兩個女兒已經被劫持到法國，改宗基督教，嫁了人。在伊斯坦堡，呼天搶地的胡瑪成了路人皆知的人物，她堅持不懈地守候在大街上，一旦蘇丹騎馬經過，就把請願書塞到他手裡。在她的孩子失蹤二十四年後，蘇丹穆拉德三世（Murat III）仍然寫道：「名叫胡瑪的女士一而再、再而三地攔住我的坐騎，呈上請願書。」[16]據我們所知，這兩個女孩始終沒有被追回來；她們的兄弟可能被賣做划槳奴隸，死在一艘馬爾他槳帆船上。在基督教和伊斯蘭世界，類似的悲劇數不勝數，都是關於劫持和喪失親人的故事。

✵

所有這些暴力活動的工具都是槳帆船。海洋條件造就了這種快速但脆弱的低矮船隻，成為地中海的戰爭機器。海戰如何進行、在何時何地進行，同樣也取決於海洋條件。槳帆船吃水淺，因此可以輕鬆地靠岸，有利於兩棲作戰；它們可以潛伏在近海，準備伏擊；也可以在笨重的帆船（其機動性完全受制於變幻難測的風向）周圍任意旋轉。與此同時，槳帆船的適航性驚人地差，而且依賴於不斷地補充淡水（以供應槳手飲用），所以只能在近海活動。槳帆船每隔幾天就要靠岸一次，因此它們的作戰半徑有限，部署也受到季節的制約。冬季的暴風意味著每年十月至四月，海戰都要暫時偃旗息鼓。最關鍵的是，海戰的發動機是人力；在十六世紀擄掠人口活動的所有動機中，抓人當划槳奴隸是重要的一項。

在十五世紀，威尼斯的海上霸權正處於顛峰的時期，槳帆船的槳手都是志願者。到十六世紀，槳手主要是徵募來的。另一方面，鄂圖曼海軍很大程度上依賴每年從安納托利亞和歐洲行省徵募來的槳手。各國也都使用強制勞役——如俘虜、罪犯等。在基督教國家的船上，還有因為生活貧困、無以為繼而賣身為划槳奴隸的人。這些可憐蟲每三、四個人被鎖在一條約一英尺寬的長凳上，正是他們使得海戰成為可能。他們唯一的功能就是苦幹到死。他們的手足都戴著鐐銬，坐在槳位上拉屎撒尿，吃少得可憐的黑餅乾，忍耐著口渴，有時甚至去喝海水。划槳奴隸的生命常常是悲慘而短促的。他們只穿著亞麻馬褲，除此之外一絲不掛，皮膚被烈日炙烤；他們被鎖在狹窄的長凳上，長時間無法睡眠，有些槳手因此發瘋；在一艘戰船努力俘虜敵船或者拚命逃跑時，需要長時間的劇烈勞動，這時保持節拍的鼓點和監工的皮鞭（由曬乾的公牛陰莖塗上焦油製成）鞭策著他們拚命划槳，哪怕筋疲力竭了也不能停歇。槳手拚死划槳的景象可怕得令人不敢直視。「對被剝奪自由的人來說，划槳是最無法忍受和最可怕的工作。」英格蘭人約瑟夫・摩根（Joseph Morgan）描繪了這樣的景象：「一排排身子半裸、忍飢挨餓、部分皮膚被曬得黝黑、身體精瘦的可憐人，被鎖在木板上，有時一連幾個月都無法離開……裸露的皮肉遭到殘忍、持續的鞭打，被催促用力划槳，甚至超過人力可承受的範圍，不斷地持續最猛烈的動作。」[17]人們從基督教國家的港口啟航時，常常聽到這樣的祝福：「願上帝保佑你，不要落到的黎波里的槳帆船上。」

有時由於疾病蔓延，一支艦隊在幾週內就能損失慘重。槳帆船是一個死亡陷阱、一條海上的臭水溝，它的熏天臭氣在兩英里外就聞得到。當時的習慣是，隔一段時間就把船體沉入海底，以清洗上面的屎尿和老鼠。但如果船員們沒被疾病打倒，活了下來，參加了戰鬥，槳手們就只能坐在那裡，等待被自己的同胞和相同信仰的人殺死。鄂圖曼帝國的大部分槳手在名義上都是自由人，但他們的處境也好不了多少。蘇丹從內陸省分徵募大量槳手，其中很多人之前從沒看過大海。他們做為槳手沒有經驗，效率也不高，由於條件惡劣，往往大批死去。

槳帆船以各種方式消耗著人力，就像消耗燃料一樣。每個死去的可憐槳手被拋下海之後，就必須有人接替他，因此總是缺乏足夠的人力。西班牙和義大利官方的備忘錄總是不厭其煩地報告槳手的缺乏，因此船隻建造的速度常常超過槳手配置的速度。一五五五年，聖約翰騎士團的槳帆船艦隊突然遭到一場災難，於是就發生了這樣的現象。

十月二十二日夜間，騎士團的四艘戰船安全地停泊在馬爾他的港口內。槳帆船群的指揮官羅姆加（Romegas，騎士團經驗最豐富的船長）在自己旗艦的尾部睡覺。這時一場詭異的旋風從海上颳來，吹斷了船隻的桅杆，將船隻打翻。破曉時，四艘槳帆船底朝天地漂浮在灰色的海面上。營救者乘小船去尋找生還者，並查看船隻的損失情況。他們聽見其中一艘船內傳出沉悶的敲擊聲，於是在船體上鑿了一個洞，在黑暗中往底下張望。船上的寵物猴子迅速跳了出來，然後是羅姆加，他在一個水淹到肩膀、但是有空氣的狹小空間內熬了一夜。直到用浮筒將船隻扶正，大家才清楚地看到一幕可怕的景象——三百名溺死的穆斯林划槳奴隸的屍體仍然被鎖在長凳上，像白色的鬼魂一樣在水裡漂浮著。修理和更換船隻還算是可以解決的問題，但尋找新的船員卻是真正的難題。教宗打開了那不勒斯大主教屬下的監獄，提供了一批划槳奴隸；騎士們隨後不得不乘船出海去抓捕更多的奴隸，來填滿槳手長凳。這對雙方都是一樣。多次的劫掠僅僅是為了補充人

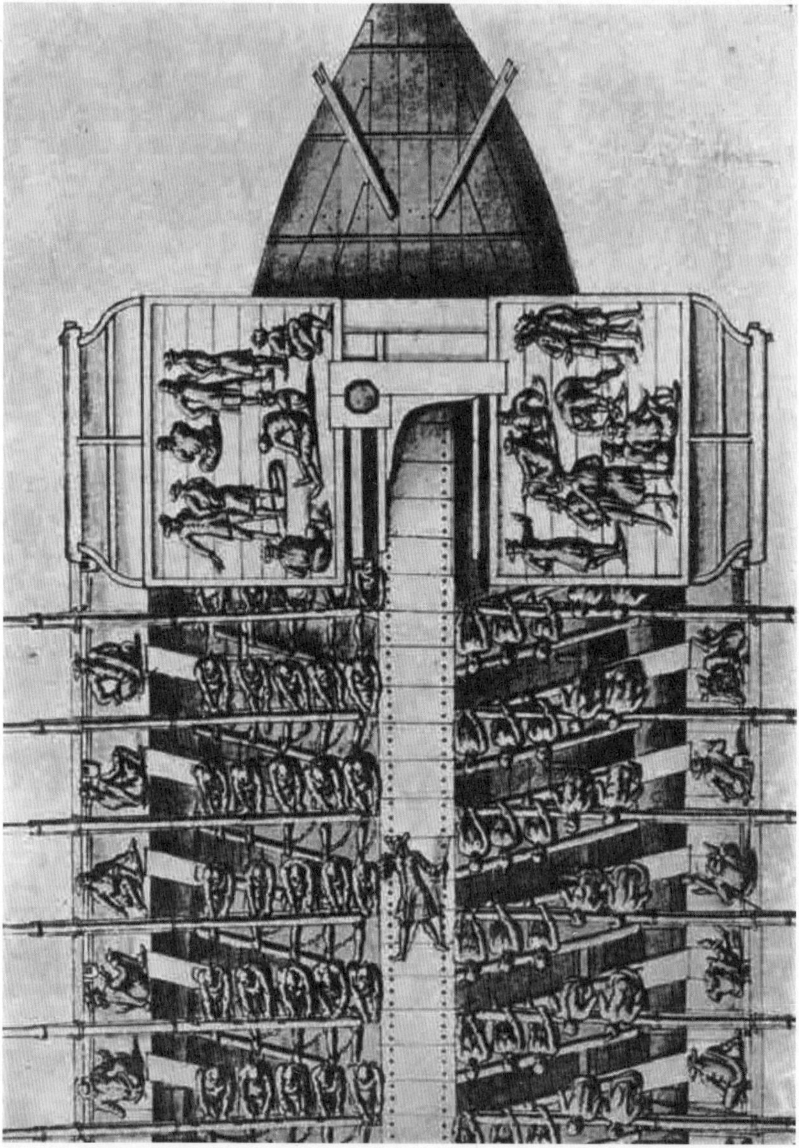

圖12　划槳的奴隸

力，以便開展新的襲擊。暴力是無止盡的惡性循環。槳帆船對人力的需求就是發動戰爭的一個動機。

☆

在一五五〇年代，形勢愈來愈明朗，查理五世正一步一步輸掉這場戰爭。日耳曼和低地國新教徒造成的麻煩，無休止的對法戰爭，甚至美洲的金銀也無法解決的債務問題——這一切都困擾著皇帝。他忙於維持整個帝國，無心長時間去關注地中海局勢。與蘇萊曼斷斷續續的停戰也無助於大局。鄂圖曼艦隊不出動的時候，還有馬格里布的海盜在放肆。海盜不斷洗劫義大利、西西里、巴利阿里群島和西班牙的海岸，幾乎不受任何阻擋。嚴重的經濟損失和人口下滑對義大利南部影響特別大。有時當地的總督不得不下令將某一海岸地區的居民全部撤走，以免他們被鄂圖曼帝國擄走，就像一五六六年的亞得里亞海岸那樣。但海盜還是蹂躪了五百平方英里的鄉村。西班牙和義大利之間的海上貿易不時地處於癱瘓的邊緣。西班牙的地中海帝國的整個結構似乎都受到了這次無情劫掠的威脅。一位法國主教在一五六一年寫道：「圖爾古特緊緊掐住了那不勒斯王國的咽喉……以至於馬爾他、西西里和附近其他港口的槳帆船，受到了圖爾古特的嚴重騷擾和遏制，沒有一艘船能從一個地方駛往另一個地方。」[18] 流言再次傳遍整個地中海西部，聲稱這些攻擊是大規模入侵義大利的序曲。在羅馬，連續多位教宗為之戰戰兢兢，懇求各國採取聯合行動。在馬格里布，西班牙要塞一個個被攻克。聖約翰騎士團為查理五世防守的的黎波里於一五五一年陷落；此後，的黎波里就像阿爾及爾一樣，成了伊斯蘭海盜們的淘金地。貝賈亞於一五五五年被穆斯林占領。已經八十歲高齡的安德烈亞．多里亞發動了一些反擊，效果不一；他把圖爾古特圍困在傑爾巴島的潟湖內，但這名海盜將自己的船隻拖上岸，透過陸路把船拖走，輕鬆地溜出了多里亞的手掌心。次年，圖爾古特再次出動，率領蘇萊曼的帝國艦隊進攻了馬爾他。此後西班牙向非洲發起的遠征都以災難和死亡告終。

到了一五五〇年代初，查理五世已經是個心力交瘁的老人，被整個帝國的重擔壓垮了。他極富責任感，對基督教世界的大小政務事必躬親，積勞成疾，以至精神崩潰。他身患痛風，財務完全被日耳曼銀行家控制，他執拗地在一個微小的、私人的世界裡尋求秩序。「他常常一連幾天沉浸在憂鬱中，」一名目擊者記述道，「他的一隻手已經癱瘓，一條腿蜷縮在身下，不肯接見廷臣，花很多時間在拆卸和組裝鐘錶上。」[19]一五五六年，他將西班牙王位禪讓給了兒子腓力二世⑤，隱居在一所修道院內，專心侍奉上帝。除了宗教書籍和他一輩子的日記外，他還帶去了自己的世界地圖以及尤利烏斯．凱撒的著作。他統治生涯內最後一次海上災難發生在一五五八年夏季——一支西班牙遠征隊在馬格里布全軍覆滅。消息傳回西班牙時，查理五世已經命在旦夕。沒有人忍心把這噩耗告訴他。

這時蘇萊曼已經心滿意足地宣布，他贏得了這場較量。一五四七年，他與查理五世及其弟斐迪南簽署了一項停戰協定。斐迪南同意年年納貢，以保住自己的匈牙利領地。在蘇萊曼看來，斐迪南已經成了一個附庸，而協定文本中將查理五世僅稱為「西班牙國王」。斐迪南和查理五世親自在協議上簽了字。蘇萊曼自認高不可攀，不肯與異教徒打交道，於是按照慣例讓一名官員在協議上加上了皇家花押字。對蘇丹來說，協議中的頭銜、條件和行文都具有巨大的象徵性意義。從此，他自命為「羅馬人的皇帝」——凱撒。

查理五世屍骨未寒，蘇丹就在白海迎來了一個具有決定性意義的勝利時刻。腓力二世繼承西班牙王位時，西班牙海岸的局勢正在惡化，他不得不當即把注意力轉移到地中海問題上。北非海盜已經進入大西洋，擾亂了西班牙蓋倫帆船往返西印度群島的交通。一五五九年，無休無止的對法戰爭暫告段落，解決馬格里布問題的決定性時刻似乎到來了。

西班牙人擬定了計畫，打算奪回具有戰略意義的的黎波里港，並重新獲得地中海軸線的控制權。戰役的準備工作就像西班牙所有的海上冒險一樣，非常艱苦，而且還受到了腓力二世的某些壓制。新國王和他父親並不相像——查理五世喜好冒險，但腓力二世謹小慎微，註定將以「審慎的國王」的雅號留名青史。查理五世常常御駕親征，腓力二世則穩坐馬德里的王宮，透過一系列命令遙控在遠方衝鋒陷陣的指揮官。他對遠征指揮官的選擇也頗具爭議。安德烈亞．多里亞已經九十三歲高齡，雖然看上去還精神矍鑠，但畢竟年事已高，不能參戰；指揮棒被交給了多里亞的侄孫喬萬尼．安德烈亞（Giovanni Andrea），一個經驗不足、年僅二十一歲的年輕人。這將帶來災難性後果。

一五五九年十二月，擁有五十艘槳帆船和六千名士兵的艦隊終於啟航。西班牙人對於行動目標還躊躇了一段時間，最後決定兵鋒直指圖爾古特位於傑爾巴島的海盜巢穴。一五六〇年春，西班牙軍隊輕鬆占領了傑爾巴島，並在那裡建造了一座要塞，進駐了部隊。但海盜們已經向伊斯坦

⑤同時，查理五世將神聖羅馬帝國帝位傳給了自己的弟弟斐迪南，史稱斐迪南二世（Ferdinand II）。

堡報告了消息，一支擁有八十六艘槳帆船的鄂圖曼艦隊在皮雅利（Piyale）帕夏統領下緊急出動。他們在僅僅二十天內就抵達了傑爾巴島，創造了一項紀錄。鄂圖曼艦隊的船帆黑壓壓地出現在海平面上，令喬萬尼·安德烈亞的艦隊大吃一驚。西班牙人慌慌張張地上船，亂成一片，沒有排好作戰隊形。皮雅利將西班牙戰船一艘一艘地逐個消滅。最終，喬萬尼·安德烈亞率領他私人的槳帆船群逃之夭夭，留下的是含糊其辭的諾言——他將派兵來援，解救被圍困的要塞。援兵始終沒有來；腓力二世舉棋不定，此後他的這種優柔寡斷將成為家常便飯；他先是匆忙地準備救援艦隊，卻又害怕在最後關頭會損失更多船隻，不准它出航。他就這麼拋棄了要塞守軍。要塞遭到攻打，水源被切斷，最終陷落了。全部守軍五千人，要嘛戰死，要嘛被處決；只有貴族軍官被饒了性命。他們被做為戰利品和繳獲的槳帆船一起送給了蘇萊曼。穆斯林在傑爾巴島上用死者的骨骸搭建了一座金字塔；這座「骷髏要塞」一直保留到十九世紀。

對西班牙來說，災難不僅僅在於損失了若干船隻和人員。雖然三十艘槳帆船、五千名士兵和六千四百名槳手的損失很難補充，但這不算是最糟糕的。真正嚴重的是，他們損失了六百名經驗豐富的水手、兩千名海軍火繩槍兵和久經沙場的指揮官們。整整一代熟悉槳帆船作戰的人，他們的經驗是透過多年的實踐積累來的，這些人的損失是不論多少印加黃金都無法彌補的。傑爾巴島的慘敗之後，西班牙和義大利更加無遮無擋。

一五六〇年十月一日，皮雅利帕夏的凱旋艦隊圍繞在蘇丹後宮的下方，在震耳欲聾的歡呼聲中駛入了金角灣。佛萊明使節比斯貝克（Busbecq）目睹了這一「對土耳其人來說是天大喜事，但卻令基督徒愴然淚下」[20]的盛況。蘇萊曼來到了御花園一端的亭台樓閣，「以便近距離觀看龐大的艦隊駛入港灣，以及被示眾的基督徒指揮官」。艦隊的分列式是經過精心安排的，目的是展現鄂圖曼海軍的無比強大。鄂圖曼槳帆船被塗成鮮豔的紅色和綠色；被俘的基督徒船隻則被拆除了桅杆、索具和船槳，「以便讓它們在土耳其槳帆船的對照下顯得渺小、醜陋和可鄙」。在皮雅利旗艦的艉樓上，旌旗招展、鼓樂喧天，基督徒指揮官們被押著示眾，做為教導大家做人要謙卑的活教材。

此時，鄂圖曼帝國的海上力量達到了顛峰。如果說，某一方在某個時刻能夠完全掌控不可控制的地中海的話，那就是眼下的這一刻。但在那個初秋的日子，能夠近距離觀察蘇丹的人會發現，他的臉上沒有勝利的喜悅。他的儀態看上去凝重嚴峻、鐵石心腸。

在熱那亞，離九十四歲生日僅有四天的安德烈亞．多里亞將面龐轉向牆壁，離開了人世。

第二部

震中：馬爾他戰役

Epicentre: The Battle for Malta 1560-1565

第七章　毒蛇的巢穴

一五六〇至一五六五年

傑爾巴島慘敗的消息傳遍基督教國家的海岸，令人們不寒而慄。很顯然，現在地中海中部的局勢具有關鍵意義。一五六〇年七月九日，籌劃了傑爾巴島戰役並在此役中倖存的西西里總督給腓力二世寫了一封直言不諱的信：「我們必須吸取教訓、勵精圖治。如果能讓陛下成為大海的主宰，哪怕將臣等都給賣了，第一個賣掉的就是我，臣等也在所不辭。只有控制了大海，陛下才能安享太平，陛下的子民才能得到保護。如果不能控制大海，等待我們的只有厄運。」[1]

西班牙和義大利瀰漫著對敵人入侵的恐懼。人們鼓起勇氣，等待新的航海季節的到來。現在似乎沒有任何力量能抵擋鄂圖曼帝國的海上入侵。蘇萊曼再次大舉出擊只是時間的問題。地中海成了遍布謠言的海——每年春天都會從伊斯坦堡傳來祕密報告，聲稱一支強大的艦隊即將啟航，但最後都不了了之。甚至對能夠接觸到土耳其宮廷內層的人，這也很難理解。事實上，蘇萊曼面臨著更緊急的事務和問題。他的幾個兒子之間爭鬥正酣，帝國和波斯之間發生了糾紛，他的眾位維齊爾之間進行著權力鬥爭，並且還有瘟疫和糧食短缺的難題。大海上瀰漫著「假戰」①的氣氛。每一年，腓力二世的領地都要加固海岸防禦工事，但每年都又停下來。與此同時，深知西班牙海軍脆弱現狀的腓力二世開始建造槳帆船。法國人對他緊盯不放。一五六一年，法國國王收到的一份報告寫道：「兩個月來，西班牙國王命令巴塞隆納的造船廠勞作不歇，以便完工幾艘槳帆船和其他海船。」[2]為了迎接不可避免的大攤牌，腓力二世正在迎頭趕上。

一五六四年，地中海中部的上空終於颳起了風暴。那年夏天，聖約翰騎士團觸發了一系列事件，一直影響到蘇萊曼皇宮的亭台樓閣，並在無意中引發了爭奪大海中心的決定性較量。

✮

自騎士團於一五三〇年抵達馬爾他以來，他們的槳帆船群幾乎每年都出海發動海上聖戰，以基督教的名義掃蕩大海，劫掠伊斯蘭世界的船隻，並抓捕奴隸。自讓·帕里索·德·拉·瓦萊

圖13　聖約翰騎士團的槳帆船

特於一五五七年當選大團長以來，這種活動愈演愈烈。拉．瓦萊特年輕時曾參加羅得島防禦戰，如今對海戰激情滿懷。聖戰和謀求利潤的海盜活動之間的界限非常模糊；對威尼斯人而言，騎士團不過是「舉著十字架遊行的海盜」[3]，與穆斯林海盜是一丘之貉，他們的活動帶來了無窮無盡的麻煩。這些海盜中為首的就是在一五五五年的旋風中倖存的羅姆加。在傾覆船體下的海水裡泡了一整夜之後，他的神經系統受到了永久性的損害。據說在那之後，他的雙手抖個不停，喝酒時總會把酒灑出杯子。但羅姆加依然以高超的航海本領、無比的勇氣和殘忍暴虐而威名遠播。穆斯林母親們會用他的名字嚇唬小孩去睡覺，但對士氣低落的基督徒來說，他卻是希望之源。希臘海岸居民聽到羅姆加突然來到的傳言，爭相帶著水果和家禽做為禮物去海灘上迎接他。

羅姆加的襲擊規模相對而言都比較小。騎士團只能派由五艘重武裝槳帆船組成的小型艦隊出海，但他們的攻擊範圍可遠至巴勒斯坦海岸，所造成的震撼力是驚人的。一五六四年夏天，羅姆加的活動突然間變得非常具有戲劇性。

六月四日，羅姆加率領騎士團的戰船群在希臘西海岸周邊巡遊，遇到了一艘巨大的蓋倫帆船「蘇丹娜」號（Sultana）②，以及護航的一隊鄂圖曼槳帆船。騎士們感到有利可圖，於是衝殺上去，在激戰之後將帆船俘虜。這是一個價值極大的戰利品。這艘船隸屬於蘇丹的太監總管（他是

---

①「假戰」指第二次世界大戰期間，從一九三九年九月德國入侵波蘭，到次年五月德國入侵西歐之間，在法德邊境上，雙方雖然已經宣戰，但都按兵不動的現象，又稱「靜坐戰」。

②「蘇丹娜」是「蘇丹」的陰性形式，一般是蘇丹的母親、正妻或女兒的稱號。

宮廷的一位大員），滿載價值八萬杜卡特的東方貨物，目的地是威尼斯。大帆船被開往馬爾他，在那裡很快成為羞辱鄂圖曼帝國榮譽的一個強而有力的標誌。同時，羅姆加再次出海，依照拉·瓦萊特的命令，大肆破壞蘇丹的航運事業。他對目標的選擇非常準確。在安納托利亞外海，他用大砲擊傷了一艘大型武裝商船，在對方的高貴乘客棄船逃跑時將其俘虜。他抓獲了開羅總督和一位一百零七歲高齡的老婦，她曾是蘇丹女兒米赫里馬赫（Mihrimah）③的保母，剛從麥加朝覲回來。三天後，羅姆加俘虜了正奉蘇丹之名前往伊斯坦堡的亞歷山大港總督。這些達官貴人值一大筆贖金。羅姆加的槳帆船帶著三百名其他俘虜返回馬爾他時，他每一樁暴行的消息都傳到了伊斯坦堡。米赫里馬赫及文武百官的憤怒控訴在蘇萊曼耳邊迴盪。老太太深受米赫里馬赫的喜愛，她被劫持尤其令人痛心。她註定將在馬爾他度過殘生。大家都高聲疾呼，要求對侮辱兩海之王和信士長官的行為嚴懲不貸。

聽著這些涕泗橫流的哀嘆的蘇萊曼，已經不再是那個曾經在一五二一年以威儀和騎士風度，震撼著基督教人質的年輕蘇丹了。他已經七十歲高齡，統治世界上最大的帝國已屆半個世紀。他向東西方發動了十幾次大規模戰爭，討伐他的競爭對手們；他的壽命超過除了「恐怖」伊凡之外，所有曾經與他角逐帝國霸業的君主們。蘇萊曼是各個大帝國中最令人聞風喪膽的帝王。他幾乎像他的曾祖父「征服者」穆罕默德二世那樣殘酷無情，就王者風範而言也足可與查理五世匹敵。但就像他最大的對手查理五世一樣，他也已經心力交瘁。

在歐洲人繪製的晚年蘇丹的肖像上，他形容憔悴、心神不寧、眼窩深陷。他心中有很多悔恨。除了和西方的異教徒以及東方的穆斯林競爭者波斯國王進行了無休無止的戰爭之外，他還受到了很多鄂圖曼體制內部問題的困擾：近衛軍的蠢蠢欲動、文武官員的腐敗和野心、皇子們的內戰、不服從中央的少數民族的反叛、通貨膨脹、宗教異端的爆發、瘟疫和饑荒。他在私人生活中則表現出了軟弱和判斷失誤，經歷了很多悲劇。在歷代蘇丹中獨一無二的是，他為了愛情迎娶了自己最寵愛的女奴羅克塞拉娜（Roxelana，她後來更名為希蕾姆）④，但鄂圖曼帝國皇位繼承的殘酷邏輯（只有一位皇子能夠存活和統治），讓他的家庭四分五裂。他經歷了一些傷心欲絕的時刻。他親眼目睹最寵愛的兒子穆斯塔法被扼死，後者的罪名是密謀造反。但後來他才發現，穆斯塔法是無辜的。另一個皇子貝亞茲德（Beyazit）也連同他所有的幼小兒女一起被處死。到了一五六〇年代，他的兒子中只剩下了最無能的塞利姆能夠繼承皇位。蘇萊曼年輕時曾經大張旗鼓，展示自己的富麗堂皇，以和歐洲君主一爭高下，但後來卻愈顯虔誠和穩重，因為他想強調自己做為

③米赫里馬赫（一五二二至一五七八年），蘇萊曼一世與寵妃希蕾姆的女兒。米赫里馬赫的意思是「太陽和月亮」，因為據說她是在春分日出生的，這一天日夜等長。米赫里馬赫積極贊助文藝和建築事業，周遊整個帝國，參與政事，並輔佐她的弟弟塞利姆二世（Selim II）。

④羅克塞拉娜（一五一〇至一五五八年），據說原是來自利維夫（Lviv，當時屬波蘭，今屬烏克蘭）東正教家庭的民間女子，在一次克里米亞汗國對當地的劫掠行動中被擄為奴，並被賣到伊斯坦堡，在那裡她被選入蘇丹的後宮。很快她就獲得蘇萊曼一世的寵愛，為他養育了四個孩子，後來更是令人吃驚地獲得了自由人的身分，同蘇萊曼結婚，成為他合法的皇后。在其影響下，終其一生鄂圖曼帝國和她的祖國波蘭都保持了和平。蘇萊曼一世逝世後，羅克塞拉娜的兒子塞利姆二世繼承了蘇丹寶座。「羅克塞拉娜」的意思是「烏克蘭人」。土耳其人稱她為希蕾姆，意為「歡快的人」。她的傳奇一生成為許多藝術作品的題材，包括海頓（Haydn）的第六十三號交響曲等。

哈里發地位守護者和伊斯蘭教正統領袖的地位。他的宮廷籠罩在莊嚴肅穆的陰暗中。希蕾姆死後，蘇萊曼開始遁世。他很少出現在公開場合，只透過一扇格子窗沉默地觀看國務會議的進程。他只喝水，用陶製盤子用膳。他砸毀了自己的樂器，禁止販賣酒類，全副精力都投入到修建清真寺和慈善機構上。他患有痛風，關於他身體日衰的傳言飛遍了歐洲。在一五五〇年代末和一五六〇年代初，對事態密切關注的各個歐洲宮廷不時聽到蘇丹已經垂死的消息。「蘇丹還活著，但時日無多。」[4]一五六二年，遙遠的英格蘭就得到了這則頗有把握的報告。人們愈來愈相信，蘇萊曼被他虔誠的女兒米赫里馬赫以及宮內的虔誠人士控制了。

就是在這樣的背景下，蘇萊曼於一五六四年夏末獲悉了馬爾他騎士團⑤肆虐的消息。基督教史學家相信，因為後宮圈子蒙受了損失（太監總管的船隻被俘虜、米赫里馬赫的老保母被綁架、亞歷山大港和開羅的總督被劫持），於是給這位被病痛困擾、受後宮女眷影響的蘇丹灌了迷魂湯，他才決定入侵馬爾他。但是外人很難窺伺到鄂圖曼帝國戰略的內部運作。羅姆加的放肆襲擊並不是蘇萊曼決定徹底消滅

圖14　年邁的蘇萊曼

騎士團的原因，而只是導火線而已。

當然，如果白海的皇帝無法保障前往麥加的朝覲者的安全，的確有損虔誠蘇丹的顏面；米赫里馬赫一直在勸告蘇丹，占領馬爾他這個異教徒巢穴是一項神聖的義務，但蘇丹做出占領馬爾他，而且必須是在此時占領的決定，卻另有深層的原因。多年以來，所有基督教國家的海軍戰略家都深信，土耳其人一定會進攻馬爾他。巴巴羅薩早在一五三四年就夢想占領這座島嶼。圖爾古特在一五五一年親自向蘇丹請求攻打馬爾他。「在消滅這個毒蛇的巢穴之前，您將不會有任何進展。」[5]馬爾他的戰略地位實在是太重要，製造的麻煩太大了，絕不能無限期地忽視它。有了馬爾他，就有可能控制地中海中心；而且它的存在始終威脅著蘇萊曼在北非的屬地。蘇萊曼原先以為聖約翰騎士團在逃離羅得島之後，就湮滅在歷史長河中了，但他們卻年復一年地興風作浪，嘲笑他的威權。間諜向蘇丹報告，騎士團計劃在穩固的馬爾他港口內興建新的大規模防禦工事。蘇萊曼在羅得島的老經驗告訴他，如果騎士團在新家站穩了腳跟，要逐出他們將會變得非常非常困難。

一五六四年夏季，雙方都在考慮重大的戰略問題。土耳其人沒能充分利用傑爾巴島的大勝來擴大戰果。意料之外的喘息之機讓西班牙得以重整旗鼓。腓力二世密切注視著地中海，視其為關鍵戰場。他竭盡全力地建造槳帆船。一五六四年二月，他任命了一位睿智且經驗豐富的老航海家唐·賈西亞·德·托雷多（Don Garcia de Toledo）為海軍司令。九月，伊斯坦堡還在琢磨如何回

---

⑤ 即聖約翰騎士團。

應羅姆加最近的襲擊時，唐·賈西亞從西班牙南部出發，渡過直布羅陀海峽，占領了非洲海岸上的一個海盜基地——貝萊斯（Veléz）⑥島嶼要塞。西班牙人在歐洲大肆吹噓這個小小勝利，這令蘇萊曼怒火中燒。腓力二世和蘇萊曼除了分別對地中海之主的霸權地位提出主張外，都在盲目地衝向一場決定性的較量。

雙方都深知，馬爾他是地中海中部的關鍵所在。一五六四年秋，唐·賈西亞在給腓力二世的信中，分析了鄂圖曼帝國對西班牙在地中海所有基地的威脅。唐·賈西亞認為，受到威脅最嚴重的就是馬爾他。如果守得住馬爾他，西班牙就能增援南歐海岸，並最終將土耳其人逐出地中海西部。但如果馬爾他陷落，「基督教世界將受到嚴重損害」[6]。土耳其人將以馬爾他為跳板，向歐洲腹地發動更深遠的攻擊；西西里、義大利海岸、西班牙海岸，甚至羅馬城都將在鄂圖曼帝國的攻勢前不堪一擊。

在一五六四年十月六日的國務會議上，蘇萊曼拍板決定入侵馬爾他；按照基督教史學家的說法，蘇丹此舉是為了「開疆拓土、消滅對手西班牙國王的力量……他的艦隊，或者至少是一支強大的槳帆船群。一旦占據這個最穩固的據點，非洲和義大利的所有王國都將稱臣納貢，基督徒的所有商業和私人航運都將受到控制」[7]。這將是指向敵人心臟的一記重擊。

一個月後，蘇丹任命了此役的指揮官們，並為此次征討賦與了更明確的宗教意義：「我打算征服馬爾他島，因此我任命穆斯塔法帕夏為此次戰役的指揮官。馬爾他島是異教徒的一個總部。馬爾他人已經封鎖了穆斯林朝覲者和商人在白海東部通往埃及的航道。我已命令皮雅利帕夏率領帝國海軍參加此次戰役。」[8]鄂圖曼帝國的戰爭機器轟鳴著啟動了。「假戰」走入歷史。

✰

蘇萊曼將把整個帝國的資源投入到自早期十字軍東征以來，地中海上最為壯志雄心的海上冒險中。這是一場極其複雜、補給線漫長的遠端作戰。馬爾他不是羅得島。羅得島離土耳其只有咫尺之遙，而馬爾他卻在土耳其以西八百英里處，與基督徒控制的西西里距離很近，肉眼就可以看見，處在基督徒槳帆船大艦隊的最遠打擊範圍之內。羅得島土地肥沃、水源充足，足以供養一支入侵的軍隊，值得冒險去進行過冬的長期作戰。馬爾他卻一貧如洗。遭到海風鞭笞和毒日炙烤的馬爾他島和附近較小的戈佐島，位於非洲和義大利之間的海峽上，這幾座島其實只是被侵蝕的山頂的遺留部分，冰河時代末期的大洪水將它們與西西里分隔了開來。馬爾他的土地留有新石器時代的嚴峻環境：荒蕪、乾枯、多石且年代久遠。島上沒有河流，也沒有樹木。在冬季為了獲取淡水，不得不將雨水儲存在石鑿的蓄水池內。木柴非常缺乏，甚至按磅來出售。夏季氣候非常不宜人居；濕潤的海風從海中汲取水分，赤道般的悶熱籠罩著全島，足令身披甲胄的人窒息。整個島只有二十英里長、十二英里寬，非常狹小，險阻重重。可供登陸的地點很少，島嶼西岸有懸崖峭壁的保護，在東岸有若干小海灣可供部隊上陸，還有一個優良的深水港（其自然條件在整個地中海無可匹敵）處於騎士團控制之下。入侵的軍隊必須自行攜帶在整場戰役期間需要的所有物資：糧食、營帳、木材、攻城材料。土耳其人雖然能夠得到北非海盜的有限支援，但主要還是依賴漫

⑥ 今稱戈梅拉（la Gomera），位於地中海西南部，摩洛哥北岸，屬西班牙管轄。現在已經與大陸連為一體，成為半島。

長而脆弱的補給線。時間選擇也是極其關鍵的——他們出航的時間既不能太晚，也不能太早。適合遠征的時間只有幾個月。

土耳其人也不能指望得到當地平民的幫助。馬爾他人就像是地中海的巴斯克人（Basques），是一個獨一無二的小民族，是他們居住的島嶼在歷史上的特殊地理位置（它是所有入侵、遷徙和貿易的中心）的產物。由於歷史的原因，馬爾他人的血統非常複雜。一波波的腓尼基人、迦太基人、羅馬人、拜占庭人、阿拉伯人、諾曼人和西西里人被移植到古老的根莖上，形成了一個身分特殊的民族。「西西里人的性格，混雜有非洲人的特徵」[9]，一位在一五三六年來到馬爾他的法國人這樣描述當地人。馬爾他人和伊斯蘭世界關係密切，講的是阿拉伯語（他們把上帝稱為「阿拉」），但卻是狂熱的天主教徒，自豪地將自己民族的歷史追溯到《聖經》裡聖保羅遭遇海難、鄰近多個島嶼接受基督教的時代。這些吃苦耐勞的人民在貧瘠的土地上艱難地謀生，忍耐著地中海世界的窮困生活。穆斯林海盜的長期侵襲使得馬爾他陷入無法解脫的悲苦中，因此他們不大可能背棄他們的統治者——醫院騎士團。馬爾他人尤其畏懼享有「伊斯蘭出鞘之劍」雅號的圖爾古特。圖爾古特在一五五一年發動的侵襲使五千人被賣為奴隸，戈佐島居民被一網打盡。面對這樣的恐怖，騎士團似乎是最好的屏障。

土耳其人對此心知肚明。鄂圖曼帝國的任何征伐行動都要進行全面徹底的準備工作。雖然後宮敦促了進程，但入侵馬爾他的決定絕非心血來潮。在此之前，土耳其人已經對馬爾他進行了多年的偵察和刺探。鄂圖曼帝國的地圖繪製家皮里雷斯在《航海書》裡已經繪製出馬爾他的地圖，並對其做了描述；圖爾古特劫掠這些島嶼達十數次之多，對當地非常熟悉，並將自己的知識廣泛傳授出去。在開戰前不久，鄂圖曼帝國的工程師們還裝扮成漁民，在馬爾他做了實地考察。他們用魚竿測量城牆，帶回了要塞工事的可靠布局圖。據說蘇萊曼手中有要塞工事的精確模型。鄂圖曼帝國統帥部知道島上哪裡有水源？哪裡有安全錨地？守軍的兵力如何？又有哪些弱點？在伊斯坦堡，將領們根據這些情報精心制定了策略：當務之急是奪取安全的港口，以保護至關重要的艦隊，然後必須控制城牆；基督教騎士們身穿堅固的鎧甲，因此務必要有相當數量的火繩槍兵。島上缺少木料，這意味著建造攻城武器所需的全部木料都必須用船運來。至於攻城戰術，由於當地的石灰岩地形，坑道作業難以奏效；只能炸出一條路來，因此必須重視火砲。土耳其人希望，猛烈砲擊能夠打破騎士團的蓄水池，迫使敵人在暑熱中無水可飲、迅速投降。

人力和物資的集結與協調需要複雜的籌劃和後勤支持，但在戰役的後勤組織上，中央集權的鄂圖曼帝國是無可匹敵的。專斷的命令被發往帝國各地。士兵們受命到伊斯坦堡周邊和希臘南部的指定地點集結。戰役紀錄中的不依不饒的口吻顯示出整個行動的龐大規模，發給各行省官員和總督的一連串簡短命令也體現出一種焦慮：「糧食問題非常重要……缺乏火藥……如果由於你的懈怠，砲彈、砲架和黑火藥不能儘快送抵我處，以真主之名起誓，你將死無葬身之地……一分鐘都不能耽擱……不管在該處能找到何種水果和其他種類的食物，你應幫助商人儘快將它們運送給艦隊……我的指揮部抵達時，儘快將船隻所需的餅乾烘製完畢，小心謹慎地裝上船，送往……切勿懈怠……你必須在當地召集自願參加馬爾他戰役的船主。」[10]整個帝國都忙碌起來。

在伊斯坦堡城內，外國間諜們很快意識到，土耳其蘇丹終於準備開戰了。戰爭即將爆發的證據就在他們眼前。所有外國人都被禁止在主城內居住。他們必須居住在金角灣（構成伊斯坦堡深水港的小海灣）對岸有城牆的小城加拉塔（Galata）⑦。加拉塔位於金角灣之上的狹窄山坡，下方海灣裡的來往情況可盡收眼底，還能鳥瞰金角灣上游僅三百碼處的造船廠，那裡的小海灣周圍密密麻麻地坐落著木製倉庫和船塢滑道。

造船是一項進展緩慢、噪音驚人的勞動密集型活動。只要認真觀察，幾乎不可能錯過一項大型軍事行動正在進行中的跡象——笨重的駁船繞過海角，進入港口，滿載著來自黑海地區森林的木材、繩索、帆布、焦油和砲彈。運載油脂（用來塗抹槳帆船的船體，以加強防水性）的牛車轟隆隆地在遍布車轍的小路上行進。造船廠除了核心人員——木匠、船縫填塞匠、製槳匠和鐵匠外，還湧進了大量短期工人。在一五六四至一五六五年的冬季，空中持續迴盪著刺耳的拉鋸聲、清脆的錘擊聲、斧鑿聲和在鐵砧上打鐵的聲音。煮瀝青的大鍋翻滾著冒出黑煙，與腐臭的動物油脂和鋸末的氣味交織在一起。

在造船廠內的船台上，船體從龍骨開始逐漸成形；木匠們在安裝甲板、桅杆，並設置槳位。索具工人在裝配船帆。戰事準備的後勤工作涉及整個城市，甚至遙遠的地方。在鑄造工廠和鐵匠鋪，工人們在鑄造或者鍛造武器——砲彈、刀劍、標槍和砲架；麵包師們在生產烘製兩次而成的餅乾；帝國的徵兵官員在各個行省執行徵募人員的命令。不久，大批人員將抵達伊斯坦堡和加里波利，其中包括來自海岸平原地區的有經驗的水手，以及來自巴爾幹或者安納托利亞的此前從未見過大海的健壯農村少年，他們將擔任槳手。基督徒奴隸們被關押在營地裡，等待被驅趕上船、與船槳鎖在一起。

準備工作緊張有序地飛速進行。一個西班牙人在二月報告稱，土耳其人的戰備「進展神速」[11]。圖爾古特已經強調，務必儘早出航，以趕上春季的大風。威尼斯人報告稱，蘇丹本人親自視察了船隻；他「多次表示希望親自去造船廠，以便親眼查看事情進展的情況，並不依不饒地催促遠征儘快開始」[12]。戰備的成本是巨大的，大約占財政收入的百分之三十，而且其他軍事行動都得不到援助了。但對此，看在眼裡的歐洲人卻都說不準，此次戰役的目標是什麼？有人猜測是馬爾他，也有人猜是西西里。西班牙人害怕土耳其人會進攻拉格萊塔——西班牙在突尼斯附近的戰略立足點。甚至中立國威尼斯也準備加強自己在賽普勒斯領地的防禦能力。土耳其人按照他們的一貫作風，把牌捂得緊緊的，堅持繼續造船。

一五六四年十二月，蘇萊曼確定了指揮體系。他不會親自出征，而是授權穆斯塔法帕夏指揮整場戰役，後者是在波斯和匈牙利南征北討的老將，年輕時

⑦ 今天是伊斯坦堡位於歐洲部分貝伊奧盧（Beyoğlu）區的一部分。它坐落於金角灣北岸，一道水灣將它同老城隔開。

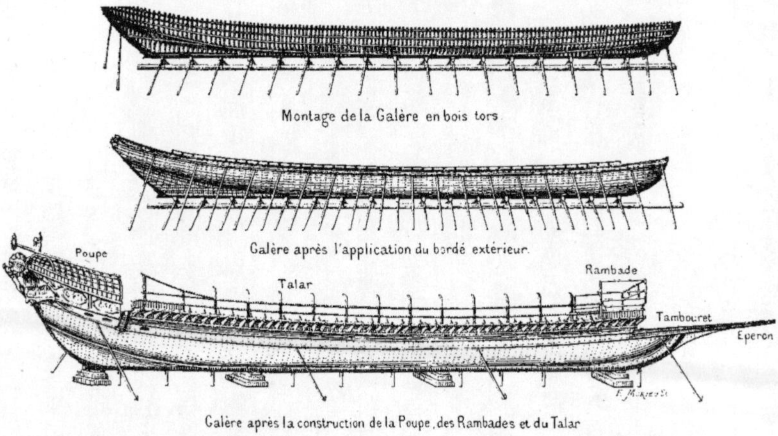

圖15 建造槳帆船的步驟

曾在羅得島和醫院騎士團作戰。這位帕夏是久經戰陣的將軍，但性格暴躁、生性殘忍，而且特別仇視基督徒。協助穆斯塔法帕夏並主管艦隊的是傑爾巴島的英雄——皮雅利帕夏。按照基督教史學家的說法，蘇萊曼命令穆斯塔法「像對待自己的親生兒子一樣對待皮雅利；並命令皮雅利像尊崇自己的父親一樣尊崇穆斯塔法」[13]。對馬爾他有著第一手經驗的圖爾古特也應召從的黎波里趕到馬爾他前線，他受命協助和輔佐穆斯塔法和皮雅利二人。「我要仰仗你的軍事經驗，」蘇丹對這位老海盜說，「你必須在海上幫助穆斯塔法帕夏，保護我們的海軍，對抗可能從其他國家出發、救援馬爾他的敵人海軍。」[14]後來的基督教史學家認為，權力分散在三個人身上導致了隨後的巨大麻煩，但是穆斯塔法顯然是戰役的最高統帥。

三月，大量槳帆船、小型划槳船和駁船建成下水，並裝載了物資。必須預先考慮到攻城所需的所有東西：六十二門大砲被拖上了船，其中包括兩門能夠發射巨大石彈的巨型蛇砲，還有十萬發砲彈、兩千噸火藥、火繩槍及槍彈、箭矢及頭盔、挖掘戰壕和坑道所需的工具（「皮帶、繩索、鐵鍬、鶴嘴鋤、鏟子、鐵棒、木料」[15]）、用做防禦屏障的預製木框架、「大量獸皮、羊毛製袋子、舊帳篷和舊帆布，用於搭建防禦工事」、數量巨大的兩次烘製而成的餅乾及其他食品、帳篷、砲車、輪子。大規模戰役所需的全部物資都經過帝國的財務官員（他們是所有戰役的脊梁骨）一一登記在冊、檢查和清點。

✯

三月三十日，大軍出征的那天，在土耳其人擅長的盛大儀式中，穆斯塔法帕夏接受了軍旗和象徵總司令權威的寶劍，然後在喧天鼓樂和歡呼聲中登上了他的槳帆船「蘇丹娜」號。這艘戰船是蘇丹本人的賞賜，由無花果木製成，擁有二十八個槳位，每個槳位從上到下有四名或者五名槳手，船上飄揚著紅、白兩色的軍旗。海軍司令皮雅利擁有自己的旗艦，那是一艘非常美麗的戰船，船尾帶有海軍權威的象徵物：三盞船尾燈籠、綠色絲質大旗和一塊每邊長達十英尺的錘扁白銀製成的方形銘牌，其頂端附有新月和拖曳著馬鬃的金球，象徵帝國威嚴。第三艘旗艦——皇家槳帆船代表蘇丹本人，這艘戰船的船尾飾有月亮和金字的《古蘭經》經文，以及「土耳其風格的不同圖景」[16]。大軍開拔是一幅了不得的勝景。晨禱之後，艦隊啟航了。畫有《古蘭經》經文、新月和彎刀的五顏六色旗幟在微風中飄揚。船槳衝撞著金角灣的平靜海水。海岸堡壘禮砲齊鳴；鐃鈸和笛子聲震耳欲聾。士兵們腰桿筆直地坐在船上，一動不動，有如磐石。近衛軍頭戴白色頭巾，頂端的鴕鳥羽毛在風中微動；神職人員頭戴綠頭巾，徵募來的士兵戴白頭巾。在聚集起來的伊瑪目（Imam）⑧的喃喃禱告聲和槳帆船的計時鼓點聲中，龐大的艦隊在皇宮草地下方駛出港灣，向白海進發。按照文獻記載，鄂圖曼帝國史上規模最大的海上遠征行動就這樣「在勝利的氛圍中拉開了帷幕」[17]。

---

⑧ 伊瑪目是伊斯蘭教社會的重要人物。在遜尼派中，伊瑪目等同於哈里發，是穆罕默德的指定政治繼承人。遜尼派認為伊瑪目也可能犯錯誤，但假如伊瑪目堅持伊斯蘭教的儀式，就仍要服從他。在什葉派中，伊瑪目是擁有絕對宗教權力的人物，只有伊瑪目才能明曉和解釋《古蘭經》的奧祕涵義，他是真主選定的，不會犯錯。文中指的是主持禮拜的德高望重的穆斯林，是一種榮譽稱號。

但人們心中也有一些憂慮不安。雖然做了完整的籌備工作，但整個行動畢竟是為了趕上春季的有利風向而倉促開始的。鄂圖曼人有沒有妥善地估測風險呢？他們集結的兵力是否充足呢？一切是不是都太倉促了呢？僅僅幾天時間，有些船隻就不得不進行整修，重新填充船縫，為龍骨重新上油。一艘大船在希臘外海傾覆，損失了幾百人和大量珍貴的火藥。徵募到足夠的槳手也像往常一樣困難。

此次遠征也並非深得民心。士兵們，尤其是下了馬的騎兵，不喜歡長時間航海，並且有傳言說，這次戰役將會非常艱苦。有些士兵透過賄賂逃避參戰。為了湊齊兵員，不得不赦免一些罪犯。首席大臣阿里的一句話對這些困難做了概括，並暗示了行動的風險和指揮層的嚴重問題。阿里志得意滿地留在蘇丹身邊，在觀看穆斯塔法和皮雅利登船時，俏皮地譏諷道：「這兩位生性快活、酷愛咖啡和鴉片的人，將一同在群島周邊觀光遊覽。」[18]急於出航的艦隊還忽略了一項重要的儀式——他們沒有按照慣例去參拜博斯普魯斯海峽岸邊的巴巴羅薩墓，那可是保佑航海一帆風順的護身符。

第八章　入侵艦隊

一五六五年三月二十九日至五月十八日

伊斯坦堡城內與西歐通氣的土耳其職業眼線們每天都向西方發去報告。「三月二十九日早上，艦隊司令和總司令穆斯塔法親吻了蘇丹的手，接受了授權。」富格爾（Fugger）①銀行家族發出了這樣扣人心弦的緊急通訊。「艦隊駛向何方，尚不明確，但有跡象表明，目標是攻打馬爾他。」[1]在八百英里之外的馬爾他，拉．瓦萊特在一五六四年底前就得到了土耳其人備戰的消息。騎士團在地中海各個主要的資訊集散地都有自己的情報來源。一五六五年一月，大團長逐漸開始採取應變措施。

① 富格爾家族是日耳曼商業和銀行業大亨，曾統治十五、十六世紀的歐洲工商業。家族的創立者漢斯．富格爾（Hans Fugger，一三四八至一四〇九年）原是奧格斯堡（Augsburg）的織工。富格爾家族早期主要經營紡織業，後投入香料和奴隸國際貿易，並在開採銅礦和銀礦上獲得大量財富。富格爾家族貸款給各國國王和皇帝，並參與贖罪券的販售，使家族在歐洲政治上具有很大的影響力，因而招致馬丁．路德的批評。查理五世因得到富格爾家族的財力支持，得以當選神聖羅馬皇帝。十六世紀後，富格爾家族逐漸衰落，但三個有爵位的支系一直延續到二十世紀。

馬爾他的所有防禦措施都做得太晚了，我們不知道是因為多年「假戰」的影響（幾乎每年春天都有消息聲稱鄂圖曼艦隊將大舉西進），因為穆斯林軍隊的目標也許是拉格萊塔，還是因為騎士團缺乏資金，或是因為拉．瓦萊特個人的優柔寡斷。

一五六五年春，大團長已經七十歲高齡。他為騎士團堅持不懈地效勞了一輩子。他二十歲時加入騎士團，此後就一直沒有回過自己在法國的老家，這在騎士們當中是獨一無二的。他把一切都奉獻給了以基督之名進行的聖戰——他曾在與巴巴里海盜的鬥爭中身負重傷；他曾經被俘，當了一年的划槳奴隸；他曾經擔任槳帆船艦隊司令和的黎波里總督。拉．瓦萊特雖然生於十五世紀，卻具有封建時代十字軍的古風：冷峻嚴肅、不屈不撓、激情如火、具有強烈的基督教使命感。這令威尼斯人頗為惱火。「他身材高大、孔武有力，」西班牙軍人法蘭西斯科．巴爾比（Francisco Balbi）②寫道，「威風凜凜，良好地保持了大團長的尊嚴。他生性憂鬱，雖然年歲已高，但身體非常強健。……他非常虔誠，記憶力驚人、睿智、機敏，在陸地和海上戎馬一生，經驗豐富。他溫和、有耐

圖16　拉．瓦萊特

心，會講多種語言。」[2] 雖然巴爾比對他的評價很高，但有跡象表明，拉．瓦萊特畢竟不是個年輕人了，他的簽名字體很大、筆跡顫抖，至少說明他眼睛近視，而且他在為一場不確定的戰爭進行代價昂貴的準備工作時，顯得過於謹慎。現在，島上開始瘋狂地準備防禦工事，但似乎已經太晚了。就像羅得島一樣，馬爾他的安全與否決定於死守堡壘。但在一五六五年初，這些堡壘還有不少缺陷。

馬爾他的關鍵在於東岸的天然良港（由一系列複雜的小海灣和小半島組成），它深入陸地四英里，構成了一系列絕佳的安全錨地。在港灣內的兩座鄰近的小型海岬上（它們就像被繫在岸邊的石頭槳帆船一樣，從大港灣裡突出來），騎士們分別建造了一座要塞。第一座要塞比爾古（Birgu）是騎士團自己的基地，按照慣例，周圍環繞著帶有稜堡的城牆和深深的壕溝。這個海岬不大，長一千碼，一端逐漸變細，突入海灣的最尖端處建有一座堅固的小城堡——聖安傑洛（Saint Angelo）堡，居高臨下地俯視周邊海域。第二座要塞森格萊阿（Senglea）與比爾古之間相隔三百碼寬的海面，建設得沒有那麼完備，但在朝向陸地的一端建有一座堡壘——聖米迦勒（Saint Michael）堡。做為一個防禦體系，這兩個海岬是互相依賴的。兩個海岬之間的小海灣構成了一個安全的港口，騎士團的槳帆船群就停泊在這裡；一五六五年春，被俘的鄂圖曼帝國太監總管的大帆船也停在這

② 法蘭西斯科．巴爾比．迪．科雷焦（Francisco Balbi di Correggio，一五〇五至一五八九年），生於義大利北部的科雷焦。除了他做為西班牙軍隊的一名火繩槍兵參加了馬爾他戰役之外，我們對他的生平幾乎一無所知。他留下了一本日記，並在戰爭結束後出版，成為後世研究馬爾他戰役的主要文獻來源。

裡。小海灣的出入口可以升起鐵鍊，封閉港口；兩座堡壘之間有浮橋相連。一五六五年春，騎士團面臨的問題是，比爾古和森格萊阿在面向陸地一面的防禦工事都沒有完工。

更糟糕的是，這裡的地形不利於防守。兩座堡壘後方的地形都更高，而且海的對面還有一個更高的半島，稱為希伯拉斯（Sciberras）山，那是整座港口的戰略關鍵所在。希伯拉斯山一面俯瞰著比爾古和森格萊阿，另一面則俯視一個與兩座堡壘間的小港對稱的深水港——馬薩姆謝特（Marsamxett）港。多年來，多位來訪的義大利軍事工程師都建議騎士團在希伯拉斯山上興建一座新的要塞，做為自己的首府；那樣的話，不僅能夠完全控制島上的安全錨地，還能占據有利地勢，固若金湯。但騎士團沒有採取多少措施去實踐這條良策；他們僅僅在希伯拉斯半島的一端匆忙建造了一座小型的星形要塞——聖艾爾摩（Saint Elmo）堡，為港口提供一定程度的保護。拉．瓦萊特在審視他的防禦體系時清楚地認識到，這三座堡壘——比爾古、森格萊阿和聖艾爾摩堡都是半成品，急需修補和鞏固，才有可能抵擋鄂圖曼帝國經驗豐富的攻城砲兵。一五六五年初的幾個月裡，騎士團開始緩慢地施工。要做的工作實在太多了。

✠

騎士團約有六百名騎士，比半個世紀前在羅得島上時多不了多少，而且其中很多人分散在歐洲各地。二月十日，大團長發布徵集令，命令所有騎士在馬爾他集合。大約五百人在圍城開始前趕到。在戰時，騎士團的慣例是徵募雇傭兵和當地平民，以補充兵力。一月，拉．瓦萊特開始安排招兵買馬，其中包括西班牙國王派來的西班牙和義大利軍隊，以及雇傭兵。但集結這些士兵，並將他們從義大利本土和西西里運到馬爾他的過程非常緩慢，最後及時抵達的兵員寥寥無幾。第三個兵力來源——馬爾他本地的民兵，在拉．瓦萊特眼裡是一文不值的。「一群膽小且對信仰沒有熱愛的人們，」他這樣描述他們，「只要一接觸到敵人，就被敵人的火繩槍砲火嚇癱；他們更大的恐懼在於砲彈會殺死他們的女人和小孩。」[3]但後來的事實證明，大團長的輕蔑是沒有根據的。馬爾他人成了戰鬥主力，而且完全忠誠可靠。

與此同時，騎士團還在大力搜羅給養。在島上，大量淡水被裝在陶罐裡，送往比爾古和森格萊阿。另外還派遣船隻到義大利收購糧食。但這並不容易，因為地中海地區爆發了饑荒，糧食非常短缺。於是羅姆加扣押了不幸來到馬爾他海峽的運輸船，徵用它們運載的貨物。騎士團還將非戰鬥人員（婦女、兒童、老人、自由穆斯林和娼妓）強行疏散，送往西西里。儘管很多馬爾他平民透過請願，被允許留下來。守城所需的物資、武器裝備和糧食被運到島上：「鋤頭、鶴嘴鎬、鏟子、五金器具、籃子……麵包、糧食、醫藥、葡萄酒、鹹肉和其他物資。」[4]糧食被儲存在寬敞的地下室內，並用石頭封死大門。援兵陸續抵達——西班牙和義大利步兵，雄心勃勃、有志於保衛基督教的冒險家組織的志願兵隊伍，以及騎士團人員在義大利招募的雇傭兵。馬爾他和西西里之間的海峽往來交通非常忙碌。旨在完成森格萊阿圍牆和鞏固比爾古稜堡群的施工也開始了，但進展緩慢，因為建材需要從義大利進口，而且勞動力非常短缺。拉．瓦萊特徵募馬爾他人（男女都有）來修建防禦工事。騎士們自己，甚至大團長本人，每天都要幹幾個小時的活，給大家樹立榜樣。同時，拉．瓦萊特寫信給他的世俗君主——西班牙國王，以及他的精神領袖——教宗，懇求他們提供兵員和經費。

地中海的所有基督教國家都屏住呼吸，注視著土耳其艦隊的一舉一動。傳遞情報的船隻在海上穿梭來往。對腓力二世而言，鄂圖曼帝國的戰爭企圖顯然是間接針對西班牙的。「土耳其艦隊此次出動的槳帆船比往年還多。」[5]他在四月七日寫道。巴塞隆納的造船廠日夜運作；在一陣恐慌中，腓力二世下令徵集民船，做為最後的抵抗力量。春季，鄂圖曼艦隊快速行動，繞過希臘，在各個預定的集結點收納更多的糧食、淡水和兵員。四月二十三日，艦隊抵達雅典；五月六日，抵達希臘南部的莫東；五月十七日，西西里島敘拉古港的指揮官派人給西西里總督送去一份十萬火急的報告：「凌晨一點，凱西比萊（Cassibile）③的崗哨連開了三十砲。我擔心，連續開了這麼多砲，一定是因為土耳其艦隊到了。」[6]

✯

在整個地中海世界，恐慌情緒如野火般地蔓延。所有人都理解馬爾他的重要性，如果敵人的目標真的是馬爾他的話。外交官之間的交流迴盪著壓倒一切的危機感，但歐洲仍然是老樣子——四分五裂、互相猜忌。在一五六五年，基督教國家聯合一致抗敵的希望，就像一五二一年在羅得島、一五三七年在普雷韋扎一樣渺茫。教宗庇護四世（Pius IV）高聲疾呼，號召各國組成一個新的神聖聯盟，對抗異教徒，但得到的回應卻讓他大失所望。他向腓力二世餽贈了大筆金錢，讓他建造槳帆船，但對方沒有什麼積極反應。西班牙國王「遁入森林了，」教宗抱怨道，「而統治法國、英格蘭和蘇格蘭的盡是婦孺之輩④」[7]。危險極大，支援卻極少。他認識到，蘇丹「一定會來損害我們或者天主教國王（腓力二世），土耳其的艦隊非常強大，士兵勇猛無畏，為光榮和帝國而戰，也為他們的荒謬宗教而戰」。土耳其人沒什麼可擔心的，「因為我們資源匱乏，而且整個基督教世界如同一盤散沙」[8]。同時，教宗向騎士團許諾，將竭盡全力支援他們。

腓力二世雖然天性優柔寡斷，但並非無所事事。西班牙人在傑爾巴島慘敗後，一直在努力重建自己的艦隊。一五六四年十月，腓力二世任命他的海軍司令唐・賈西亞・德・托雷多為西西里總督。於是整個地中海中部和馬爾他島的防禦成了唐・賈西亞的職責。他「秉性嚴肅，具有卓越的判斷力和豐富的經驗」[9]，對戰略局勢有著準確的理解，但也有著無法克服的困難。他缺少鄂圖曼帝國那樣的資源協調能力，也沒有中央集權的政府機構。西班牙艦隊是四支分艦隊（分別屬於那不勒斯、西班牙、西西里和熱那亞）的聯合體，部分力量還要依賴像多里亞那樣的私營槳帆船船主。將所有部隊及其全部槳手、士兵、彈藥和給養集結到一個地方，就是一個令人生畏的龐大任務，何況同時還要保護西班牙和義大利南部免受海盜的襲擊。土耳其人是在風平浪靜的海域航行的，而集結中的西班牙艦隊卻要忍耐地中海西部更為棘手的大風。到一五六五年六月，馬爾他已經被攻打一個月之久，唐・賈西亞還是只能集結二十五艘槳帆船；土耳其人則派來了一百六十五艘。腓力二世的海軍司令不得不小心謹慎。如果他羽翼未豐的艦隊被殲滅，將給基督教世界帶來災難性的後果。但他也開始在西西里集結兵力和資源，為抵禦鄂圖曼帝國的進攻早做準備。

③　在西西里敘拉古的一個村莊。

④　當時的法國國王查理九世（Charles IX）年僅十五歲；統治英格蘭的是伊莉莎白一世女王；統治蘇格蘭的是瑪麗女王（Mary I）。

四月九日，唐·賈西亞率領三十艘槳帆船，渡過僅三十英里寬的海峽來到馬爾他，與拉·瓦萊特會晤。兩位指揮官一起視察了比爾古和森格萊阿的防禦工事。然後唐·賈西亞要求視察希伯拉斯尖端的星形堡壘——聖艾爾摩堡。精明的西班牙老將立刻準確地指出了這個小堡壘的戰略意義。他認為聖艾爾摩堡是整個防禦的關鍵所在。敵人一定會努力儘早占領此地，以便為其艦隊提供安全的錨地，並阻斷外界救援比爾古和森格萊阿的海路。「島上所有其他要塞的命運都取決於這座堡壘。」[10]務必「盡一切努力，盡可能持久地保衛和守住聖艾爾摩堡」，以便拖住敵人，為集結足夠強大的援軍爭取時間。但聖艾爾摩堡的整個結構還不完善——它規模太小，不能容納太多士兵和火砲；建築水準不高，還沒有合適的胸牆。唐·賈西亞對地形進行了仔細勘察，發現了一個特別的弱點。在聖艾爾摩堡西側，大海之上，有一個側翼非常脆弱，「敵人能夠輕鬆突破此處」[11]。他建議儘快建造一個側翼堡壘（用城防工程師的術語，這叫「三角堡」，就是一座三角形的外部堡壘，用於防護那一段城牆），並命令他的軍事工程師監督此項工程。

次日，他啟航前去視察突尼斯的拉格萊塔港的防務，臨走之前向拉·瓦萊特許諾將派遣一千名西班牙士兵前來支援，還留下了自己的兒子，做為信譽的保證。總督沒有帶來援兵，這讓拉·瓦萊特頗為失望，但唐·賈西亞自己也在四處搜羅人馬，以便擊退土耳其人。他看到騎士團的五艘槳帆船和拉·瓦萊特私人所有的兩艘戰船，請求拉·瓦萊特借船給他。如果土耳其人來了，這些戰船肯定會被封鎖在港內，沒有用武之地。騎士團屬下的一千名穆斯林划槳奴隸也是珍貴的資源，他們如果留下，在圍城戰中會有幫助，但也可能造成威脅。拉·瓦萊特禮貌地拒絕了唐·賈西亞——他的槳帆船還要運輸物資，而奴隸正在城牆上做工。兩人道別時，唐·賈西亞給了大團長三點建議：作戰會議應僅限於少數幾個值得信賴的人，以確保能夠祕密而迅速地做出決策；應當禁止魯莽的騎士們逞強地衝出城牆作戰，這樣做雖然英勇，卻十分愚蠢，因為守軍兵力有限，不能輕易損失人員；最後一點是，大團長本人不應當身先士卒，「因為經驗表明，在戰爭中，領導的死亡常常導致災難和失敗」[12]。然後唐・賈西亞就啟程了。

島上的戰備工作更加十萬火急地進行，但拉・瓦萊特或許還不知道，敵人進逼的速度是多麼快，他的時間已經所剩不多了。騎士團瘋狂地苦幹，拚命搶修三角堡（它其實比一座土木工事強不了多少），以加強聖艾爾摩堡的防禦。五月七日，一艘槳帆船在森格萊阿和比爾古之間港灣的出入口布設了鐵鍊，將內層海域封鎖起來；五月十日，若干連隊的西班牙士兵和雇傭兵抵達，令守軍精神為之一振。騎士團對人員和裝備進行了集結；對馬爾他民兵進行了基本的火器射擊訓練，「每個人都要向目標開三槍，成績最好的人會得到嘉獎」[13]；火藥作坊在趕製火藥，石匠在開採用來修建城牆的石料；在騎士團的軍械庫內，鐵匠們在掄動大錘，修理頭盔和胸甲。各個防區和資源（淡水、火藥、奴隸）都指定了專人負責；設計了烽火訊號及警告敵人接近，鳴砲為號的方案；還計劃在鄉間的水井和其他水源下毒，將平民疏散至有防禦的避難地，收割莊稼和集合牲口。總之，堅壁清野，用一片荒蕪和貧瘠的土地來迎接土耳其人。為了鼓舞士氣，騎士們身穿威風凜凜的鋼甲和紅色罩袍，舉行了閱兵式。

除了港口之外，還有兩、三個對馬爾他具有重大戰略意義的地點。其中一處是臨近的戈佐島上的小要塞；另外一處是馬爾他島中心的姆迪納（Mdina）城堡。姆迪納被當地人稱為「老城」，是馬爾他原先的首府。這座擁擠的中世紀城堡內分布著狹窄的小巷和迂迴曲折的大道，環繞著令人肅然起敬的壁壘，是島嶼中部的制高點。從這裡可以鳥瞰全島，甚至可以看到九英里外的港口。過去馬爾他人遭到襲擊時常常會選擇姆迪納為避難地，但它的防禦工事其實已經過時，無法抵禦砲火。拉．瓦萊特任命一位葡萄牙騎士佩德羅．梅斯基塔（Pedro Mezquita）為姆迪納城及馬爾他島其他地域的指揮官。當地居民看到所有的防禦資源都被集中到港口，不免緊張不安起來。為了安撫他們，部分士兵被派遣到戈佐島和姆迪納。騎士團的騎兵也都集結在姆迪納，可以從那裡出動，突襲敵人。

雖然有了這些準備工作，馬爾他島還是被打了一個措手不及。五月十八日早上，聖安傑洛堡和聖艾爾摩堡的觀察哨發現東南方三十英里處的海平面上出現了船帆，在黎明的清澈陽光中看得一清二楚。此時莊稼還在田裡沒有收割，牛群還在吃草，疏散平民的安排事項還沒有解釋清楚，每位騎士的崗位分配也還沒有確定，防禦工事仍然沒有完工，要塞城牆下的房屋（它們有可能為敵人所用）還沒有拆除完畢。鄂圖曼帝國戰爭機器的速度、效率和後勤水準讓整個地中海中部的人們目瞪口呆。

要塞大砲發出了三聲砲響的警告信號，戰鼓擂動，軍號吹響，烽火台的火焰將敵人入侵的消息傳遍全島。平民當中發生了恐慌。人們紛紛擁向姆迪納。靠近港口的平民擠進小小的聖艾爾摩堡，或者逃往比爾古，「帶著自己的孩子、牲口和貨物」[14]。洶湧的人流聚集在比爾古城門前，拉．瓦萊特不得不派遣一隊騎士將部分平民帶往鄰近的森格萊阿半島。

到了中午，守軍就能了解到鄂圖曼艦隊是多麼浩大。所有的文獻記載都表明，這是一幅超乎尋常的盛況。「土耳其艦隊在離馬爾他還有十五至二十英里處，就可以看得一清二楚。白色的棉布船帆遮蓋了東方的半個海平面。」[15]賈科莫・博西奧（Giacomo Bosio）⑤記載道。這景象真令人魂飛魄散——數百艘艦船以一個巨大的新月陣型駛過平靜的海面，其中有一百三十艘槳帆船、三十艘小型划槳船、九艘運輸駁船、十艘大帆船、兩百艘較小的運輸船，載有三萬名士兵。入侵艦隊遮蔽了整個視野，可以清楚看到三艘五顏六色的旗艦，它們的旌旗在風中飄揚。每艘旗艦「都有五層槳，裝飾得富麗堂皇；蘇丹的旗艦有二十八個槳位，船帆紅、白兩色；穆斯塔法的旗艦上飄揚著蘇萊曼親自賜與的司令旗，穆斯塔法本人帶著兩個兒子就乘坐著這艘旗艦；皮雅利的旗艦帶有三盞燈籠。三艘旗艦的艉樓上都雕刻著新月圖案和複雜的土耳其文字，分別裝飾有華麗的絲綢天篷和奢華的錦緞」[16]。

有人從聖安傑洛堡的城堞上觀看敵人的艦隊，也有人在槳帆船裡腰桿筆直地翹首眺望。對他們來說，這是決定命運的一刻。四十四年前，相隔大半個世界和人的一生，拉・瓦萊特曾經站在羅得島的壁壘上，目睹這樣的情景。和他一起在馬爾他的一些年老的希臘人，也能回憶起年輕時的蘇萊曼的入侵艦隊，在東升旭日中從亞洲海岸駛來的景象。穆斯塔法帕夏當年也曾在羅得島上看著騎士團在一個冬日的清晨啟航離去。在差不多半個世紀裡，爭奪地中海的戰線一直在向西推進，現在已經到達了大海的中央。在這個明媚五月的清晨，在輕輕顛簸的槳帆船內，戴著頭巾的武士們正凝視著馬爾他港口的石灰岩高地；身穿鋼甲和紅色罩袍的騎士們也注視著敵人。這是漫

---

⑤ 賈科莫・博西奧（一五四四至一六二七年），聖約翰醫院騎士團的史官。他出身義大利貴族家庭，後來撰寫了從騎士團起源到拉・瓦萊特的騎士團歷史。

長戰爭中具有歷史意義的一個瞬間，就像每年吹動船隻航行的有規律的季風一樣，富有生命力而不可阻擋。

按照當時的標準，這場戰役的籌劃者和指揮官都是驚人地年邁。馬爾他攻防戰彙聚了整整一代帝王、海軍統帥和將領的作戰經驗，這經驗是在幾百次航行、劫掠和戰役中慢慢積累起來的。蘇萊曼、拉．瓦萊特、唐．賈西亞和穆斯塔法帕夏都已經七十多歲；正準備從的黎波里啟航的圖爾古特據說也已經八十歲。他們的人生都可以上溯到十五世紀。似乎整個無蹤跡可循的大海上所有的航海和作戰經驗都彙聚到了這個點上。這幕大戲的主角的命運就像船隻在水中拖出的航跡一樣，交錯混雜；他們都有著勝利與失敗、被俘和贖回的共同經驗。拉．瓦萊特和圖爾古特曾經見過面，當時圖爾古特被安德烈亞．多里亞的侄子俘虜，正在基督徒的槳帆船上划槳，等待贖金。在傑爾巴島春風得意的皮雅利，將在此與當年的手下敗將——西班牙指揮官唐．阿爾瓦羅．德．桑德（Don Álvaro de Sande）決一雌雄。尤其對圖爾古特而言，馬爾他是一個命運彙聚的地方。他曾經七次劫掠這個島嶼，他的兄弟就在戈佐島上戰死。由於未能從當地指揮官那裡索回兄弟的遺體，大發雷霆的圖爾古特進行了殘酷的報復，將全島居民都賣為奴隸。曾有一個算命的人告訴圖爾古特，他將死在馬爾他島上。

拉．瓦萊特派遣一艘快船前往西西里，向唐．賈西亞報告消息，並召開了作戰會議。前一年夏天被羅姆加俘虜的土耳其太監總管的大帆船仍然停泊在騎士團的內港，似乎在嘲諷著敵人。

第九章　死亡的崗位

一五六五年五月十八日至六月二日

鄂圖曼艦隊南下繞過馬爾他島，在此過程中，島上的一連串瞭望塔不斷發出警示的砲聲和烽火信號，密切監視敵人的行動。一支一千人的隊伍從比爾古出發，監視敵人艦隊向馬爾薩什洛克（Marsaxlokk，意思是「南風港」，這是一個寬敞的錨地，很適合登陸）行駛的進度。但基督徒軍隊出現在海岸上的景象讓皮雅利決定不在南風港登陸，於是艦隊繞過島嶼的西海岸，在石灰岩峭壁下航行。到黃昏時，艦隊已經在一系列小海灣的清澈水域下錨。一整夜裡，海岬上的崗哨觀察著土耳其船隻在錨地顛簸著，感受到了極大的威脅。在黑暗中，土耳其人開始上岸。

次日拂曉前，騎士團從姆迪納派出了一隊騎兵，由法國騎士拉．里維埃（La Rivière）指揮。他們的任務是伏擊土耳其人，抓捕一些俘虜。這項行動遭受慘敗。拉．里維埃和幾名士兵精心躲藏起來，觀察著敵軍的前衛部隊，等待機遇。此時另一名騎士脫離了隱蔽，策馬向他衝來。感到困惑的拉．里維埃從藏匿處現身，卻被土耳其人發現。由於已失去了出其不意的奇襲機遇，拉．里維埃也別無選擇，只能向敵人猛衝過去。最終他的坐騎被擊斃，他則被敵人俘虜，拖向槳帆船艦隊。守軍知道這意味著什麼。在戰爭中，有價值的俘虜都會遭到酷刑拷打，以榨取情報。騎士團出師不利。

這是個星期日的早晨。基督徒平民匆匆趕往要塞內的教堂，祈求上帝的救援，此時鄂圖曼艦隊快速駛回了馬爾薩什洛克，開始大規模登陸。在海岸上遠眺的人能夠看到一幅非比尋常的景象，恐怖、壯觀，而且陌生，似乎亞洲大陸最燦爛輝煌的勝景都在歐洲的海岸上綻放。土耳其人的服飾非常新奇，五光十色，帽子也稀奇古怪——近衛軍士兵蓄著令人難忘的大鬍子，穿著長褲和長上衣；騎兵身披輕型鏈甲；狂熱信徒穿著白衣；帕夏身著杏色、綠色和金色的長袍；半裸的苦行僧穿著獸皮；巨大的頭巾、洋蔥形的頭盔、鴨蛋青色的圓錐形帽子、飾有微微拂動的鴕鳥羽毛的近衛軍帽，以及形形色色的裝備。近衛軍攜帶的長火繩槍上鑲嵌著象牙，形成阿拉伯式花紋圖案；由柳條和鍍金黃銅製成的圓盾，匈牙利樣式的尖盾，來自亞洲大草原的彎刀和柔韌的弓，飾有邪惡之眼、蠍子和新月圖案的絲綢旗幟，行雲流水般的阿拉伯文書寫的徽記。士兵們搭建起了鐘形帳篷，演奏著音樂，發出各種嘈雜聲響。

到了第二天，鄂圖曼軍隊的大部分物資和重砲都已經上岸，並向前推進，在比爾古和森格萊阿這兩座堡壘的上方安營紮寨。這景象讓義大利人法蘭西斯科．巴爾比感到一種詭譎的驚異感。「在聖瑪格麗特（Santa Margarita）高地上搭建起了一座井井有條的營地，旌旗招展、五光十色。這景象讓我們都驚異不已。他們的樂器聲響也非常新奇，因為他們按照慣例帶來了很多喇叭、號角、軍鼓、風笛和其他樂器。」[1]

喧鬧的土耳其軍隊可能包括兩萬兩千至兩萬四千萬名士兵，以及八千名負責支援的非戰鬥人

圖 17　手持火繩槍的土耳其士兵

員，但騎士團的史官總會遠遠誇大敵人的兵力。土耳其軍隊的核心是六千名的近衛軍，即蘇丹的精銳部隊，每個人都配備鄂圖曼長管火繩槍，歐洲人不熟悉這種槍，它填彈速度比較慢，但準心比歐洲火槍精確，是用來狙擊敵人的，力量足以擊穿中等重量的板甲。還有大隊的乘騎步兵，他們是受到戰利品誘惑的志願兵、水手和冒險家。此外還有一支砲隊，以及相應的支援人員：軍械士、工程師、坑道工兵、旗手、木匠、伙夫，以及其他隨軍人員，其中顯然包括希望購買基督徒奴隸的猶太商人。這些人來自鄂圖曼帝國的五湖四海。其中包括來自埃及的火槍兵，安納托利亞和巴爾幹、薩洛尼卡（Salonica）和伯羅奔尼撒半島的騎兵。其中很多人是叛教者——改信伊斯蘭教的希臘人、西班牙人和義大利人，在戰鬥中被俘後獲得自由的前基督徒奴隸，或者受在伊斯蘭大旗下作戰的機遇吸引的雇傭兵；有些人根本不是穆斯林。鄂圖曼帝國是形形色色的信仰和動機的大熔爐。有些人是為了伊斯蘭教而戰，有些人則是被強迫參戰，或者是為了發財致富而戰。

在騎士團的比爾古城堡內，人們沉浸在宗教狂熱中。大團長和馬爾他大主教組織了一次懺悔遊行。教士和平民在狹窄的街道上行進，「虔誠地懇求上帝保護他們免遭野蠻人的瘋狂攻擊」[2]。一位曾經被的黎波里海盜販賣為奴的嘉布遣會（Capuchin）①修士——埃博利的羅伯特（Robert of Eboli）站在女修院教堂的祭壇前向群眾授與聖餐，長達四十小時，並以激情澎湃的演講震撼和感召了群眾。

危機激起了騎士們最深切的聖戰熱情。他們在堅固的稜堡後抵抗伊斯蘭世界進攻已經近五百年。他們在騎士堡、哈丁（Hattin）②、阿卡和羅得島為自己創造了一個騎士神話——光榮地拚死抵抗具有壓倒性優勢的敵人，絲毫不畏懼大屠殺、殉道和死亡。這一連串為了基督教大業蒙受的失敗，恰恰證明了騎士團存在的意義。但拉·瓦萊特很清楚，馬爾他將是最後的堡壘。如果戰敗，不僅會將基督教歐洲的心臟暴露在敵人面前，聖約翰騎士團也將死無葬身之地。

馬爾他守軍約有六千至八千人。其中歐洲貴族騎士（他們身著堅固的鎧甲，頭戴尖頂盔，形似美洲的西班牙征服者，外披帶有白色十字的紅罩袍，這象徵他們對基督的忠誠，但也成為敵人狙擊手的絕佳目標）頂多只有五百人。與他們並肩作戰的有唐·賈西亞派來的若干西班牙連隊和義大利職業軍人。這些人效忠於西班牙國王，裝備精良、鬥志昂揚，但他們來馬爾他不是為了爭得榮耀。他們的期望和絕大多數軍人是相同的；他們作戰是為了軍餉、賞賜和生存。在這方面，他們和很多穆斯林士兵沒有什麼區別。這些士兵中包括一位義大利人法蘭西斯科·巴爾比，他已經六十歲了，而且窮困潦倒。他以火繩槍兵的身分參加了這次戰役，並存活下來，寫下了關於這場攻防戰的第一手記述。

除了這些職業軍人外，還有一些來馬爾他追尋榮耀的紳士冒險家、一些來自羅得島的希臘人、被釋放的罪犯、划槳奴隸和改信基督教的前穆斯林（這些叛教者很不可靠）。馬爾他戰事將

---

① 嘉布遺會是天主教方濟各修會的分支。一五二〇年由瑪竇·巴西（Matteo Bassi，約一四九五至一五五二年）創立。瑪竇·巴西認為，方濟各會修士的會服不合聖方濟各所著原式，於是自行設計尖頂風帽，並蓄鬚赤足，引起許多人效法。嘉布遺會修士的生活簡樸清貧，在反宗教改革時期活動積極，力圖讓普通人保持對天主教的忠誠。

② 位於巴勒斯坦的城市。一一八七年七月四日（十字軍東征時期），阿拉伯人的著名統帥薩拉丁在此大破基督教軍隊，耶路撒冷國王、聖殿騎士團團長、醫院騎士團團長等基督教領袖陣亡。基督教軍隊作戰時向來攜帶的聖物真十字架也落入穆斯林手中。

地中海各民族都聚集到了一個中心點。在這個命運和動機的市場上，有些人會突然改弦易轍；雙方都受到叛徒的困擾，這些變節者有的是為了逃脫奴隸的枷鎖，有的是為了改回自己原先的宗教信仰，有的是為了加入更可能取勝的那一邊，也有的是為了更好的回報。基督徒防禦力量的基石是三千名堅忍不拔的馬爾他民兵，他們戴著簡陋的頭盔，身穿有襯墊的棉布外衣。在騎士們身旁，這些民兵將證明自己對基督教大業的忠貞不二；篤信天主教的馬爾他人願意為了保衛自己的家園和多石的田地，戰鬥到只剩下最後一個兒童。

五月二十日，土耳其人開始從馬爾薩什洛克港向內陸推進，進逼大港（Grand Harboar）③。在敵人前進過程中，拉．瓦萊特派遣若干小分隊在破碎複雜的地域（這裡有被圍牆環繞的田地和塵煙漫漫的道路）上伏擊敵人。初次的交鋒已經非常凶殘。憧憬著光榮戰功的年輕騎士們，在緩緩前進的土耳其大軍尋找水源的路上，與他們捉迷藏。他們返回比爾古時，就像阿帕契族（Apache）印第安武士一樣，馬鞍前部懸掛著死不瞑目的頭顱、敵人的旗幟和從死人身上砍下的珠寶。一名騎士帶回了一根戴著金戒指的手指；另一名騎士從一名土耳其軍官衣著華麗的屍體上剝下了一隻金手鐲，上面雕刻著這樣的字樣：「我來馬爾他不是為了財富或榮譽，而是為了救贖自己的靈魂。」[3]土耳其人希望能夠把當地居民爭取到自己這邊的幻想也很快破滅了。馬爾他人偷襲敵人，並對其橫加侮辱。他們殺死了一個土耳其人，在附近找到一頭豬，先宰了這頭豬，再把死人放置在一個合適地點，然後將豬嘴塞進他的嘴裡，最後躲在一堵牆背面。其他穆斯林看到屍體時，恐懼而憤怒地衝上前去，想將戰友從這死後的凌辱中解救出來，卻被伏擊者全部擊斃。

雖然守軍在個別地點取得了一些勝利，但土耳其大軍的滾滾前進是無法阻擋的。土耳其人建立了營地，安排了守衛；尖木樁和帳篷上飄揚著旗幟；士兵們用馬爾他人拋棄在田地裡的牛拖運火砲和補給物資；基督徒的小規模侵襲被打退。穆斯塔法在俯瞰大港的高地上設置了指揮部，並奪取了位於馬爾薩（Marsa）的水源，守軍曾經試圖向水源投放苦草藥和糞便。幾天之內，侵略者牢牢控制整個島嶼的南部，燃起了熊熊大火。土耳其人收集了所有能利用的物資——糧食、牲口、木柴，然後將田地付之一炬。從比爾古和森格萊阿的城牆上也能看到「島嶼的那個部分看來完全陷入火海和濃煙中」[4]。

安營紮寨之後，穆斯塔法下令將拉·里維埃（兩軍初次交鋒時被俘的法國騎士）帶到俯瞰比爾古的山上。他可能已經遭到了拷打。土耳其人命令拉·里維埃指示城防的薄弱環節，並許諾給他自由。拉·里維埃指出了兩個地點：奧弗涅人和卡斯提爾人的防區。帕夏決心試試騎士團的防禦究竟有多強。

五月二十一日早上，全軍滾滾前進。從城牆上眺望，這景象無比神奇和壯美：「土耳其軍隊以一個完整的隊型遮蓋了整座鄉間，隊形就像一輪新月；從比爾古看去，這是一幅壯觀的景象，只見士兵們穿著華麗和闊氣的服裝。除了他們光輝耀眼的武器和大小軍旗之外，他們還攜帶著其他五顏六色的三角旗，從遠處看去像是一塊巨大、閃爍的鮮花海洋。我們還聽得見他們在演奏各式各樣稀奇古怪的樂器，既悅目又悅耳。」[5]土耳其軍隊接近時，這些盛況和音樂被「敵我雙方大砲的可怕轟鳴聲和我們火槍的射擊聲」淹沒了。

---

③ 大港即比爾古、森格萊阿和希伯拉斯山圍繞而成的港灣，它是馬爾他島古老的天然良港，早在腓尼基時代就是港口。

土耳其軍隊逼近時，守軍敲響戰鼓，並展開了聖約翰的紅、白兩色大旗。拉・瓦萊特眼見他的部下求戰心切，決定測試一下他們的士氣。等到敵人進入要塞大砲的射程後，他命令七百名火繩槍兵打開城門，敲鑼打鼓、旌旗招展，還派出了一隊騎兵。此時拉・瓦萊特不得不手執長槍，親身阻擋熱情澎湃的預備隊也一起衝殺出去。如果拉・瓦萊特沒有攔住他們的話，「比爾古就會成為一座空城，因為他們與土耳其人作戰的熱情是如此高漲」[6]。在五個鐘頭的激戰之後，基督徒撤回城內，按照他們自己的說法，他們殺死了一百名敵人，自己只損失了十人。這是守軍鬥志高昂的明證。從卡斯提爾人和奧弗涅人的防區射出了暴風驟雨般的槍彈，以至於穆斯塔法本人也遭遇了危險。這位帕夏的結論是：拉・里維埃撒了謊。拉・里維埃被帶到一艘槳帆船上，在基督徒奴隸面前被殘忍地活活打死。

次日，即五月二十二日，土耳其人對鄰近的森格萊阿半島進行了一次類似的武力偵察。這一次，拉・瓦萊特記起了唐・賈西亞的建議，禁止部下衝出城門迎戰。（唐・賈西亞的另一條建議——不要以身涉險——顯然已經被大團長忽略了；他站在比爾古的城堞上，子彈從他身旁呼嘯而過，他身邊就有兩人中彈倒地。）從此以後，守軍將不再隨意出擊，而是依賴於防禦工事。雖然拉・里維埃的欺騙為土耳其人帶來守軍很強大的假象，但防禦其實非常薄弱。據法蘭西斯科・巴爾比的描述，壕溝護牆「在某個地段非常低，對敵人來說根本不構成障礙」[7]。守軍日夜加緊趕工，增高護牆。

與此同時，在位於馬爾薩的新建營地裡，鄂圖曼軍隊總指揮部在考慮可供選擇的方案。甚至對經驗豐富的老將來說，馬爾他也是個難題，或者說是一連串錯綜複雜、變數很多的難題。要考慮的問題實在太多了：複雜的港口設施、陌生的馬爾他季風、土地的貧瘠、淡水的需求、從艦隊到軍營的漫長補給線。在羅得島，入侵者面對的是一座固若金湯的要塞；而在馬爾他，他們還不得不考慮很多雖然不是那麼棘手，但非常分散的目標，所有這些目標都需要處理。

連為一體的兩座海岬比爾古和森格萊阿構成了基督徒防禦的核心，但它們與海對面希伯拉斯山上的聖艾爾摩堡（它是通往港口的門戶）是相互依存的。鄂圖曼軍隊的大營在馬爾薩，與停在馬爾薩什洛克的艦隊相隔六英里，而守軍初期的襲擊已經表明了保護補給線的重要性。另外，島嶼腹地的兩座城堡——姆迪納和戈佐島上的城堡——也必須考慮，因為如果對其置之不理，它們可能成為遊擊戰的中心和守軍的集合休整地。這麼多目標中，必須選擇一個先來處理；其他的目標必須先擱置。有必要兵分幾路。這樣的話，兩萬兩千名士兵未必夠用。

指揮官們還有其他的問題要煩惱。在夏季，馬爾他周邊的季風比白海東部要難以揣摩得多，這讓皮雅利頗為焦慮。他最重要的任務是保證艦隊的安全。假如船隻被風暴摧毀，或者遭到敵人火船的大膽襲擊，整支遠征軍將被困在島上——而敵人隨時可以從近處得到增援——面對緩慢但不可逃避的集體死亡。馬爾他處在信奉基督教的西西里島的羽翼庇護下，是西班牙國王的領地；西班牙人遲早會發動反擊。漫長的補給線、有限的時間、無法在馬爾他過冬——這都是必須再三斟酌的問題。

五月二十二日，土耳其將領們磋商之時，穆斯塔法和皮雅利兩人間的關係變得高度緊張。海軍司令和陸軍統帥之間因為優先權和資歷的問題有摩擦；兩人都知道蘇萊曼在注視著他們；蘇萊曼的皇旗和旗艦代表蘇丹的存在，而且他的傳令官也會將前線的一舉一動報告給他。穆斯塔法和皮雅利在鄂圖曼帝國宮廷內都交遊廣闊；兩人都渴望榮耀，而竭力避免失敗的恥辱。唯一能把兩人聯合起來的是對圖爾古特的嫉妒，後者是蘇丹設計的三角指揮層中的第三股力量，隨時都可能從的黎波里趕到馬爾他。基督教國家的文獻對這兩位土耳其大將在當天為了推動各自的策略，而產生的爭吵、抉擇和投票做了形象生動的描繪，當然這些描繪或許是虛構的，因為幾乎不可能有任何基督徒奴隸能夠涉足帕夏的華麗帳篷。

最後，他們選擇的攻擊目標就是唐．賈西亞曾經預測的地點——小小的聖艾爾摩堡，「馬爾他所有要塞的關鍵所在」[8]。這項決定很可能於幾個月前在伊斯坦堡就拍板定案了，那是出征之前的一五六四年十二月五日的國務會議，當時工程師們向蘇丹展示了聖艾爾摩堡的布局圖和模型，並解釋說，他們發現它「位於一個非常狹窄的地域，容易進攻」[9]。當時在伊斯坦堡城內的西班牙間諜向馬德里發送了一份報告，除了有一點搞錯之外，準確地預示了後來戰事的發展：「他們（土耳其人）的計畫是先占領聖艾爾摩堡，以便控制港口，讓大部分船隻在那裡過冬，然後透過圍攻拿下聖安傑洛堡。」[10]現在穆斯塔法的工程師們再次勘察了地形，確信拿下聖艾爾摩堡只是小菜一碟，估計只需要「四、五天的時間」；「沒了聖艾爾摩堡，敵人得到救援的希望就徹底斷絕了。」[11]如果說他們自信能夠迅速攻克聖艾爾摩堡的話，這個決定也有防禦性的因素，甚至有一絲畏懼。拿下聖艾爾摩堡之後，「艦隊就能夠進入馬薩姆謝特港內，得到保護，免遭風暴、海上災害，以及敵人襲擊的威脅，這樣就不至於發生所有人被困死在島上而無法逃脫的情況」[12]。甚至在戰役伊始，他們就已經開始考慮離家萬里作戰的後果。尤其對皮雅利來說，保住艦隊是最重要的。時間緊迫，將領們決定不等圖爾古特來認可這個決定，而是立即開始行動。

對拉・瓦萊特來說，時間也是至關重要的。據說他從逃跑的叛教者那裡得知鄂圖曼帝國的計畫時，不禁向上帝致謝。敵人進攻聖艾爾摩堡的企圖，將為騎士團爭取到一個喘息之機去修整森格萊阿和比爾古的防禦工事，並向唐・賈西亞、腓力二世和教宗求援。要塞的施工不分晝夜，繼續進行；城牆外可能為敵人提供掩蔽的障礙物（樹木、房屋和馬廄）全被拆除；所有平民都被動員起來，向城內運送大量泥土，以便修補遭砲火破壞的城牆。大團長只能勸聖艾爾摩堡的守軍死戰到底，盡可能地多殺傷敵人，為主力部隊爭取時間。

五月二十三日，土耳其人開始將重砲（安放在輪式車輛上）從艦隊運往希伯拉斯半島。七英里的道路崎嶇多石，非常難走，動用了大量的牲口和人力。曠野裡迴盪著鐵輪子的嘎吱聲、牛群的低吼聲、筋疲力竭的人們的呼喊聲。巴爾比從森格萊阿觀看著敵人的大砲：「我們可以看到每門大砲由十到十二頭閹牛拖曳，還有很多人拖著繩子。」[13]

守軍在做自己的準備。土耳其人在希伯拉斯半島建立陣地之後，聖艾爾摩堡通往外界的唯一安全道路，是從怪石嶙峋的前灘乘船穿過港口到比爾古，距離是五百碼。拉・瓦萊特下令疏散一些躲在聖艾爾摩堡的婦女和兒童，並送去了給養、一百名士兵（指揮官是馬斯〔Mas〕上校）、六十名獲釋的划槳奴隸以及食物和彈藥。聖艾爾摩堡守軍一共有七百五十人，大部分是胡安・德・拉・塞爾達（Juan de La Cerda）指揮下的西班牙士兵。

從面向陸地的一面（土耳其人在此搭建了大砲的射擊平台）看去，聖艾爾摩堡呈低矮的長條形，就像一艘石頭製成的潛水艇浮在多石山嶺的一端。城堡布局呈四星形，其中兩個尖角面向土耳其人正在建立陣地的山峰。城堡面向敵人的前方有一道在岩石上鑿出的壕溝，在背面（即面向大海的一面）有座塔樓④，它高高聳立於城堡上方，就像潛水艇的指揮塔。在城堡中心有一塊操練場，操練場的前方有一座碉堡、一座蓄水池和一座小教堂，以便為士兵們提供精神慰藉。倉促修建起來的三角堡在城堡外面，由一座橋梁和城堡連為一體；如果遭到敵人的側翼襲擊，外堡能起到一定的防護作用，但對從希伯拉斯山上俯視的經驗豐富的攻城工程師來說，聖艾爾摩堡微不足道、弱不禁風。它的缺陷不勝枚舉；它的設計不合理，建造得又太倉促。它的胸牆太矮，又沒有槍眼能保護士兵，所以開槍射擊的守軍一定會成為敵人的活靶子；城堡規模太小，因此壁壘上無法安放很多火砲；它沒有出擊口，所以士兵們無法安全地離開城堡，以便清理掉敵人為了填平壕溝而投入其中的東

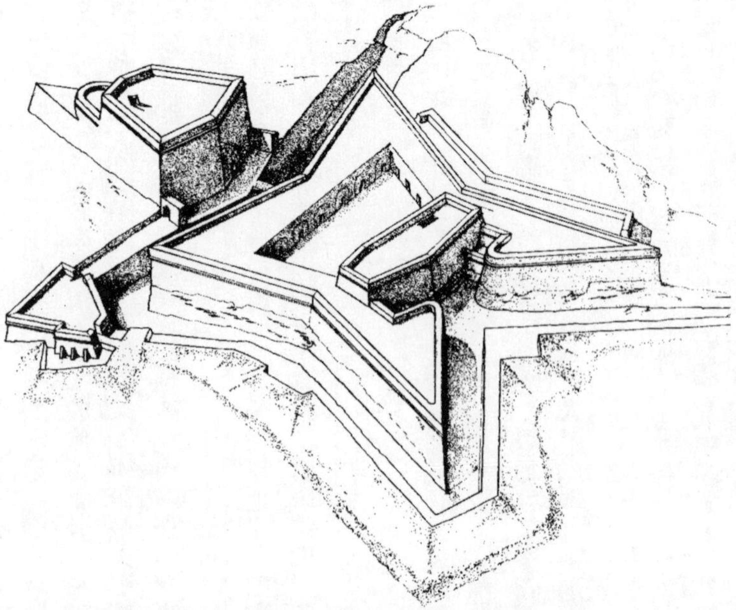

圖18　聖艾爾摩堡。圖中為牢房和中央操練場，士兵布置在後方，三角堡在左側

西，也很難發動反擊。最糟糕的是，四角星的尖角太銳利，因此城牆下有大片的射擊死角，守軍無法向那些地帶開火。鄂圖曼工程師們對攻城的任務評估看來是中肯的。總的來講，聖艾爾摩堡是個石頭製成的死亡陷阱。

鄂圖曼軍隊對攻城戰術有著十足的把握。他們精通應用工程技術，擅長將大量人力分配到具體任務上，戰前能夠精心籌劃，在戰役中又能根據實際情況隨時調整並迅速設計出巧妙的新方案，他們的這些本領是世上任何一支軍隊都無法匹敵的。鄂圖曼軍隊曾在波斯和匈牙利邊境地帶攻城拔寨，在羅得島以驚人的速度挖掘地道，連敵人都承認鄂圖曼軍隊「在土方工程上天下無敵」[14]。現在他們開始以可怕的嫻熟技巧著手工作。聖艾爾摩堡以及海對面的比爾古和森格萊阿守軍都無比敬畏地注視著敵人。這裡滿地碎石、缺少表層土壤和樹木，因此坑道作業非常困難，但土耳其工兵還是「以蔚為奇觀的勤奮和速度」[15]向前推進他們蜘蛛網般的坑道。由於坑道角度的選擇很巧妙，在相當長一段時間內，守軍都無法向挖掘坑道的工兵射擊。土耳其軍隊還從一英里以外運來泥土，以便搭建砲台。成百上千人排成長隊，背著泥土袋子和木板走上山坡。這項行動的精心籌劃達到了驚人的地步；他們的物資和修建砲台所需的部件都是在伊斯坦堡預先製造好，然後從那裡運來的。坑道不斷逼近城牆，對守軍虎視眈眈。幾天之內，土耳其人就在離聖艾爾摩堡的壕溝僅六百步左右的地方掘壕據守下來。很快地，他們的前軍就抵達了壕溝邊緣。他們建造了兩座泥土平台，用以安置大砲，並用三角形的木製壁壘（灌滿泥土）保護大砲。他們的前

④ 法國人把這種塔樓稱為「騎士塔」，一般是指建造於城堡內部，高於城牆的塔樓，用以集中火力向下射擊。

線陣地上飄揚著鮮豔的旗幟；大砲被步履艱難地拖過光禿禿的山嶺，一直拖到頂峰的砲位上。他們還建立了其他陣地，用來轟擊一水之隔的比爾古。夜間，運輸駁船靜悄悄地駛進聖艾爾摩堡下方的馬薩姆謝特港，運來成捆的木柴，用來填平城堡的壕溝。海對面的拉・瓦萊特驚恐地觀察著敵人的活動，匆忙派人去西西里向唐・賈西亞緊急求援。

到了五月二十八日星期一，鄂圖曼帝國的大砲已經開始從山頂轟擊聖艾爾摩堡。到星期四（基督教日曆中的耶穌升天節），已有二十四門大砲就位，分成兩排，有輪子的大砲發射穿透性的鐵彈頭，巨大的射石砲（其中一門參加了當年的羅得島戰役）則發射巨大的石彈。在首輪砲擊之前，先用火槍一輪劈頭蓋臉的齊射，打得守軍在胸牆後不敢抬頭，然後大砲開始猛轟。砲群開始猛烈攻擊聖艾爾摩堡面向壕溝的兩個尖角和朝向三角堡的薄弱面。在海的對面，拉・瓦萊特為了盡可能地打亂敵人的砲擊，在聖安傑洛堡安放了四門大砲，轟擊僅一山之隔，視線可及的敵人砲台。他的砲擊取得了一定成效，早在五月二十七日，皮雅利就被一枚石彈碎片打成輕傷；但是守軍的火藥消耗太大，無法繼續砲擊下去。

從一開始，守軍就看不到一點好兆頭。他們躲在胸牆後，只要一抬頭，在藍天白雲的映襯下就成為敵人的活靶子。鄂圖曼近衛軍狙擊手們手持長管火繩槍待在下方的戰壕裡，監視著任何風吹草動。他們的耐心真是驚人，一動不動地埋伏著，一口氣能夠堅持五、六個小時，一直瞄著敵人方向，手指放在扳機上，就像等待獵物的獵人一樣。他們在一天之內就擊斃了三十人。守軍盡可能地搭建臨時拼湊的防護胸牆；同時還用泥土或者其他任何隨手能弄得到的東西來修補坍塌的城牆。幾天之內守方士氣就開始低落，他們若是膽敢站直身子去觀察在山上赫然聳立的鄂圖曼大砲，就面臨被狙擊手擊斃的危險。敵人的戰壕近在咫尺、砲彈四處開花和城堡的突出缺陷無不表明，他們的陣地是守不下去的。早在五月二十六日，聖艾爾摩堡守軍就派胡安．德．拉．塞爾達，摸黑游過了港灣。他是腓力二世麾下的西班牙軍官，對騎士團沒有效忠的義務。他向拉．瓦萊特及其議事會直言不諱地說出了大家對形勢的判斷，而其實這也是大團長心知肚明的事情：聖艾爾摩堡太脆弱、太細小，而且沒有側翼防護，「就像患有結核病的軀體，需要持續不斷地吃藥才能維持生命」[16]。如果沒有援兵，頂多能守八天。必須投入更多資源。

這可不是大團長樂意聽到的話。他的想法是，聖艾爾摩堡必須死守，以便爭取時間讓比爾古和森格萊阿加強防禦，以及讓位於三十英里外西西里島的唐．賈西亞派來救援艦隊。他挖苦地「感謝」了胡安．德．拉．塞爾達的建議，並要求聖艾爾摩堡守軍信守榮譽、死戰到底。同時他許諾派遣急需的支援——梅德拉諾（Medrano）上尉指揮下的一百二十名士兵乘船抵達了聖艾爾摩堡，梅德拉諾將接管心懷不滿的西班牙士兵的指揮權；還給聖艾爾摩堡送去更多的食物和彈藥。傷患被送到了位於比爾古的騎士團醫院。在這些果斷措施的鼓勵下，聖艾爾摩堡守軍的士氣稍稍有所回升，但他們的困境其實沒有改變。悶燃的不滿情緒將很快再次熊熊燃燒起來。

拉．瓦萊特和身在西西里的唐．賈西亞之間透過小船來回傳遞消息，這些船隻似乎能夠輕鬆地突破鄂圖曼帝國的海上封鎖。總督傳來的消息是非常令人垂頭喪氣的。他的船隻和軍隊在集結過程中發生了不計其數的耽擱。組建一支特遣艦隊的後勤工作極其複雜。有些槳帆船還在巴塞隆納進行裝配；在熱那亞，喬萬尼．安德烈亞．多里亞一直在等待來自倫巴底（Lombardy）的部隊；後來又下了大雨，海況很糟，出航的風險太大。在西西里，唐．賈西亞有五千名士兵，但只有三十艘槳帆船；而且土耳其人對此洞若觀火。土耳其人可以讓多數的槳帆船船員上岸幹活，只留下七十艘戰船在海岸巡邏。同時，他們繼續砲擊。拉．瓦萊特只告訴議事會決策圈的人這些消息。

天氣愈來愈熱；夜間月色皎潔，但鄂圖曼帝國的工兵日夜不停地猛幹，他們的坑道像蛇一樣蜿蜒前進，離城牆愈來愈近。他們還用從希伯拉斯山的陡坡搬運來的泥土修建防護牆。「這的確是非比尋常，」騎士團的史官賈科莫．博西奧宣稱，「看著土耳其人在這荒蕪的地方，能夠在幾乎一瞬間就運來像山一樣的泥土堆，並用這些泥土建造稜堡和砲台，以便轟擊聖艾爾摩堡；他們還同時快速地向前推進坑道和有掩護的交通壕。」[17]梅德拉諾發動了一些出其不意的襲擊，擾亂土耳其人的工作，殺死他們的工人。但在五月二十九日的一次襲擊中，土耳其近衛軍發動了反擊，將他們的軍旗插到了護牆上，離城堡的周邊工事和三角堡都只有咫尺之遙。在五月三十一日（耶穌升天節），鄂圖曼帝國的砲手以二十四門砲開始了一輪規模更大的轟擊，決心將聖艾爾摩堡的工事炸成石塊。砲擊持續了一整夜，烈度不減。砲火一刻不停，按照守軍的計算，這些大砲在射擊過程中都沒有得到清理或者冷卻，這對大砲和砲手都是非常危險的。次日黎明，一發砲彈打倒了聖艾爾摩堡的旗杆和軍旗。土耳其軍中發出一聲大吼，他們認為這是勝利即將到來的預兆。

然而，一水之隔外的比爾古和森格萊阿充分利用了聖艾摩爾堡守軍爭取到的時間。士兵和平民與時間賽跑，瘋狂地猛幹，建起城牆、搭建胸牆和作戰陣地，因為一旦聖艾爾摩堡陷落，敵人的大砲就將轉向他們的工事。夜間的砲火驚得城內的狗狂吠起來；拉．瓦萊特下令殺死全部的狗，包括他自己的獵犬，並不斷派遣小船到聖艾爾摩堡。到此時，土耳其人已經發現他們計畫的漏洞。於是在岸邊部署了兩門輕砲和一些火繩槍兵，希望能擾亂比爾古與聖艾爾摩堡之間的生命線。

六月二日早上，戰局持續惡化。拂曉時，聖艾爾摩堡的「騎士塔」的觀察哨發現東南方海上有船帆。一時間，守軍希望這是唐．賈西亞救援艦隊的先驅，但真相是可怕的。那是圖爾古特和他的海盜們從阿爾及爾趕來了，共有約十三艘槳帆船、三十艘其他船隻和一千五百名伊斯蘭戰士，而領導他們的是整個地中海上經驗最老到、也最為足智多謀的指揮官。圖爾古特受到歡迎的情況，或許凸顯出他的能力和已經在前線的指揮官們有著巨大的差別。皮雅利決心要讓對方肅然起敬，於是率領自己的槳帆船群「以整齊的隊形」[18]迎接新來者。船隊在經過聖艾爾摩堡時對城堡發出了一輪齊射。砲彈呼嘯著掠過城堡上空，炸死了一些正在戰壕內的攻方士兵，而城堡的還擊砲火將一艘槳帆船攔腰打了個大洞，土耳其人不得不趕緊將它拖走，免得徹底完蛋。

蘇萊曼的最終希望可能寄託在圖爾古特這位「睿智而久經沙場的戰士」[19]身上，穆斯塔法和皮雅利對此也心知肚明。「伊斯蘭出鞘之劍」比任何人都更了解馬爾他；他不僅是個本領高強的航海家，還是個經驗豐富的砲手和攻城專家。這個老海盜登陸之後，很快掌握了前線局勢。他不滿地撅起了嘴唇。他或許根本就不主張進攻馬爾他，而更願意攻擊較輕鬆的目標，如在拉格萊塔的西班牙飛地，這對他的北非領地而言始終是個肉中刺。他或許也不同意先攻打聖艾爾摩堡（基督教方面在這個問題上的記述似乎都是虛構的），但既然攻城已經開始，愈早完事愈好。他沒有浪費任何時間，立刻親上前線去重新分析地形和砲兵的部署。他認識到兵貴神速，必須儘快把更多的火砲送上前線，並且必須盡可能接近敵人。第二門重型射石砲被拖上了前線，另外四門大砲被安置在北岸，轟擊聖艾爾摩堡脆弱的側翼。他決心以盡可能猛烈的砲火將要塞炸為齏粉。於是，他在馬薩姆謝特港對面的一個地點部署了一支砲隊，對三角堡和「騎士塔」進行狂轟濫炸。不久，他又在對面的海岬上設置了另一支砲隊。現在聖艾爾摩堡遭受到一百八十度的砲擊；博西奧聲稱，砲火如此猛烈，「小小的要塞居然沒有被炸成瓦礫堆，還真是個奇跡」[20]。圖爾古特的最後一條建議是儘快拿下三角堡，「哪怕損失大量精兵也在所不惜」[21]。

第十章　歐洲的三角堡

一五六五年六月三日至六月十六日

拉·瓦萊特每天都向西西里和義大利本土發去十萬火急的求援信，在信中再三強調馬爾他的重大戰略意義。一旦馬爾他落入敵手，基督教歐洲將成為「一座沒了三角堡的要塞」[1]。歐洲君主們非常理解這個比喻。自君士坦丁堡陷落以來，基督教帝王和教士們嘴上常常使用義大利要塞工程學的術語。他們將整個基督教地中海視為一個巨大的同心圓防禦圈，圓心就是羅馬城——上帝的堡壘，它不斷遭到大批野蠻人的攻擊。周邊防禦工事一個一個地坍塌了。一四五三年之後，威尼斯成了歐洲的外牆；土耳其人在僅僅五十年內就突破了這道防禦。羅得島是基督教世界的盾牌。這盾牌如今也破碎了。隨著戰線的退縮，土耳其人一步步逼近了圓心。現在馬爾他成了歐洲的三角堡。所有人——羅馬城的教宗、高坐馬德里宮廷的天主教國王、身處與馬爾他一水之隔的西西里島的唐·賈西亞都理解它的意義——三角堡一旦陷落，要塞本身的末日就不遠了。一五六五年五月底和六月初，對基督教世界防務的關注聚焦在一個點上。如果說歐洲的關鍵在於馬爾他，馬爾他的關鍵就在聖艾爾摩堡；而聖艾爾摩堡的生死存亡，則取決於防護它薄弱側翼的那個臨時拼湊的三角堡。圖爾古特像拉・瓦萊特一樣，對此一清二楚。他決定採取行動。

在一整夜的猛烈砲擊之後，到六月三日早上，鄂圖曼軍隊已經在接近壕溝、離三角堡的護牆僅有幾十碼的地方建立了掩蔽陣地。很諷刺的是，這一天恰好是聖徒艾爾摩（水手的主保聖人）的節日。

鄂圖曼帝國的工程師們決意對前一夜彈幕砲擊的效果做一番評估，於是溜進了要塞前的壕溝，接近了三角堡。堡壘內鴉雀無聲，沒有人呼喊口令，瞭望台上也沒人開槍。他們一直走到要塞腳下，也沒被守軍發現。守軍的哨兵可能已經被一發火繩槍子彈擊斃，靜靜地趴在胸牆上，「看上去好像還活著」[2]。他的戰友（僅有四十人）以為他還在站崗。但也有人說，三角堡守軍是一群膽小鬼，已經躲了起來。

工程師們悄悄溜走，把情況報告給了穆斯塔法。一隊近衛軍攜帶雲梯匍匐前進，偷偷地爬過胸牆。他們大吼著衝進了三角堡，將遇見的第一批敵人打倒在地。其餘守軍拔腿就跑，倉皇之間居然沒有拉起通往主堡的吊橋。一小群騎士堅定地衝殺出來，才阻止土耳其近衛軍殺進聖艾爾摩堡。守軍發起了一次勇猛的反擊，想把入侵者趕出三角堡；有兩、三次，反擊眼看就要成功，但更多的土耳其士兵如潮水般地湧過壕溝，守軍不得不撤退。土耳其人如閃電般迅速地鞏固了在三角堡的陣地，搬進成麻袋的羊毛、泥土和木柴，搭建起一座壁壘，以防備守軍從聖艾爾摩堡內發起反攻。這臨時搭建的防禦工事上飄起了土耳其旗幟，這是軍事占領的關鍵標識。但這只是隨後激戰的序曲而已。土耳其士兵們在壕溝內抵著牆壁豎起了雲梯，發動臨時組織的猛烈攻擊，希望能夠藉此衝進聖艾爾摩堡。他們自認為必勝無疑，但這樣的衝鋒簡直是自殺。守軍向他們沒有防護的腦袋投擲石塊、潑下滾油。戰鬥的嘈雜聲震耳欲聾。按照基督教史學家的說法，「大砲和火繩槍不停地轟鳴，人們發出毛骨悚然的慘叫，濃煙滾滾、大火熊熊，似乎整個世界都要爆炸」[3]。在五個小時的血戰之後，土耳其人被迫後撤，在壕溝裡丟下了五百名精兵的屍體。守軍聲稱自己只損失了六十名士兵和二十名騎士，其中包括法國騎士拉．加登普（La Gardampe），他身負重傷，爬進要塞教堂，死在了祭壇腳下。鄂圖曼軍隊雖然傷亡慘重，但控制住了三角堡。

守軍幾乎旋即就感受到了丟失三角堡的嚴重後果。土耳其人發瘋地猛幹，拚命鞏固自己在三角堡的陣地，用灌滿泥土的羊皮袋子堆起平台，直到它與城牆齊高。他們在離聖艾爾摩堡僅有幾碼的地方建立了攻擊陣地；他們很快就能用兩門繳獲的火砲轟擊聖艾爾摩堡的心臟地帶。在下方的壕溝裡，土耳其士兵可以一直走到城牆基部，而不必擔心遭到襲擊。

到了六月四日黎明，土耳其人還在加固三角堡的時候，人們看到一艘小船在接近聖艾爾摩堡下方的多石海岬；壁壘上的哨兵們提高警覺，準備射擊，這時黑暗中響起一聲叫喊：「薩爾瓦戈！」那是西班牙騎士拉斐爾．薩爾瓦戈（Raffael Salvago）。一艘從西西里來的槳帆船把他送來，溜過了港口周圍的土耳其封鎖線，帶來了唐．賈西亞的口信。和薩爾瓦戈一起來的還有一位經驗豐富的米蘭達（Miranda）上尉。兩人爬上岸，在黑暗中簡略地查看了一下要塞的情況，然後爬回船上。此時聖艾爾摩堡和比爾古之間的航道已經受到狙擊手的威脅。船隻已經不能在大白天往返；甚至夜間航行也險象環生。他們靜悄悄地划船時，突然遭到一輪齊射，一名船員被打死。

拉．瓦萊特聽薩爾瓦戈報告時，陷入了陰鬱的沉默。如此粗心大意地丟失三角堡，著實是沉重的打擊。西西里來的消息也讓人提不起勁來——唐．賈西亞正在努力集結兵力，但估計要到六月二十日才能派出援軍。問題是，聖艾爾摩堡還能撐多久？米蘭達第二次被派往聖艾爾摩堡，對那裡的防禦工事和守軍士氣做更細緻的評估。他的第二次報告是斬釘截鐵的：「如果土耳其人堅持進攻，聖艾爾摩堡是守不了多久的，因為守軍的火砲缺少迴旋的空間，效力很差。而且，守軍背後沒有任何據點，無路可退。」[4]但拉．瓦萊特仍想試試。他派了另外幾人專門去研究奪回三角堡的可行性，但得出的結論是相同的：「沒有任何辦法可以收復三角堡；應當盡其所能，鞏固現有的防禦。」[5]從此刻起，岌岌可危的聖艾爾摩堡的每一分鐘都是靠外界的輸血死撐下來的。每天夜裡，援兵和物資都被偷偷運過海灣，躲過敵人的砲火，讓聖艾爾摩堡得以苟延殘喘下去。

✫

在三角堡陷落之後，拉．瓦萊特拚命維持聖艾爾摩堡的士氣。於是，他任命米蘭達為聖艾爾摩堡的實際指揮官。這位西班牙戰士不是貴族騎士，但經驗豐富、講求實際，是個理解士兵疾苦的前線指揮官。宗教的慰藉不能加強士兵們的鬥志，看得見、摸得著的獎賞卻能起到這樣的效果。米蘭達請求給他金錢，「因為士兵們最喜歡的就是錢」[6]，以及成桶的葡萄酒。他向士兵們發放了軍餉，並在操練場周圍有遮蔽的拱廊設立了賭桌和吧台。在短期內，這些刺激手段是有效的。

但土耳其人感到最後攤牌的時刻快到了。他們一刻不停地把三角堡加高，以便俯射聖艾爾摩堡，並向城堡內部猛烈射擊。士兵們拚命苦幹，用木柴、泥土和成捆的木料去填充壕溝。與此同時，部分槳帆船的桅杆被拆下並拖到前線，改裝成木橋，然後搭在壕溝上和鄰近三角堡的地方，在那裡作業的工兵可以得到火繩槍兵的保護。任何膽敢從胸牆上露頭的守軍都會被當場擊倒。工兵們還在另一段城牆修建了第二座橋。但架橋的工作激起了守軍的猛烈攻擊，他們衝殺出來，企圖燒毀第一座橋，但只取得了部分成功，「到晚禱時土耳其人就把橋修復了」[7]。架橋工作繼續進行，鄂圖曼人建起了一座寬度可容五個人並肩行進的堤道，上面鋪了一層泥土，以抵禦火攻。蹲在胸牆下的守軍完全無法阻止土耳其人的這項工程；整座城堡都可能遭到火力攻擊，因此「聖艾爾摩堡沒有一個地方是安全的」[8]。守軍感到了絕望的處境，而且敵人很可能發動新的襲擊，守軍的士氣再次衰落下去。

聖艾爾摩堡的全體守軍，包括聖約翰騎士團的騎士們和米蘭達上尉，都同意派遣另外一名軍官梅德拉諾前往比爾古，向拉·瓦萊特和他的議事會闡明戰局。這是他們一致的回應。梅德拉諾宣稱城堡無論如何守不下去了，「因為他們的防禦工事已經被夷平，敵人的橋梁很快就要完工，而且由於三角堡高於整座城堡，土耳其人能夠居高臨下地轟擊他們，根本無法防衛」[9]。拉·瓦萊特不知用什麼手段說服了這個憂心忡忡的西班牙人，讓他返回城堡，帶回了含糊其辭的撫慰話語，但城堡守軍仍愈來愈恐慌。土耳其人繼續架橋，同時城牆根部鶴嘴鎬的敲擊聲讓守軍相信，敵人準備布設地雷。同時，砲擊繼續進行，日夜不停，「他們似乎想把城堡化為齏粉」[10]。很顯然，敵人的總攻近在眼前。六月八日，比爾古的議事會收到了一封信：聖艾爾摩堡的末日快到了，守軍估計自己隨時都可能被炸上天；他們已經撤進了城堡中心的教堂，寧願猛衝出去，死個痛快。這封信上有五十名騎士的連署簽名。

拉．瓦萊特的答覆仍然是：堅守下去，為主力部隊爭取時間。他派了另外三名騎士到對岸。他們抵達時發現城堡內鬧成一團。守軍的神經已經崩潰。有人做了倉皇的準備，打算放棄城堡；砲彈和掘壕工具被丟進了水井；有人已經做了爆破準備，計劃從城堡內部將其完全炸毀。拉．瓦萊特的三名使節宣稱，聖艾爾摩堡仍然可以繼續守下去，它是建在堅固的岩石上的，地雷奈何不了它。守軍聽到這話，不禁火冒三丈。操練場上發生了譁變。他們嘲諷使節，要他們演示一下，究竟怎樣才守得下去。士兵們緊閉大門，將使節扣押在城堡內。直到有人回復理智，敲響了警鐘，士兵們才回到各自的崗位，三名使節這才溜走並返回對岸。在比爾古，議事會討論了此事；有叛變情緒的守軍很快派了一個人游泳到比爾古，重申了他們的恐懼。在祕密閉門會議上，議事會也躊躇不決，不知如何是好；有人主張撤出聖艾爾摩堡的守軍，以挽救士兵的生命；也有人堅持死守。但事實上他們已經沒有選擇；現在港灣已經處於鄂圖曼帝國大砲的監控下，根本不可能安全地撤出這麼多人。我們必須說服守軍，讓他們死守下去，為其他人爭取時間。

透過威逼利誘雙管齊下，終於平息了兵變。唐．康斯坦丁諾（Don Constantino），騎士團的使節之一，主動提出召集志願者參加聖艾爾摩堡的防禦。在比爾古的廣場上，鼓聲召集新兵集合到軍旗下。然後議事會冷靜地告知譁變的士兵，他們如果想回來也可以，因為「每回來一個人，就有四個人懇求著要取代他在聖艾爾摩堡的位置」[11]。同時拉．瓦萊特寫信給在城堡內的騎士們，提醒他們曾經向基督和騎士團發下的誓言。梅爾希奧．德．蒙塞拉特（Melchior de Monserrat）被任命為聖艾爾摩堡的新指揮官；官兵們鬥志高漲；兩個改宗基督教的猶太人自願參戰，這讓基督徒們刮目相看。激情澎湃的布道師埃博利的羅伯特也來到了聖艾爾摩堡。米蘭達上尉用「軍人能夠理解的話語」，為士兵們來場激動人心的演說，督促他們「英勇作戰，在死前盡可能地多殺些野蠻人」[12]。聖艾爾摩堡派出了第二個游泳的信使，宣布「守軍異口同聲，不願離開城堡，但必須給他們援軍和彈藥；他們全都願意在聖艾爾摩堡戰鬥到死」[13]。夜間的增援和物資運輸仍持續著；一百名士兵渡過海灣來到聖艾爾摩堡，還帶來了大量旗幟，插在城牆上，以便為敵人帶來守軍得到大量援兵的假象。沒人再嘀咕說要撤退了。

在爭奪小小的聖艾爾摩堡的一天天激戰中，雙方動用了火藥時代正在演進中的各種武器。土耳其人肯定擁有各種武器，而且也使用了致命的弓箭手，但迴盪在遭到猛烈攻擊的城堡周圍的爆炸聲，讓人有世界末日的大決戰已經爆發之感。在遠距離上，這是一場狙擊手和大砲的戰鬥；神槍手可以一槍斃敵，鐵砲彈能讓人開膛破肚，但在爭奪城牆的近距離戰鬥中，雙方還使用了一系列巧妙的小型燃燒武器。基督徒擁有原始的手榴彈和火焰噴射器——罐裝的「希臘火」①和成桶的瀝青，以及可旋轉的大砲和重型火繩槍，它們能夠發射鴿子蛋那麼大的石彈，以及用來屠殺以密集隊形衝鋒的大隊敵人的鏈彈。土耳其人則以牙還牙，使用了爆裂炸彈，向身著重甲的守軍拋擲火焰。這些武器都很粗糙，還在實驗階段，而且非常不穩定。使用這些武器的風險是很大的；在記述這場攻防戰的文獻中，經常有使用燃燒武器的人被自己炸死的記載：成桶的火藥可能會爆

① 希臘火是最早為拜占庭帝國使用的一種可以在水上燃燒的液態燃燒劑，為早期熱兵器，主要應用於海戰中。希臘火多次為拜占庭帝國的軍事勝利做出巨大貢獻，一些學者和史學家認為它是拜占庭帝國能持續千年之久的原因之一。希臘火的配方現已失傳，其成分至今仍是一個謎團，但一般認為是以石油為基礎。

F
G
B
L
V
C
D
K
H
T
S

圖19　進攻聖艾爾摩堡（圖中的E）；希伯拉斯山（Y）；穆斯塔法帕夏的帳篷，位於左下（Q）；圖爾古特的砲台（O）；森格萊阿（D）；比爾古（B）；聖米迦勒的堡壘（A）。

炸；手榴彈在投出之前可能會引爆周圍的彈藥；常有人被己方的武器燒死或者燒殘。但這些武器在起作用時，效果卻是毀滅性的。

在這個燃燒武器的試驗場上，基督徒們決定實驗一種新裝置。六月十日，拉．瓦萊特送去了一些火圈，這種新武器據說是騎士拉蒙．福爾廷（Ramon Fortuyn）發明的。「這種武器包含箍桶用的鐵圈，上面覆蓋用來填塞船縫的粗麻屑，然後在滾燙的焦油大鍋裡浸透。最後再鋪一層粗麻屑，再次放到焦油裡浸泡。這個過程要重複多次，直到它們有人腿那麼粗。」[14]使用方法是將它們拋過胸牆，投向以密集隊形衝鋒的大隊敵人。

這種新武器很快就被應用在實戰。一天，土耳其人再次發動了猛攻；身著寬鬆長袍的近衛軍如潮水般地湧過橋梁，將雲梯靠在城牆上。土耳其士兵跌跌撞撞地向前衝鋒時，城牆上的守軍用火炬點燃了鐵圈，然後用火鉗夾著它們，伸過胸牆，拋擲出去，火圈在斜坡上蹦跳、旋轉著滾下，如同瘋狂的火環。它的殺傷效果是驚人的。巨大的火圈能夠同時席捲兩、三名士兵的衣服；被火焰吞噬的人變成了一團火球，轉過身奔向大海，長袍和頭巾都著火，留下身後一片恐懼和大火。火圈在精神上的威懾力是巨大的。近衛軍撤退了，但只是暫時的。穆斯塔法決心拿下聖艾爾摩堡。天黑之後，土耳其軍隊再次發起進攻。整片夜空被大砲的火光和火攻武器（火圈、火焰噴射器和傾盆大雨般潑向城牆下的希臘火）的焰光照得通亮。穆斯林士兵投擲爆裂的手榴彈做為反擊，這些手榴彈在胸牆上爆炸，以一種令人難以置信的可怕亮光照亮了守軍的身形。戰場亮如白晝；從對岸看，聖艾爾摩堡簡直像座噴發的火山。比爾古的砲手們不需要火炬照明也可以準備砲火，用交叉火力擾亂土耳其人的攻勢。慘叫聲、呼喊聲、爆炸聲和刺眼的火光讓大團長堅信，聖艾爾摩堡已經陷落。但它還是守住了。土耳其人再次撤退。

現在已是拂曉，太陽正冉冉升起。守軍筋疲力竭，只是死撐著才能站住腳，穆斯塔法也知道這一點。他下令再發動一次新的猛攻。生力軍攜帶著繩索和抓鉤湧向前線，將抓鉤拋擲到守軍藉以抵禦火槍射擊的臨時工事（用成桶的泥土在胸牆上搭建而成）上。土耳其士兵利用抓鉤和繩索爬上了城牆，在城牆頂端建立了一個陣地，插上了自己的軍旗。稜堡的指揮官馬斯上校感到了危險，用一門輕砲把城牆上的近衛軍給轟了下去，一聲巨響，「他們墜落到壕溝裡，令其他人毛骨悚然」[15]。進攻失敗了。損失慘重的土耳其人不得不撤退。戰場上一片死寂。穆斯林花了一整天時間收集己方死者的屍體，將他們埋葬在集體墓穴裡。但守軍也難以承受兵員損失的速度。拉．瓦萊特又送去了一百五十名援軍、彈藥和用來搭建工事的「籃子、床墊和繞成團的繩索」[16]。鄂圖曼人原先預計四天就能攻克聖艾爾摩堡，但現在已經是第十四天了。

戰事不利的壞消息開始從鄂圖曼軍營傳出來。從土耳其軍隊逃脫的基督徒和被守軍俘虜的土耳其人，向拉．瓦萊特和比爾古的議事會透露了一些關於聖艾爾摩堡鼓舞人心的消息。土耳其人在前一夜的損失是非常慘重的，多名久經戰陣的老兵也血灑戰場。土耳其軍營內爆發了疫病，還有很多傷患奄奄一息；開始實行糧食配給制，每名工人每天只能領到十盎司的餅乾。幾位帕夏和近衛軍之間關係不好：「幾位帕夏指責近衛軍平日自誇為『蘇丹之子』，還有其他很多自吹自擂的狂言，但卻沒有鬥志攻克一座微不足道、守備殘破的城堡，儘管已經架好了一座橋。」[17]與此同時，穆斯塔法和皮雅利之間、陸軍和海軍之間激烈的競爭氣氛進一步影響了士氣。有兩股力量鞭策著穆斯塔法繼續進攻：一是對戰敗蒙羞的恐懼，二是對榮耀的渴望。帕夏們還得到消息，唐．賈西亞正在西西里集結船隻和軍隊。皮雅利每天都派遣一支槳帆船艦隊在馬爾他海峽巡邏。

聖艾爾摩堡守軍的士氣雖然有所恢復，但也絕對談不上鬥志昂揚。六月十三日，穆斯塔法獲悉一條鼓舞人心的情報，似乎最終能解決他的難題。一名無疑是認為城堡死期將至的義大利士兵，溜過了城牆，來到了鄂圖曼軍營。他建議穆斯塔法繼續加高三角堡，以阻止城堡周圍的任何兵力調動，並切斷從比爾古來的補給線；然後再來一次最終襲擊，就能徹底消滅殘存的守軍。第二天，守軍聽到有人用義大利語向他們喊話。穆斯塔法勸守軍投降，「以自己的腦袋擔保」[18]，願意保證他們的安全，允許他們離開城堡後去任何地方；反之就只有無比殘酷的死亡。勸降得到的回覆是一輪火繩槍齊射和一連串的旋轉火圈。守軍已經決心死戰到底。他們準備好迎接最後一輪攻勢。

穆斯塔法開始準備（他希望的）最後一輪攻勢，運用的是屢試不爽的鄂圖曼帝國戰術：日夜不停的持續砲擊、小規模突襲、局部地區的進攻和不計其數的佯攻（目的是讓守軍得不到任何睡眠，以致筋疲力竭），然後才發動最後主攻。工人們一刻不停地苦幹，努力用泥土和成捆的木柴將壕溝填平，同時火繩槍兵轟擊著胸牆。守軍盡可能地阻撓敵人的行動。他們將壕溝內的木柴點燃，還擊斃了衣著華麗的近衛軍阿迦（aga）②，這大大地震動了鄂圖曼軍營。六月十五日晚上，月光皎潔，土耳其軍隊又發起一場猛烈的彈幕轟擊。然後是一片沉寂。

✯

六月十六日黎明前，一個聲音打破了沉寂。毛拉（mullah）③們召喚信眾做晨禱；兩個小時內，毛拉們大聲誦經，信徒們以有規律、音量漸強的聲音做出回應，做好拚死戰鬥、犧牲自己的精神準備。守軍蹲在臨時搭建的壁壘後面，聆聽這詭異的吟唱聲在遠方的黑暗中此起彼落。拉·瓦萊特此前派去了一批新的援兵，此時守軍們雖然十分疲憊，但依舊秩序井然。每個人都有自己的職責和崗位。他們分成若干個三人小組，每組包括一名火繩槍兵和兩名長槍兵。此外有專人負責將死屍拖走，還有三支機動隊伍，負責援助任何危急地段。他們堆積了大量的火攻武器、石塊和很多浸透葡萄酒的麵包。胸牆後準備好了大桶的水，被黏著性燃燒武器燒著的人可以跳進桶內，挽救自己。

太陽升起時，土耳其人開始了新一輪試探性的彈幕射擊，砲火之猛，「大地和空氣都為之顫抖」[19]。隨後穆斯塔法發出訊號，命令部隊以一個龐大的新月隊形前進。蘇萊曼的皇旗被展開；一支長矛上挑起了一具頭巾；戰線的另一端發出了一縷黑煙，做為回應。五花八門、令人眼花撩亂的各式旗幟和盾牌開始蜂擁前進，「上面畫有非常新奇的圖案；有的畫著形形色色的鳥類，有的畫著蠍子和阿拉伯文字」[20]。在隊伍的最前沿，身披豹皮、頭戴飾有鷹羽帽子的士兵們瘋狂地衝向城牆，以漸強的聲音呼喊著阿拉的諸多尊名。在城垛上，基督徒們也呼喊著基督教人物的名字：耶穌、瑪利亞、聖米迦勒、聖雅各和聖喬治（Saint George）——「每個人呼喊自己最熱愛的

---

② 阿迦是鄂圖曼帝國某些高官或將領的稱號。有人認為，「阿迦」與中國清朝對皇室成員的稱呼「阿哥」有關連性。

③ 毛拉是伊斯蘭教內對學者或宗教領袖的稱號，特別是在中東和印度次大陸。原意為「主人」，在北非也用在國王、蘇丹和貴族的名字前。現稱毛拉者，多為宗教領袖，包括宗教學校的教師、精通伊斯蘭教法的學者、伊瑪目和誦經人。

聖徒的名字」。土耳其人向橋梁猛衝；雲梯靠上城牆，雙方短兵相接。在整條戰線上，大群士兵在進行白刃戰。有的土耳其士兵被從雲梯上拋下，也有人從橋上墜落。在混亂中，有人在向敵人射擊時誤傷了友軍。西風將守軍發射槍砲產生的黑煙吹回到他們臉上，讓他們短時間內看不清周圍狀況。然後，堆在一起的易燃易爆武器被點燃，很多人被活活燒死。

在比爾古，觀看這場鏖戰的人們「肝膽俱裂，不知如何援助友軍脫離這巨大危險」[21]。戰鬥的一些細節令人刻骨銘心。巴爾比瞥見一名士兵的身形被地平線映襯著，「手裡拿著一具火焰噴射器，好像著了魔一般地拚死戰鬥」[22]。他們還能看見一小群衣衫鮮豔的土耳其人以密集隊形向前衝殺。由於陸、海軍之間的競爭，有三十名領頭的槳帆船船長發誓「要嘛殺進城堡，要嘛同赴黃泉」[23]。他們藉助雲梯爬上了聖艾爾摩堡後方的「騎士塔」。拉・瓦萊特命令位於聖安傑洛堡的砲手瞄準入侵者。不料砲火沒有命中，卻殺死了八名守軍。「騎士塔」的剩餘守軍沉著地引導對岸的砲手重新校正瞄準。第二輪砲彈落在一群敵人當中，殺死了二十人。「其他人則被燒死、砍死，屍體被拋了下去，沒有一個人能夠逃走。」[24]巴爾比如此記載道。守軍可以很清楚地看到身穿華麗長袍的穆斯塔法和圖爾古特在敦促部下繼續衝鋒，但對「騎士塔」的猛攻失敗了。火圈在鄂圖曼帝國隊伍中肆虐，「敵人頭上似乎戴了烈火的冠冕，身體也完全被火焰籠罩」[25]。有人被從城牆頂端重重推下；壕溝開始被死屍填平；插在胸牆上的鮮豔的鄂圖曼帝國旗幟被撕下。梅德拉諾上尉奪走了一面敵人的旗幟；一眨眼功夫，他頭部中彈，但敵人插在城頭的兩面具有象徵意義的大旗都被撕爛了。蘇丹的皇旗也被奪走。米蘭達負了傷，但仍然坐在一把椅子上，讓人把他抬到了胸牆旁。他手裡一直緊握著寶劍。七個小時的血戰之後，攻方開始退縮。土耳其人撤退了。勝利的呼聲飄過了海灣：「勝利！基督的信仰勝利了！」[26]筋疲力竭的守軍贏得了這場戰鬥的勝利。他們看著敵人撤退，累得幾乎站不住腳。雖然取得了勝利，但代價很慘重——一百五十人戰死，相當於全部守軍的三分之一。有人用義大利語對他們的勝利歡呼做了最後的反駁：「閉嘴！你們今天沒完蛋，明天也會完蛋！」[27]

煽動土耳其人發動此次猛攻的那個義大利叛徒雖然逃走了，但也沒有好下場。幾天後，姆迪納的馬爾他平民抓住了這個身穿土耳其服裝的叛徒，把他綁在馬尾上拖行。一群兒童用棍棒將他活活打死。戰爭變得日益醜惡。

第十一章　最後的求援者

一五六五年六月十七日至六月二十三日

六月十七日，遭受了沉重打擊的土耳其將領們在穆斯塔法的營帳召開會議，再一次研討聖艾爾摩堡的棘手問題。圖爾古特又一次指出了鄂圖曼軍隊在整個行動中的盲點：未能切斷聖艾爾摩堡與比爾古之間的海上補給線，因此聖艾爾摩堡能夠不斷得到補給。土耳其人開始在岸邊挖掘一條新塹壕，一直通到聖艾爾摩堡腳下，從比爾古來的船隻平常停靠的地方。同時他們還加強了對「騎士塔」的轟擊力度。在這番行動之後，聖艾爾摩堡的末日肯定不遠了。據說大團長聽到這個消息時感謝了上帝，因為土耳其人直到現在才想到要切斷聖艾爾摩堡的生命線。十二名騎士自願增援聖艾爾摩堡，但拉·瓦萊特沒有批准。在必敗無疑的戰鬥中損失更多兵力是毫無意義的。他派出了兩艘船，分別給唐·賈西亞和教宗送去了絕望的求援信。其中一艘船被敵人俘虜，但令穆斯塔法暴跳如雷的是，這封信是用密碼寫成的，他軍中沒有一個叛教的前基督徒能夠破解密碼。在比爾古和森格萊阿，騎士團繼續加強防禦工事。

次日出現了一個短暫的喜悅時刻。但具體是怎麼回事，各方說法不一。當時，鄂圖曼帝國的將領們在海邊的塹壕內視察一個砲台。最有可能的情況是，那門大砲射角太高，因此圖爾古特下令將砲口降低。但還是太高，於是他下令再調低一點。第三次試射又太低了，砲彈沒有飛出塹壕，而是打在了塹壕壁上。石彈碎片在砲台上四下橫飛。一枚碎片擊中了圖爾古特耳朵下面的部位。另一枚碎片擊中了陸軍後勤總管索利．阿迦（Soli *Aga*），導致他當場斃命。圖爾古特的頭巾起到了一定防護作用，他受了重傷，倒在地上。老海盜躺在那裡，說不出話來，舌頭拖出嘴角，鮮血從頭部噴湧而出。穆斯塔法在一片混亂中沉著冷靜地命人蓋住圖爾古特的身體，將他祕密地抬進他自己的營帳，免得影響官兵的士氣。但消息還是很快洩露了出去。不久就有變節者將這起事故傳到了比爾古。圖爾古特奄奄一息、昏迷不醒。

土耳其人步步進逼。第二天，有一座稜堡遭到了極其猛烈的砲擊，被炸出了一個很大的缺口，足以讓士兵們輕鬆地登梯上牆。守軍幾乎沒有辦法修理破損的工事。他們如果衝出城堡去收集修理工事所需的泥土，就一定會被擊斃。於是他們只能用毛毯和舊船帆盡可能地堵住缺口，蹲在胸牆下。當夜，一次巨大的爆炸撼動了整個港灣；比爾古的一座火藥作坊發生了事故。土耳其士兵們歡呼起來。為了打擊敵人的熱情，拉．瓦萊特向對岸開了十幾砲，但這消息對聖艾爾摩堡守軍來說卻是糟糕透頂。六月二十日，鄂圖曼人警戒港口的新砲台建成了。基督徒船隻甚至在夜間也無法於港灣航行了。十九日，一艘船做了最後的嘗試；它很快就被敵人發現；在前往聖艾爾摩堡的途中，有一名船員被敵人的砲彈打掉了腦袋；返航時又有一人被火繩槍擊斃。米蘭達送來了最後的消息：再派更多人到聖艾爾摩堡送死是不人道的。從此刻起，只有馬爾他人能夠在夜間游泳往來。拉．瓦萊特勉強同意，目前已經沒有任何辦法。

✯

六月二十一日是基督聖體聖血節，基督教日曆中的一個重要節日。「我們堅持盡可能隆重和虔誠地慶祝了這個偉大而高貴的節日，」[1]巴爾比在日記中記述了當時在比爾古慶祝節日的情形。他們舉辦了遊行（大團長親自參加），但為了躲避對岸敵人的砲火，遊行路線必須精挑細選。聖艾爾摩堡守軍已經奄奄一息。現在有十幾名最精銳的土耳其狙擊手已經占據了「騎士塔」一側的高處，可以從那裡向城堡的心臟射擊。甚至操練場也處在敵人火力之下。但守軍仍然不斷嘗試將填充在壕溝內的柴禾點燃；義大利人佩德羅・德・福爾利（Pedro de Forli）在自己背上捆了一具火焰噴射器，用繩索墜下城，企圖摧毀威脅極大的橋梁。他沒能將橋梁燒毀，因為橋面上覆蓋著厚厚一層泥土；他有沒有安全返回城堡內，我們不得而知。砲擊仍然持續。鄂圖曼軍隊的大砲徹夜猛烈攻擊殘破不堪的城牆；不時的佯攻讓疲憊的守軍不得不在黑暗中睜大眼睛。現在他們在胸牆下只能四肢貼地爬行，根本無法離開自己的崗位。教士們不得不帶著聖餐爬到前線士兵身邊。

六月二十二日黎明，穆斯塔法決定一鼓作氣拿下城堡。他首先確認已經將聖艾爾摩堡包圍得水泄不通；皮雅利將他的槳帆船群調到附近，從海上轟擊城堡。擠滿火繩槍兵的小船把守著城堡與對岸的比爾古之間的航道。近衛軍再一次衝過橋梁；城堡周圍一圈都遭到猛攻，數千人將雲梯靠上城牆。胸牆上爆發了白刃戰，穆斯林試圖插上他們的旗幟，基督徒則向毫無防護的敵人腦袋上投擲石塊和火罐。「騎士塔」上的狙擊手從背後襲擊守軍，身著顯眼盔甲的騎士們被輕鬆地打倒在地。城堡指揮官蒙塞拉特的腦袋被一發砲彈打飛。根據賈科莫・博西奧的說法，當時「赤日炎炎」[2]。頭戴鋼盔、身披板甲的基督徒汗流浹背，但仍然一刻不停地拚殺。比爾古的人們戰戰兢兢又頭腦混亂地觀看這場廝殺。他們聽得見慘叫聲和大砲的轟鳴聲，看得見厄運當頭的城堡「籠罩在熊熊大火中」[3]。在六個小時的混戰之後，對岸傳來了義大利語和西班牙語的呼喊聲：「勝利！勝利！」[4]進攻停滯了。土耳其人不得不撤退。聖艾爾摩堡巋然不動。

在午後陽光的炙烤下，倖存者在一片瓦礫的城堡內爬行著。很多指揮官都已經陣亡。其他人如艾格拉斯（Eguerras）、米蘭達、馬斯則身負重傷，無法站立。胸牆上、操練場上死屍滿地。現在已經無法安葬死者，甚至根本無法挪動屍體。城牆被打出多個缺口；沒有任何建材可用來修補城牆。在令人無法忍受的烈日曝曬下，蒼蠅肆意飛舞，到處瀰漫著石粉、火藥的刺鼻氣味和死屍的惡臭。這是馬爾他攻防戰的第二十六天。

還有力氣站立的守軍聚集在小教堂內。按照史官的說法，「大家眾志成城，決心在這裡為人生旅途畫上句號」[5]。他們決定做最後一次求援的努力。一名游泳健將溜進海裡，最後一艘船也被派出。這艘船遭到了十二艘土耳其駁船的攻擊，但還是抵達了對岸。船和游泳的信使帶來的是同一條消息：守軍已經只剩最後一口氣；活人已經所剩無幾，其中大多數都負了傷；燃燒武器已經用盡，火藥瀕臨告罄。他們毫無得到增援的希望。

拉・瓦萊特面色陰沉地聽著這些話語。他命令這些人死戰到底，如今最後的時刻已經差不多降臨了。「只有上帝知道，大團長此刻的感受是什麼。」[6]巴爾比在日記中寫道。拉・瓦萊特拒絕了所有派出援兵的請求；那樣做只是白白浪費珍貴的資源。但他最後軟了心腸，同意派遣一支小艦隊，試著突破敵人的海上封鎖線，向城堡輸送物資。五位船長，包括羅姆加，在夜色掩護下啟航了。這次嘗試是徒勞的；他們遭到岸上的砲火襲擊，很快又撞上了潛伏在一側的皮雅利的八十艘槳帆船。

聖艾爾摩堡守軍目睹救援的嘗試以失敗告終，於是「決心為耶穌基督的大業慷慨赴死」。他們沒辦法離開自己的崗位，於是「他們就像死期將至的人一樣，互相懺悔，哀求我主憐憫他們的靈魂」[7]。為了防止教會聖器遭到敵人的褻瀆，教士們將它們埋在了小教堂地下。掛毯、聖像和木製家具則被搬到室外燒毀。鄂圖曼軍隊的大砲持續轟擊著城堡。拉．瓦萊特從他的窗台看了一整夜；在大砲火光的映照下，城堡可以看得一清二楚。

六月二十三日是星期六。巴爾比在日記中寫道：「今天是施洗者聖約翰（騎士團的同名聖徒與佑護者）節日的前夕，土耳其人在黎明發動了最後一次進攻。」[8]皮雅利的戰船逼近了遭到猛烈轟擊的城堡，船首砲指向目標，開始砲擊。陸軍部隊雲集在城牆前。城堡守軍只剩七十或一百個活人。他們全都筋疲力竭，很多人還負了傷。他們翻揀死去戰友的屍體，尋找最後一點點火藥來裝填他們的火繩槍。米蘭達和艾格拉斯無法站立，只能坐在椅子上，手裡拿著劍。他們堅守陣線達四個小時。大約上午十點，土耳其人的進攻明顯停滯了。近衛軍和乘騎步兵們再次排好隊形進攻時，城堡內無人開槍還擊。守軍的火藥已經耗盡。廣場上和城牆下躺著六百具死屍。倖存的守軍緊握刀劍和長槍，堅守崗位，但火繩槍兵們已經不再隱蔽了。幾百名土耳其士兵感受到守軍的抵抗已經瓦解，潮水般地湧過橋梁，翻過胸牆，一路沒有受到任何抵抗，見人就殺。戰船上的人也開始登陸。米蘭達和艾格拉斯被打死在他們的椅子上。還能跑得動的守軍撤往廣場，在那裡做最後抵抗。有人試圖敲鼓，與敵人談判，但為時已晚。前幾週徒勞無益的進攻帶來的巨大恥辱令穆斯塔法火冒三丈，於是他下令將守軍斬盡殺絕。凡是砍下守軍頭顱的士兵都可以得到重賞。近衛軍彙集到廣場上，高呼著：「殺！殺！殺！」[9]有些遭到圍困的守軍逃向教堂，希望敵人會對此有所顧忌，能夠饒他們一命，並接受他們的投降，「但他們很快看到，土耳其人正無情地屠殺已經投降的人，於是他們衝到廣場中央，死戰到底，盡可能多殺敵人」[10]。

比爾古的人們最後看了幾眼垂死掙扎的聖艾爾摩堡——「騎士塔」殘破的頂端有一個孤獨的身影在揮舞著一把雙手劍；義大利騎士法蘭切斯科．蘭弗雷杜齊（Francesco Lanfreducci）按照預先約定點燃了宣告城堡即將陷落的烽火；隨後「騎士塔」上的旗幟被扯下，鄂圖曼帝國的旗幟被升起，「令比爾古守軍魂飛魄散」[11]。

聖艾爾摩堡攻防戰最後的可怕一幕在操練場上演。在穆斯塔法的警惕注視下，一些遭俘的守軍被帶到城牆下，站成一排，做為土耳其士兵射箭練習的活靶子，他們很快就被射死；逃進教堂的傷患全部被殺死在教堂內；騎士們更是極端仇恨的目標。他們被頭朝下地吊在拱形迴廊的鐵環上，腦袋被打裂，胸膛被撕開，心臟被挖出。多次蒙受戰敗羞恥的近衛軍開始瘋狂報復、大開殺戒。幾名倖存的西班牙和義大利職業軍人跪在地上，喊叫著說他們不是騎士，哀求對方「看在你們的真主的面上」[12]，饒他們的性命。哀求是徒勞的。一個不幸的人看到土耳其人瘋狂屠殺的場面，躲進了一個箱子裡。兩名變節者發現了這個沉重的箱子，以為裡面有什麼金銀財寶，於是將它扛走，卻在半路上被穆斯塔法攔下。他下令將箱子打開。躲在箱內的人目瞪口呆，被拉出來打死。守軍一個活口也沒留下。

最後的障礙已經被剷除，於是皮雅利艦隊的大隊船隻旌旗飄揚、砲聲隆隆地駛進了馬薩姆謝特港。船隻安全地停在港內，水手們可以仰望聖艾爾摩堡城牆上迎風招展的鄂圖曼帝國旗幟。

穆斯塔法想要將聖艾爾摩堡的守軍斬盡殺絕，但他做不到這一點。有些守軍從城堡逃向海邊，沒有被急於報復的鄂圖曼陸軍抓住，而是向圖爾古特的海盜們舉手投降。他們被做為可以換來贖金的戰利品運走了。其中有些人，包括義大利騎士法蘭切斯科·蘭弗雷杜齊，在多年後會再次現身，就像從陰間復活一樣。另有四或五名馬爾他人不受盔甲的妨礙，溜出了城門，逃到面向比爾古的海邊，藏在岸邊的洞穴內。天黑之後，他們藉著夜色掩護溜進大海，悄無聲息地游到了對岸的比爾古，將他們親眼目睹、親身經歷的事件向大家報告。

✯

比爾古的人們被這第一手報告給震驚了，且在次日就得到了印證。聖艾爾摩堡主要指揮官的頭顱被插在槍尖上，展示在港口前。然後穆斯塔法下令將一些騎士和一名馬爾他教士的屍體——「有些殘缺不全，有些沒了頭、有些被開膛破肚」[13]——穿上了顯眼的紅、白兩色罩袍，釘在木製十字架上，戲仿耶穌受難的景象。隨後屍體被丟到聖艾爾摩堡一角的海裡，被潮水沖到了對岸的比爾古。

土耳其人這樣做是想恐嚇比爾古居民，削弱他們繼續抵抗的鬥志。但這些暴行起到了相反的效果。拉·瓦萊特決心不退縮一步，絕不讓敵人輕易得逞。他向城內居民發表了激盪人心的演說，並禁止在公共場合表現出哀慟。他還下令將屍體厚葬。騎士團主保聖人聖約翰的瞻禮日禮拜照常舉行。大團長計劃即刻對敵人進行報復。所有土耳其俘虜都被押出地牢，在城牆上處決。他還派遣一名信使到姆迪納，通知那裡的指揮官處死所有俘虜，但要緩慢地進行，一天殺一個，每天都要殺。當天晚些時候，聖安傑洛堡的大砲開始轟鳴。但它們射出的不是砲彈而是人頭，人頭如雨點般地落向對岸的鄂圖曼帝國營地。羅得島那樣充滿騎士風度的停戰不會再上演了。

✯

據說，皮雅利走進了聖艾爾摩堡，目睹橫屍遍野的慘景，內心感到無比的憎惡。「為什麼要如此殘酷？」他向穆斯塔法問道。在這場戰爭的幾十年中，這樣的問題不時被大聲道出，或在人們心頭閃現，一次又一次地在地中海世界迴響著。穆斯塔法回答說，這是蘇丹的命令，必須殺死所有成年男子，不允許抓俘虜。他當即派船將捷報和繳獲的戰利品送往伊斯坦堡。威尼斯人得知這個消息後，束手無策，只能以玩世不恭的心態在大街上舉行了慶祝活動。或許是威尼斯官方策劃了這個「群眾自發的歡慶」，好讓鄂圖曼帝國的間諜們以為，威尼斯共和國仍然忠於蘇丹。

聖艾爾摩堡陷落的兩個小時之後，圖爾古特「飲下了烈士的瓊漿玉液，將這個虛榮的世界永遠遺忘」[14]。

第十二章　血債血償

一五六五年六月二十四日至七月十五日

六月二十三日（聖約翰的瞻禮日）下午。比爾古和森格萊阿的守軍從他們的防禦工事裡，陰鬱地望著對岸聖艾爾摩堡殘垣斷壁上飄揚的鄂圖曼帝國旗幟。天黑之後，土耳其軍營燈火通明，歡呼雀躍。「我們萬分悲痛，」法蘭西斯科．巴爾比在日記中嘆息道，「因為這種慶祝不是騎士們為了紀念他們的主保聖人而做的活動。」[1]

但拉．瓦萊特不是唯一一個憂心忡忡的將領。穆斯塔法已經損失了寶貴的時間（整個計畫的關鍵元素）和至少四千人，保守估計也是全軍的六分之一，還包括一大部分精銳的近衛軍。他已經消耗了一萬八千發砲彈。不管事先在伊斯坦堡的籌劃準備是多麼充分，火藥也並非用之不竭。圖爾古特的死是另一個打擊。穆斯塔法命令海盜們將他的遺體運回的黎波里，並帶回所有能找得到的火藥。他還派遣一艘小型划槳船火速趕往伊斯坦堡，帶去了繳獲的要塞大砲，做為戰利品。這一招是很聰明的。他本能地感覺到，長期沒有正面消息已經讓蘇萊曼頗為不悅。他必須將最後的總攻提前。同時，伊斯坦堡的帝國政府內部發生了一場不流血的革命。六月二十七日，首席大臣去世了。接替他的是第二維齊爾——出身波士尼亞的索科盧·穆罕默德（Sokollu Mehmed）帕夏。歷史證明，他將是鄂圖曼帝國最為雄才大略的維齊爾之一，也是一位配得上他的偉大君主的卓越政治家。在隨後的許多年中，為鄂圖曼帝國這艘巨艦掌舵的主要是索科盧。

✯

在比爾古，拉·瓦萊特不得不面對死守聖艾爾摩堡造成的後果。基督徒方面有一千五百人死亡，相當於全部戰鬥人員的大約四分之一，按照比例算，損失比敵人還要嚴重。但這些人的犧牲至少為加強兩個半島的薄弱防禦爭取到了一點時間。拉·瓦萊特在公眾面前總是表現得堅定不移，但他的內心其實已經接近絕望。他將一連串十萬火急的信件送到島中央的姆迪納，然後又從那裡用小船送往外界。他在給腓力二世（在西班牙）的信中寫道：「我已將全部兵力投入聖艾爾摩堡的防禦……我們現在人數不多，守不了多久了。」[2]在給身處西西里的唐·賈西亞的信中，他一再哀求立即派來大規模的救援艦隊，「否則我們必死無疑」[3]。

大團長拉·瓦萊特和穆斯塔法帕夏年輕時都曾在羅得島作戰，雙方都沒有遺忘那場戰役的經驗教訓。鄂圖曼帝國的工程師們對港口進行勘察，標定砲火射角，安置平台，準備砲擊比爾古和森格萊阿——這已成定局，不可避免；與此同時，穆斯塔法決定試試尋找快刀斬亂麻的便捷方法。六月二十九日，「晚禱時分」[4]，一小隊騎兵舉著白旗接近了森格萊阿的城牆。領頭的人身穿色澤豔麗的長袍，他向空中開了一槍，表示希望談判。回應他的是一連串砲火，迫使他敏捷地躲到一塊岩石後。有一個人被推上前，不得不盲目地衝向城牆，希望自己不會被擊斃。這個可憐蟲是個年老的西班牙人，在鄂圖曼帝國做了三十二年奴隸，會說土耳其語。騎士們將他擒獲，蒙上他的眼睛，帶他去見大團長。這人被派來的目的是重述蘇萊曼在四十年前曾經提出的建議：守軍只要投降，就可逃脫必死的命運，「攜帶你們所有人員、財物和火砲」[5]安全地前往西西里。拉．瓦萊特當即「用可怕而嚴厲的聲音」[6]回答道：「把他絞死！」老人戰戰兢兢地跪倒，「說他只是個奴隸，他來勸降也是被迫的」[7]。拉．瓦萊特允許這可憐蟲離去，給諸位帕夏帶去一條口信，他不接待任何使節，下一個使節將丟掉性命。

拉．瓦萊特這麼做，是因為吸取了羅得島的教訓。他明白，造成一五二二年結局的關鍵因素就是平民的鬥志低迷。任何談判的暗示都會嚴重影響抵抗的決心。他決心用死亡來懲罰失敗主義言論。幾天後，一個叛變投敵的馬爾他人向城牆上的同胞們呼喊，拉．瓦萊特禁止做出任何答覆。回答敵人的只有沉默和砲火。況且穆斯塔法在攻克聖艾爾摩堡之後大開殺戒，將馬爾他教士斬首，又將他的屍體釘在十字架上，屍體漂浮在海灣上，早已使得穆斯塔法失去了任何贏得馬爾他民心的機會。所有平民，下至婦女、兒童，都對入侵者恨之入骨，恨不得將俘虜撕成碎片。

穆斯塔法勸降守軍、快速取勝的念頭落了空，於是加緊攻城。他決定封鎖兩個半島，但先集中力量對付較弱的森格萊阿，然後再攻打位於比爾古的騎士團主堡。森格萊阿半島在朝向陸地的一端有一座城堡——聖米迦勒堡，從那個方向保護著半島以及一個小城鎮。這個海岬頗為荒蕪，有座小山，上面建有兩座風車磨坊；再往外，海岬尖端漸漸變細、伸進港灣的地方，有一座鳥嘴狀的作戰平台，稱為「馬刺」（Spur）。森格萊阿的所有防禦工事幾乎都無法令人滿意；聖米迦勒堡的壕溝（在岩石地表上鑿出）還沒有完工，在要塞設計上和聖艾爾摩堡一樣有缺陷。海岬西岸的尖端只有「馬刺」，很容易遭到對岸砲火的侵襲，根本沒有像樣的防禦工事。只有東岸的防禦還算比較穩固。東岸面向內港，可以得到對面比爾古的保護；森格萊阿和比爾古之間內港的出入口被一條堅固的鐵鍊封鎖了起來。但如果穆斯塔法能夠想出辦法，從海上進攻森格萊阿的西岸，它很快就將末日臨頭。

✡

事實上，穆斯塔法已經設計了一條攻打森格萊阿（土耳其人稱之為「磨坊要塞」）的大膽策略。但不幸的是，一起奇怪的變節事件很快就將他的妙計洩露了。鄂圖曼軍隊包括了相當數量改宗伊斯蘭教的前基督徒，他們之所以改變信仰，有的是自願的，有的是被迫的。這些人現在和基督徒們只有咫尺之遙，因此他們的忠誠很成問題。六月三十日早上，法蘭西斯科．巴爾比在森格萊阿尖端的「馬刺」上眺望港口對岸，這時看到一個孤零零的身穿騎兵鎧甲的人從對岸偷偷揮手。他表示希望守軍派條船來接他。任何船隻出動都很容易驚動敵人；於是守軍透過手勢要那人游過來。他卸去鎧甲，將襯衫繫在自己頭上，笨拙地游過港灣。三名水手從「馬刺」跳入水中，協助他游過來。他們游到那個筋疲力竭的人身邊時，土耳其人敲響了警鐘，跑向海灘。基督徒們開槍掩護，壓制住敵人，直到那個半死不活的逃兵被拉到岸上。

這起變節事件對守軍的情報工作來說是意外的成功，對穆斯塔法卻是沉重的打擊。這個逃兵名叫穆罕默德．本．達伍德（Mehmet Ben Davud），原名菲利普．拉斯卡里斯（Philip Lascaris），出身伯羅奔尼撒半島的一個希臘貴族家庭。他現年五十五歲，孩提時就被土耳其人抓走，並改宗伊斯蘭教；現在，看到聖艾爾摩堡的英勇抵抗，「他的心被聖靈觸動」[8]（這是虔誠的史學家的說法），決定「重拾天主教信仰」。穆罕默德在鄂圖曼軍中頗有地位，而且是穆斯塔法身邊決策圈的一員。他向拉．瓦萊特逐條解釋了穆斯塔法計畫的細節。為了能夠攻擊森格萊阿西翼，同時又避免讓船隻在基督徒砲口下駛入港口，穆斯塔法計劃將較小的船隻從馬薩姆謝特港拖上陸地，拖過希伯拉斯山腳，進入森格萊阿遠方小海灣的頂端。這條情報的價值不可估量；守軍立即開始採取積極反制措施。而穆斯塔法正忙著準備砲台以便猛轟森格萊阿的時候，又遭到另一次打擊。

七月三日晚上，長長一隊黑影在馬爾他鄉間祕密行進著。在溫暖的夏夜，他們沉默地行軍；能聽見的只有馬匹偶爾的響鼻聲、低沉的腳步聲和甲冑輕微的碰撞聲；他們小心地穿過了鄂圖曼軍營後方迷宮般錯綜複雜的灰濛濛小路。

這七百名士兵是幾天前唐．賈西亞從西西里派來的小隊援軍。他們分乘四艘槳帆船渡過海峽，祕密地在馬爾他島北岸登陸。這項救援行動事先做了精心籌劃，安排了複雜的烽火信號，還用身穿土耳其服裝的馬爾他人傳遞消息。援軍在濃霧掩護下被帶到了姆迪納，藏在這座有城牆的城市內。當地人很好地保守了援軍抵達的祕密，但也是因為運氣特別好。一個小孩在城牆上透過一扇窗戶向外望，看見一個人在大霧中鬼鬼祟祟地溜走，於是大呼「土耳其人！土耳其人！」[9]騎兵抓住了這個逃亡者，將他帶回。他是個希臘奴隸，希望能獲得自由，於是逃往鄂圖曼軍營，準備出賣守方祕密。他被亂刀砍死。

援軍在破曉前抵達比爾古遠方的海岸，按照事先安排，在那裡等待大團長派出的船隻。在二十英里行軍過程中，為了避開鄂圖曼帝國戰線，他們繞了一條巨大半圓形的遠路，但一路基本上

接森格萊阿和比爾古（B）的浮橋（L）；宮廷太監的槳帆船（K）；在其左側，隱藏的砲台；聖安傑洛堡（A）；E和M之間的鎖鏈封閉了內港。

圖20　對聖米迦勒（圖中的I）和森格萊阿的襲擊，風車在最末端處（G）；「馬刺」在風車的左側，圖中還有聖艾爾摩堡（H）；船被拉入港（X）；連

安全無事。只有一個名叫格拉維納的吉羅拉莫（Girolamo of Gravina），「全副武裝、非常肥胖」的騎士和十幾名背負輜重的士兵掉了隊。他們被敵人俘虜，帶到穆斯塔法面前。其他人則乘船進入比爾古，受到了大軍凱旋一般的熱烈歡迎。這對拉·瓦萊特來說是個振奮人心的時刻。援軍主要是來自西西里駐軍的職業軍人，指揮官是馬沙爾·德·羅夫萊斯（Marshal de Robles）。拉·瓦萊特的侄子，還有兩個英格蘭冒險家約翰·史密斯（John Smith）和愛德華·斯坦利（Edward Stanley）（他們是被放逐的天主教徒）也在援軍中。

穆斯塔法從格拉維納的吉羅拉莫那裡得知真相後，既無比震驚，又暴跳如雷。基督徒竟然在他們眼皮底下搬來援軍，真是奇恥大辱，穆斯塔法為此和皮雅利大吵了一架。穆斯塔法感到最好先將他的解釋送到蘇萊曼耳邊，於是在七月四日派遣了另一艘船。鄂圖曼陸軍瘋狂地工作，終於完全切斷了比爾古和森格萊阿與外界的聯繫。從此以後，守軍向外傳遞消息成了一項危險的工作；只能在夜間讓馬爾他人攜帶信件游出去，信件用密碼寫成，填塞在牛角內，再用蜂蠟封口。

與此同時，森格萊阿的居民開始親身經歷他們曾目睹過的，聖艾爾摩堡守軍遭受的苦難。土耳其軍隊在兩個海岬周圍建立了弧形的砲兵陣地，成群工人和牛艱難地把大砲從聖艾爾摩堡上方高地拖到新的陣地。大砲安置完畢，準備射擊。七月四日，土耳其軍隊開始大規模轟擊聖米迦勒堡面向陸地的城牆和暴露在敵人砲火下的西岸；火繩槍兵則狙殺守軍士兵和加強防禦工事的工人。砲火持續不斷。拉·瓦萊特的對策是派遣兩人一組、被鐐銬鎖起來的穆斯林奴隸到西岸幹活。土耳其人不管這麼多。穆斯塔法仍然繼續從高地砲擊，打死這些被迫幹活的奴工。巴爾比對他們的困境深感同情。「這些可憐人苦幹不停，累得半死，幾乎站不穩。他們割掉自己的耳朵，甚至寧願被打死也不肯繼續幹活。」[11]幾天後，一對身披鐐銬的奴隸被困在砲火中，用土耳其語向城外的同胞們呼喊，請他們發發慈悲，停止射擊。馬爾他人誤以為這些奴隸是在向敵人砲手指引城牆最薄弱的環節。一群婦女呼喊著撲向這些奴隸，把他們拖過大街小巷，用亂石將他們打死。

七月六日星期五，菲利普・拉斯卡里斯的情報被證明是準確無誤的。港灣上游突然出現了六艘船隻。土耳其人將它們放在塗滿油脂的滾輪上，驅趕著牛群，將它們拖運了一千碼，穿過希伯拉斯半島，然後又在港灣上游下水。第二天又運來了六艘。到第十天已經有六十艘，第十四天已經有八十艘。奇怪的是，港灣內的鄂圖曼戰船規模好像也加大了一些：它們的船側被加高，以便構成一個足以抵禦火繩槍火力的上層結構。

雙方都在緊鑼密鼓地進行準備工作。鄂圖曼軍隊持續地進行砲擊，發動小規模突襲，只是在七月八日停頓了一天（這給了守軍一種詭異的感覺），以便慶祝宰牲節（Sacrifice Festival）。七月十日，穆斯塔法的過於匆忙造成一場意外事故。火砲在射擊間歇時沒有讓砲管冷卻一段時間。其中一門大砲發生膛炸；火苗點燃了一旁堆積的火藥，「發出巨大的閃光和濃煙，將四十個土耳其人炸飛，粉身碎骨」[12]。

在森格萊阿和比爾古的作坊和鐵匠鋪內，人們在瘋狂地準備應對措施。鐵匠和木匠們忙著製造火繩槍用的小彈丸和引線，修理槍砲，鍛造鐵釘，以及搭建木製的防禦工事。由於得到拉斯卡里斯的通風報信，拉・瓦萊特啟動了兩項重大工程。他下令用氣密的木桶建造了一條浮橋，隨時都可以投放到比爾古和森格萊阿之間內港的指定位置，在兩個城堡之間建立聯繫，以便快速地調動兵力。與此同時，馬爾他造船匠們設計出一個精巧的防禦裝置，用來保護薄弱的海岸，抵抗敵人的海上攻擊。他們在夜間（這是唯一安全的施工時段）涉水走進溫暖的近海，在距岸邊約十幾步的海床上安插了許多木樁（用船桅製成），排成一條長線。每根木樁上都安裝了鐵環；他們將一根鐵鍊穿過各個鐵環，形成了一道堅固的障礙物，足以保護森格萊阿的整個西岸，一直延伸到「馬刺」處，這樣可以阻止船隻靠岸。

這道障礙最初讓鄂圖曼軍隊統帥部十分惱火，次日它就成了一場非比尋常戰鬥的焦點。黎明時，四個人從鄂圖曼軍隊控制的海岸上出發，攜帶著斧頭走進海裡，潛泳到岸防鐵鍊處。他們爬上木樁，一邊在上面保持平衡，一邊劈砍鐵鍊。同時，火繩槍兵猛烈射擊，掩護這些游泳者。形勢危急，必須迅速決斷。一群馬爾他士兵和水手在賞金的刺激下，脫下衣服，跳入大海。他們幾乎全裸，只戴著頭盔，牙齒緊咬著短劍。一場游泳者之間的激戰爆發了。赤裸的人們在水中笨拙地互相砍殺和猛刺，一隻手拍水，另一隻手揮劍。蔚藍的海水開始被血染成粉紅色。一名入侵者被殺死；其他人負了傷，游向對岸。當夜，又一群土耳其人游了過來，嘗試一種新戰術。他們將船隻的纜繩繫在木樁上，纜繩的另一端則連接在岸邊的絞盤上。成群的士兵轉動絞盤，將木樁拔出水。馬爾他水手們再次游過去，砍斷了纜繩。

穆斯塔法深感挫折、焦躁萬分，於是決定發動一次總攻。他的衝動因為圖爾古特的女婿哈桑（阿爾及爾總督）的到來而愈演愈烈。哈桑帶來了二十八艘船和兩千名士兵，求戰若渴，而且對陸軍的努力嗤之以鼻。砲火日夜不停，在森格萊阿面向陸地的城牆上打開若干缺口。拉·瓦萊特下令將浮橋拋入森格萊阿和比爾古之間的海面，準備就緒。鄂圖曼帝國的砲兵做了最大努力，但未能摧毀浮橋。彈藥和燃燒武器被分發給守候在崗位上的士兵們。大家都知道敵人即將發動進攻。穆斯塔法的計畫很簡單，就是從陸地和海上同時發動進攻，壓倒守軍，但他的計畫還有祕而不宣的細節。從土耳其軍營叛逃的人告訴基督徒們，穆斯塔法打算把基督徒斬盡殺絕，只留拉・瓦萊特一人，要將他披枷帶鎖地送到蘇萊曼面前。大團長的回應是當眾起誓，絕不被敵人生擒。

對神經緊繃地守候在崗位上的守軍來說，這是個焦慮不安的夜晚。月光非常明亮；巴爾比帶著自己的火繩槍，和其他一些士兵守在「馬刺」上。他聽得見對岸伊瑪目們的吟唱聲在黑暗裡不斷起伏，無休止地歌詠著真主的諸多尊名。

✯

七月十五日星期日，離黎明還有大約一個半小時。森格萊阿後方的山峰上點起了烽火；對岸的聖艾爾摩堡也點燃烽火，做為回應。阿爾及利亞人集結在森格萊阿面向陸地一側城牆外的壕溝內。鄂圖曼帝國的火繩槍兵們排隊進入森格萊阿對岸的塹壕，調整火槍的瞄準裝置。砲兵做好射擊準備。馬沙爾・德・羅夫萊斯和新近從西西里趕來馳援的士兵們聚集在城牆上。在「馬刺」上，法蘭西斯科・巴爾比和他的戰友們在西班牙上尉法蘭西斯科・德・薩諾蓋拉（Francisco de Sanoguera）的指揮下，蹲伏在低矮的土木工事後，準備打退敵人從海上的進攻。黑暗中的港灣對岸，土耳其士兵登上船隻，發出很大的嘈雜聲。穆斯林呼喊了三次阿拉的名字。船槳開始划動，浪花四濺，小小的艦隊啟航了。

破曉時，岸上的守軍可以看見黑壓壓的大群戰船緩緩駛過平靜的海域。初升的太陽照亮了一幅不同尋常的圖景：舷側堆有成捆棉花和羊毛的船上載著成百上千的士兵——戴著飾有隨風飄舞羽毛的高帽子的近衛軍；衣著華美的阿爾及利亞人則身穿鮮紅色長袍、「金銀線織就的衣服和朱紅錦緞」[13]，戴著稀奇古怪的頭巾，裝備有「費茲的精緻火槍、亞歷山大港和大馬士革的彎刀以及華美的弓」。衝在最前頭的是三艘滿載戴頭巾聖人的戰船，按照基督徒的記載，這些聖人「穿著奇裝異服」，「頭戴綠帽，很多人手裡拿著打開的書卷，吟唱著咒語」[14]。他們其實是在背誦《古蘭經》的詩節，激勵士兵奮勇戰鬥。戰船裝點著不計其數、五顏六色的各式旗幟，在清晨的海風中飄揚著。響板、號角和手鼓的樂聲飄向對岸。這令人難以置信的場面的指揮官是希臘海盜坎德利薩（Candelissa），他高坐在一葉輕舟上，揮舞著一面小旗，活像樂隊指揮。對守軍來說，這場景真是無與倫比，「如果不是如此殺氣騰騰的話」[15]，真是充滿了仙境般的壯美。

船隊接近目標時，吟唱聲停止了，宗教船隻後撤。岸砲開始轟鳴，砲彈在船隊中橫飛，打死了不少人；「儘管如此，他們仍然以極大的勇氣和決心發起進攻」[16]，吶喊聲和火繩槍射擊聲夾雜在一起；槳手們拚命划槳，加快速度。在「馬刺」上，守軍等待著登陸船隻衝撞木樁的巨響。

同時，在陸地一側的城牆前，哈桑率領阿爾及利亞人發起猛攻。他們衝出壕溝，攜帶雲梯翻過壁壘，爭先恐後地要證明自己的勇氣。守軍用暴風驟雨般的子彈迎接他們；側翼陣地上的西班牙火繩槍兵也發出一輪冰雹般的齊射。幾百人被打倒在地，但他們憑藉著兵力的絕對優勢，繼續衝鋒，在胸牆上取得了一個立足點。整條戰線一片喧囂。「我不知道，地獄的圖景能否描繪這場可怕的戰鬥，」史官賈科莫·博西奧寫道，「熊熊大火、酷熱、火焰噴射器和火圈發出持續不斷的火焰；濃煙、惡臭、開膛破肚殘缺不全的死屍、兵器碰撞聲、呻吟聲、吶喊聲和吵嚷聲、大砲的轟鳴聲……人們互相殘害、大開殺戒、拚死掙扎、互相推搡、墜落、射擊。」[17]整個地中海世界的各民族在混亂的隊伍裡搏鬥著；馬爾他語、西班牙語、土耳其語、義大利語、阿拉伯語、塞爾維亞語和希臘語的呼喊聲此起彼伏；在掙扎閃動的火光和濃煙中，有時能短暫地瞥見一些人的身形——方濟各會修士埃博利的羅伯特一手拿著十字架，一手握著利劍，從一個崗位走到另一個；一個暴跳如雷的土耳其近衛軍士兵跳上胸牆，在近距離一槍打在一名法國騎士頭上；被火團困住的阿爾及利亞人慘叫著奔向大海。但進攻方受到了狹窄地形的阻礙，因此儘管鬥志昂揚，哈桑最後還是不得不將他的阿爾及利亞人撤下。近衛軍的阿迦旋即下令正規軍上前，不給守軍任何喘息的時間。第二波部隊猛衝著城牆。

在海岸上，戰船加快速度，撞上了木樁防線。木樁承受住了這次衝擊，船上的人不得不跳下來，拖著長袍蹚水前進，不時喊叫和開槍射擊。守軍已經嚴陣以待；他們準備了兩門臼砲，準備橫掃海灘，但是鄂圖曼軍隊的前進速度如此迅猛，以至於臼砲根本沒有時間發射。攻方沒有受到任何抵抗，衝向海岬末端的「馬刺」，後者唯一的防禦工事就是一道低矮的路堤。

「馬刺」的指揮官薩諾蓋拉集結了部下，命令他們「用長槍、利劍、盾牌和石塊」[18]將入侵者擊退，這時他們的防禦陷入了驟然的混亂。一名水手因操作燃燒武器失當，導致武器在他手裡當場爆炸，點燃了全部待用的武器，周圍的人都被燒死。在黑煙和混亂中，土耳其人爬了上來，將他們的旗幟插在胸牆上。薩諾蓋拉親自衝上前阻擋潮水般的敵人。他身穿一整套富麗的鎧甲，在胸牆上保持平衡，在藍天映襯下成了一個絕佳的靶子。一發子彈擊中他的胸甲，發出脆響，但沒有傷害到他。然後，一個「頭戴飾有黃金的黑色大帽子的近衛軍士兵在砲台基座跪下，向上瞄準，一槍打中了他的腹股溝」[19]。薩諾蓋拉上尉倒地死去；雙方都衝上去爭搶他的屍體。下面的土耳其人抓住了他的雙腿，上面的守軍則抓住手臂。經過一番恐怖而滑稽的拉扯之後，守軍奪得長官的屍體，將其拉上胸牆，「但敵人把他的鞋子脫下之後才放棄」[20]。敵人如此之近，兵力又如此雄厚，巴爾比和他的戰友們丟下了火槍，開始用石塊攻擊敵人。

就在守軍腹背受敵於海上、陸上攻勢的時刻，穆斯塔法亮出了他的王牌。他預留了十艘大船和大約一千名精兵，包括近衛軍和水兵。這些滿載兵員的大船從對岸啟航，繞過「馬刺」尖端，來到鐵鍊之外、沒有得到木樁保護的那一小塊海岬上，一路上幾乎都沒有引起守軍的注意。這個地點沒有任何防禦；此處的城牆非常低矮，登陸易如反掌。這些人是來死戰到底的；為了加強他們的鬥志，穆斯塔法特意選的都是不會游泳的人。船隊悄悄躲過海上的血腥廝殺，已經準備好衝上海岸。在他們目標的兩百碼之外就是第二個半島——比爾古的尖端。

但是，土耳其統帥部在籌劃這次攻擊時忽略了一個關鍵的細節。在比爾古半島尖端，也就是這支突擊隊的登陸點的對岸，守軍部署了一個隱蔽的砲台，幾乎與海平面同高。土耳其船隊接近時，這個砲台的指揮官吃驚地發現，敵人根本不知道他的存在。他偷偷地給五門大砲裝填了致命的混合葡萄彈——成袋的石塊、鐵鍊碎片和帶尖釘的鐵球，然後打開砲門，屏住呼吸等待敵人接近。敵人還沒有發現他，這真是難以置信。他一直等到敵人已經非常接近、坐以待斃，然後才開砲。冰雹般凶狠的彈雨呼嘯著飛過海面，將船隻撕碎。土耳其人被打了一個措手不及，要嘛被暴風雪般的砲火殺死，要嘛跌進海裡。十艘船中有九艘被打爛，當場沉沒；沒有被擊斃的人則淹死在海裡。第十艘船勉強逃走。一瞬間，數百名精兵就成了漂浮在水上的屍體。

城牆下和海灘前的激戰仍在持續。在近海，希臘人坎德利薩告訴部下說，哈桑的人馬已經突破了陸地一側的城牆，以此激勵他們。雖然城牆並沒有被突破，但那裡的陣地的確具有關鍵意義。拉．瓦萊特焦急地透過浮橋，從比爾古調來援兵，其中一半人馬受命扭轉城牆的戰局。看到城牆上調來了守方生力軍，近衛軍的阿迦開始撤回他的部隊。他們攜帶著己方死者的屍體撤退了，臨走前施展猛烈的砲擊，殺死了一些騎士。剩餘的援兵去支援海岸守軍。西西里總督唐．賈西亞．德．托雷多的兒子也參加了這場戰鬥，儘管拉．瓦萊特不允許他以身涉險。他幾乎剛趕到戰場就被一發火槍子彈擊斃。

海灘上的人看到一群年輕的馬爾他人趕來，用彈弓射擊敵船，並且高呼「援軍到了！我們勝利了！」[21]這才知道，鄂圖曼軍隊已經從陸地一側的城牆撤退。從海上進攻的土耳其軍隊突然意識到，形勢一下子變得對他們不利了。更糟糕的是，坎德利薩欺騙了他們。他們咒罵著「希臘叛賊」[22]，轉身逃跑。他們恐慌地抱頭鼠竄，潰不成軍。他們爭前恐後地搶著上船；靠近岸邊的少數船隻被如潮水般湧來、推推搡搡地登船的人群掀翻；不會游泳的人被自己的長袍纏住，淹死在海裡。更糟糕的是，大多數船隻已經撤離了海灘。登陸部隊被斷了退路。他們發瘋似地發出各種訊號，讓艦隊回來救援他們。

守軍抓住良機，衝上海灘，大肆砍殺在淺水裡跌跌撞撞的穆斯林。巴爾比和他的戰友冷靜地站在遠處，將可憐的敵人一個個射殺。有些土耳其人寧願被淹死，絕望地跳入大海；有些人丟棄了武器，跪在地上哀求饒命。守軍沒有憐憫敵人；聖艾爾摩堡遭血洗的記憶還很清晰，基督徒們衝上前，高呼：「殺！殺！聖艾爾摩堡的血債要用血來還，你們這些混蛋！」其中，還沒有長鬍子的少年費德里克．桑喬奇奧（Federico Sangorgio）記起自己被血腥殘殺的兄弟，帶著滿腔的怒火，毫無悔意地肆意砍殺。「就這樣，他們鐵石心腸地將敵人斬盡殺絕」[23]。

在近海，土耳其船隻仍逡巡不前，不知如何是好，因為他們接到了互相矛盾的命令。皮雅利擔心他的船隻遭受損失，於是騎上馬，在岸邊狂奔，命令船隻原地不動。但在漫天煙塵中，他被一發砲彈打倒在地，頭巾被炸飛，耳朵也被震聾。陸軍統帥穆斯塔法看到他的人馬遭到屠殺，發出了相反的命令。他命令船隻立即到海灘救人。但船隊遭到比爾古的砲火襲擊，很快又後撤了。

在基督教史學家的筆下，海邊的情景酷似《聖經》描繪的大規模屠殺，「如同法老的軍隊被紅海的驚濤駭浪摧毀」，數量驚人、五顏六色的各式軍事用品——旗幟、帳篷、盾牌、長矛和箭筒——密集地漂浮在海面上，看上去更像「廝殺剛剛結束的戰場」[24]。還不時有活著和半死的人、身體殘缺和奄奄一息的人，就像市場石板上的魚一樣，滿身血汙，痛苦掙扎著。

馬爾他人涉水走進這可怕的「肉湯」，了結還活著的敵人，剝去死人的衣服。他們從死者身上奪走華貴的服飾和精美的武器。他們繳獲了有鑲嵌裝飾的彎刀和作工精細、飾有金銀、在陽光下閃閃發光的火繩槍，以及敵人為攻克和占據城堡而準備的各種物資：大量糧食、用來捆綁俘虜的繩索，甚至還有起草完畢，準備發回伊斯坦堡的捷報。穆斯塔法先前對此役志在必得。搶劫死屍的人還收回了相當數量的金錢（因為每個土耳其士兵都隨身攜帶自己的財物），以及「大量大麻」[25]。

只有四個土耳其人被生俘。他們被帶到大團長面前，接受訊問，然後被交給平民。俘虜被拖走的時候，「為聖艾爾摩堡報仇！」[26]的喊聲傳遍了大街小巷。城牆下躺著的、在海上輕輕隨波逐流的屍體共有四千具。隨後好幾天，一直有屍體被沖刷到岸上來。

第十三章　塹壕戰

一五六五年七月十六日至八月二十五日

第二天，蘇萊曼向穆斯塔法傳達一條旨意：

很久以前，我派遣你前往馬爾他，為的是占領這座島嶼。但我沒有收到你的任何報告。我已經下了旨意，收到我的命令後，你應立即報告關於馬爾他戰役的情況。的黎波里總督圖爾古特是否已經抵達該處，並協助你作戰？敵人海軍情況如何？你是否已經征服馬爾他的部分地區？你應寫信將所有情況報告給我。[1]

蘇萊曼將這封信的副本發送給了威尼斯執政官，蠻橫地下令「務必即刻將此信轉交給穆斯塔法帕夏。另外，你應向我報告那裡的情況」[2]。

蘇丹不是唯一一個對馬爾他戰事心急如焚的人。基督徒們也在關注馬爾他島的困境，且愈來愈感到恐懼。地中海西部到處是傳遞謠言、新聞、建議、警告和計畫的往返船隻。拉·瓦萊特從位於比爾古的總部一直在和西西里的唐·賈西亞·德·托雷多保持通信，但在聖艾爾摩堡落入敵手之後，與外界的聯絡愈來愈困難。現在的辦法是派遣化裝為土耳其人的馬爾他人游過港灣，溜過敵軍戰線，前往姆迪納，然後搭乘小船，取道戈佐島前往西西里。送信是件危險的工作；有時為了確保消息送出，拉·瓦萊特不得不發送同一封信的四個副本。皮雅利的戰船在海峽上巡邏，追擊著送信的船隻。一旦被敵船抓住，信使們就將信扔進大海，慷慨赴死。即便信件被繳獲，穆斯塔法也仍然無法破解密碼，因此聯絡線雖然危機四伏，但一直在堅持運作著。

消息愈來愈糟糕，尤其是在聖艾爾摩堡陷落的噩耗傳來後，義大利海岸地區陷入了莫大的恐慌。對於戰敗的後果，沒有人比教宗庇護四世更心知肚明。「我們深知，」他寫道，「假如這個島嶼（上帝保佑，不要讓這樣的事情發生！）落入不信真神的敵人魔爪，西西里和義大利的福祉將受到多麼大的危險，基督徒人民又將遭受多麼大的災難。」[3]大家明白，羅馬是鄂圖曼帝國征伐的最終目標。在庇護四世狂熱的想像中，土耳其人幾乎已經兵臨城下。他下令，如果西西里傳來消息，哪怕是深夜，也要立即將他叫醒。他已經下定決心，寧可死在羅馬城，也絕不逃走。

隨著全歐洲漸漸認識到馬爾他的重大意義，一小群冒險家和來自聖約翰騎士團其他前哨基地的騎士們動身前往西西里，準備加入救援行動。全歐洲都屏住呼吸，焦慮地注視著戰局。甚至信新教的英格蘭也為天主教的馬爾他祈禱。

但救援馬爾他的組織工作緩如牛步。拉·瓦萊特以冷若冰霜的禮貌言辭寫信給唐·賈西亞，愈來愈急促地催他趕緊行動，私下裡則忍不住咒罵他的遲鈍。在六月底派出小股援軍之後為什麼就杳無音訊了？平民的鬥志已經接近崩潰；只需一萬人就能打垮土耳其軍隊，因為後者「大部分是烏合之眾，對作戰完全缺乏經驗」[4]。唐．賈西亞做為腓力二世國王在當地的代表，被指責為優柔寡斷、過分謹慎。後來，人們直言不諱地將馬爾他遭受的長期苦難歸咎於他。

這是很不公平的。問題並不出在西西里，而是在馬德里。唐．賈西亞是個經驗極其豐富、非常精明的軍事家，對局勢有著敏銳的把握。他早就將馬爾他的問題上報給腓力二世，講得一清二楚。鄂圖曼帝國對馬爾他的進攻是在挑戰西班牙的地中海霸權；西班牙必須採取行動，而且必須當機立斷。他懇求國王給他軍隊和資源來援救馬爾他。「如果馬爾他得不到援助，」他在五月三十一日寫道，「就必然會陷落。」[5]他敦促腓力二世正視這個問題。唐．賈西亞對馬爾他的命運並非冷淡的旁觀者。他的親生兒子就參加了戰役，還沒有給父親發出什麼消息，就陣亡了。腓力二世的答覆是謹慎的。國王受到傑爾巴島慘敗教訓的困擾，也很害怕龐大的鄂圖曼艦隊。在傑爾巴島戰役之後，腓力二世花費巨大的代價重建了西班牙艦隊，他不希望艦隊再次付之東流。腓力二世給唐．賈西亞下了明確指令，不准拿他的艦隊冒險；沒有國王本人的批准，不准採取任何行動。腓力二世命令唐．賈西亞要小心地保護國王的艦隊（皮雅利則從蘇丹那裡接到了同樣的命令）：「艦隊的損失將比丟失馬爾他更為嚴重……假如馬爾他陷落（上帝保佑，不要讓這樣的事情發生），還會有別的辦法將它收復。」[6]地中海中部的很多人對國王的觀點不敢苟同。審慎的國王批准集結部隊，但不准動用他們。

基督教世界的一盤散沙樣貌再次殘酷地暴露出來。對於腓力二世的答覆，教宗庇護四世感到火冒三丈。國王的艦隊有一大部分是得到了教宗資助才建成的；它是用來保衛整個基督教世界的。他授意西班牙籍紅衣主教們提醒腓力二世：「假如教宗沒有資助陛下建造槳帆船，今天陛下在海上就沒有一船一槳能夠抵禦土耳其人」[7]。國王仍然迂迴婉轉、謹小慎微。他指示唐·賈西亞，只要艦隊不處於危險，就可以援助馬爾他。信件回覆的緩慢更無助於事態的發展——從西西里送一封信到馬德里，然後再收到回覆，至少要六週時間。同時，唐·賈西亞繼續加緊集結兵力和船隻，並不斷遊說腓力二世宮廷的達官顯貴。到八月初，他已經準備好發動遠征，但仍然沒有得到國王動用船隻的許可，而此時戰局一天天變得更加險惡。

雖然七月十五日在「馬刺」遭遇慘敗，穆斯塔法仍然拚命督促攻城，他似乎能感受到遠方的蘇丹已經對他不悅。他放棄了從海上進攻馬爾他要塞的計畫。從此時起，他將開展一場聖艾爾摩堡風格的消耗戰——狂轟濫炸、堅持不懈的坑道作業、出其不意的突襲。他將集中力量，同時對比爾古和森格萊阿朝向陸地一面的短戰線發動進攻。

這是比爾古首次遭到猛攻。這個半島是整個島嶼的城鎮中心，也是騎士團的最後堡壘。朝向陸地的一面築有鞏固的防禦工事，包括兩座堅固的突出稜堡——聖約翰堡和聖雅各堡，分別得名自騎士團和西班牙的主保聖人。這些防禦工事背後的海岬上坐落著一個人口密集的城鎮，包括錯綜複雜的小巷。海岬向大海一面延伸，逐漸變細，尖端築有聖安傑洛堡。這個牢固的小城堡與大陸之間由一道灌入海水的壕溝相隔，壕溝上有吊橋。它是一個後撤陣地，用於最後的抵抗。

到了七月二十二日，穆斯塔法已經將他的所有火砲集中在俯視港灣的高地上。黎明時分，十四個砲台上的六十四門大砲開始轟擊比爾古和森格萊阿的防禦工事。「這砲火持續不斷、強度驚人，既震撼人心又令人恐懼。」[8]在巴爾比看來，這就像是世界末日。西西里居民不需要別人提醒，戰爭就已經來到了他們的門檻上，因為他們在馬爾他以北一百二十英里處的敘拉古和卡塔尼亞（Catania）都能聽到隆隆的砲聲。這場砲擊的強度和穿透力都是驚人的；大砲可以射擊整個城鎮，摧毀房屋、殺死屋內的人，將防禦工事化為瓦礫堆。二十一英尺厚的土木工事似乎是安全的了，但躲在工事後的人還是會被炸飛。這場砲擊一刻不停地持續了五天五夜。鄂圖曼帝國的工程師們迅速判明了比爾古陸地一面防線的薄弱環節——卡斯提爾人的防區，即東岸接近海邊的那段城牆（守軍無法用交叉火力防禦這一地段）。他們選擇了這個地段，進行「特殊照顧」，為總攻鋪平道路。

在炎熱的七月，勢均力敵的兩支軍隊沿著比爾古和森格萊阿面向的陸地防線展開了一場激戰。穆斯塔法戎馬生涯中攻城拔寨的經驗極其豐富，而且擁有本領高強的工程師和鄂圖曼帝國的雄厚人力資源。另一方面，堅韌而嚴厲的拉．瓦萊特對敵人沒有一絲一毫的憐憫，對以少敵多的縱深防禦戰術瞭若指掌。這位老將知道，這是最後的決戰，不僅僅是他個人的最後決戰，也是他為之奉獻了一生的騎士團的最後抵抗。穆斯塔法帕夏可以感覺到蘇萊曼在注視他；伊斯坦堡的亭台樓閣似乎近在咫尺。蘇丹的皇旗在軍營飄蕩；蘇萊曼的親信侍從們不斷將報告發送給蘇丹。兩軍的統帥都不能承受失敗；兩人都準備好親臨火線，拿自己的生命冒險。兩人之間的鬥爭既是精神意志的角逐，也是軍事技能的較量。

穆斯塔法雖然能把防禦工事炸成瓦礫堆，但仍受到了很多困難的煩擾，尤其是狹小的戰場。比爾古的戰線僅有一千碼寬，森格萊阿的戰線更短。不管他的兵力多麼龐大，在任何一個時間點上，能投入作戰的兵力都是有限的。守軍人數雖少，但身披堅甲，而且得到臨時搭建的城牆和壁壘的保護，因此並沒有什麼劣勢。同樣讓他擔憂的是，間諜和俘虜傳來消息，在三十英里外的西

F
G
H
I
K
E
M
N
L

圖21　砲擊比爾古（圖中的B）；一隊頭戴羽毛頭飾的土耳其士兵（O）；穆斯塔法（L）和皮雅利（N）在馬背上觀戰。

西里，軍隊和船隻正在集結。另外，到了盛夏，他的軍營內開始流行疫病。在當時各國的軍隊中，土耳其軍隊在營地衛生條件和組織工作上算是最小心仔細的了，但馬爾他的自然條件很不利。軍隊不得不在水源周圍的低窪沼澤地帶紮營，而且騎士團還汙染了部分水源。在炎炎赤日下，在到處散布著尚未埋葬的死屍的地域，很多人患上了斑疹傷寒和痢疾。鄂圖曼帝國將領們感受到了時間的壓力。

穆斯塔法抓緊時間，尋求突破守軍的防線。在「馬刺」戰敗之後的最初幾天內，土耳其軍隊嘗試用船桅架橋，越過森格萊阿的壕溝。守軍多次出擊，試圖將橋梁燒毀。大團長的侄子身穿富麗堂皇的鎧甲，目標過於明顯，在一次魯莽的突襲中被擊斃，但最後守軍仍把橋燒掉了。穆斯塔法毫不退縮，命令坑道工兵在堅硬的岩石中挖掘地道，準備進行爆破，並用砲火聲掩蓋坑道作業的聲音。但好運氣拯救了森格萊阿。七月二十八日，土耳其坑道工兵在地下用一支長矛刺探，想查明自己離地面有多遠，這時「由於上帝的旨意」[9]，城牆上的守軍看到矛尖從地下插了出來。基督徒們挖掘了自己的地道，衝進敵人的地道，投擲燃燒武器，將土耳其坑道工兵趕出地道。地道被封閉了。

這次的失敗顯然讓穆斯塔法頗為沮喪，因為這項工程花費了很大力氣。但鬥智仍持續進行。土耳其人砲擊街道的時候，拉．瓦萊特下令在街上修建了石牆。火繩槍兵開始狙擊修補壁壘的工人時，馬沙爾．德．羅夫萊斯用船帆遮蔽他的部下，迫使狙擊手只能盲目亂射。土耳其人試圖填平壕溝時，守軍在夜間出擊，清理掉壕溝內的東西。外層工事在砲火下坍塌時，守軍的回應是建造內層防線——用泥土和石塊匆忙搭建的障礙物，以支撐搖搖欲墜的前線，還拆除房屋以獲取建材。在遍地瓦礫的廢墟上，雙方都努力維持交叉火力點，並建造障礙物以保護自己的士兵。攻城戰需要大量的人力，但土耳其人有的是勞動力。工作的規模是龐大的，挖地道、建壁壘、挖掘不斷逼近敵人的塹壕、搬運土方和移動火砲。穆斯塔法動用了五花八門的戰術；他不斷轉移火砲位置，在吃飯時間或者深夜發動突襲，發動旨在拖垮對方神經的毫無規律的砲擊，有時候瞄準並射擊城牆的特定地段，有時又隨意轟擊城牆後的城鎮，以恐嚇平民，又不斷地提出停戰談判的要求，以轉移對方的注意力或打擊對方士氣。

土耳其人的花招不勝枚舉。八月二日，土耳其人發動了一次集中攻擊，同時還進行了猛烈砲擊。守軍被砲火壓得抬不起頭來的時候，土耳其人鬼鬼祟祟地逼近，沒有受到己方砲火的影響，開始爬牆。以為遭到火力壓制的守軍過了一段時間才意識到，敵人大砲發射的都是空包彈。他們重新集結，打退了敵人。

拉·瓦萊特將防禦的組織工作牢牢控制在自己鐵腕下。他決心不能被敵人打個措手不及，於是下令晨禱鐘在天亮前兩個小時敲響，而不是在平常的時間。他規定，敲鼓召集士兵，敲鐘則是讓大家後撤。所有關鍵地點都堆放了大量彈藥；特製的燃燒武器——表層塗有瀝青、裝滿棉花和火藥的麻袋——隨時待命。士兵們準備好了成袋的泥土，用於搶修工事；他們給燒煮瀝青的大鍋不斷添柴，保持瀝青沸騰。大團長親自到各處視察，身邊有兩名侍從陪伴，分別拿著他的頭盔和長槍，另外還有一個小丑跟著他，任務是將各處的形勢報告給大團長，並「努力用俏皮話逗他開心，儘管往往沒有什麼能讓人笑得出來的事情」[10]。

對雙方來說，維持士氣都是至關重要的。土耳其人的所有軍事行動都依賴一種被眾人深深理解的賞罰制度。海軍為馬爾他戰役所做的紀錄中清晰地記載了士兵們的英勇事蹟和他們得到的賞賜：「厄梅爾（Omer）立下大功，在夜間俘虜了姆迪納要塞的一名異教徒……穆罕默德・本・穆斯塔法（Mehmet Ben Mustapha）在聖艾爾摩堡戰役中繳獲了異教徒的旗幟，並砍下多人的腦袋……皮爾・穆罕默德（Pir Mehmet）斬殺多名敵人，立下大功……上級傳來旨意，他將得到一個官職。」[11] 騎士團獎勵英勇戰功的方式沒有預先的安排，而是更為即興。安德雷亞斯・穆尼亞東內斯（Andreas Muñatones）指揮衝下地道、驅逐敵人坑道工兵的行動，得到了一條金鏈的賞賜；在八月二日的戰鬥中，三名火繩槍兵立下了戰功，每人的軍餉增加了十斯庫多①；羅姆加許諾，將自掏腰包，重賞任何在塹壕中活抓土耳其人官兵者一百斯庫多。

抓俘虜是非常重要的；雙方都持續不斷地努力收集情報。七月十八日，一名被俘的土耳其人在遭受拷打後供認，現在鄂圖曼軍營內對西西里的兵力陸續集結深感擔憂。幾天後，皮雅利派出一艘輕型帆船（船員是義大利叛教者）去敘拉古一探究竟。關於馬爾他戰事如何打下去，鄂圖曼方的兩名大將間產生了矛盾。皮雅利不願為陸上的圍城戰負責，下令艦隊出海，掃蕩航道，尋找敵人艦隊集結的跡象。這讓陸軍十分恐懼，以為海軍拋棄了他們。過了幾天時間，兩人的分歧才彌合。皮雅利在雙方愈來愈強烈的競爭氣氛中返回，繼續參與攻打比爾古；誰能先突破城牆，這對兩位帕夏來說已經是個榮譽問題。他們此前已經為了個人榮譽、戰術和艦隊使用等問題摩擦不斷。皮雅利認為自己在圖爾古特還活著的時候受到了冷落，並認為在賞賜官兵的時候，穆斯塔法更偏愛陸軍，對艦隊則很冷淡。這些雞毛蒜皮的爭鬥影響了軍隊的士氣，據史學家波切維（Pechevi）②記載：「海軍司令在開砲的時候，砲手們得到指示『現在不要開砲，穆斯塔法將軍正在午睡』。」[12]水手們的回答是聳聳肩。他們對戰鬥能有多少熱情，又能有多大的努力？他們責怪穆斯塔法製造了這些分歧。

關於這些爭吵以及鄂圖曼軍隊士氣下降的消息，對拉・瓦萊特來說是特別有價值的，但他也有自己的麻煩。他已經向平民保證，援軍已經在路上；大家普遍相信，援軍將於七月二十五日（西班牙的主保聖人聖雅各的紀念節日）那天抵達。但到了那一天，毫無援軍的蹤影，拉・瓦萊特不得不向群眾發表演說，敦促所有人堅信上帝會救他們。淡水供應也讓他擔心；大街上還發生了暴亂。現在他給唐・賈西亞的信顯得愈來愈悲觀：「我懷疑飲水供應能否持續下去，我們正走向最終的和無法逃避的滅亡。」[13]後來，淡水短缺的問題如有神助般地得到了解決；在比爾古一座房屋的地窖內發現了一個泉眼，足以滿足大部分居民的需求。大團長為此當眾向上帝感恩。每次突襲或戰役取勝，他都會這麼做。但持續的砲擊「就像是移動的地震」[14]，造成了嚴重的破壞。在這種氣氛下，兩位帕夏加倍努力地攻城；守軍繼續後撤和狙擊敵人。

在遭圍攻的城堡之外，一場游擊戰正在進行。每天都有一小隊基督徒騎兵從姆迪納出發，伏擊敵人的脫隊士兵，並刺探鄂圖曼軍營。這支小分隊的指揮官是一名義大利騎士，名叫溫琴佐・阿納斯塔吉（Vincenzo Anastagi）。他機智敏銳而雄心勃勃，註定要在戰役結束後青史留名，因為

---

① 十六至十九世紀義大利使用的一種貨幣，幣值變化很大。

② 易卜拉欣・波切維（Ibrahim Pechevi，一五七二至一六五〇年），土耳其史學家，著有兩卷本土耳其歷史。

格列柯（El Greco）③為他畫了一幅肖像；但他的結局非常悲慘，二十年後他被另外兩名聖約翰騎士團成員殺害。阿納斯塔吉從敵人營地捕捉脫隊士兵，以獲取情報，並將會說土耳其語的間諜安插到敵營。他每天從遠處觀察由無數帳篷組成的巨大敵營，發現它的後方沒有設防。「這些營地的狀況就像我們多次描述的那樣，」他在發往西西里的信中寫道，「只在正面有防禦工事，用於抵禦我軍要塞發出的砲火，但後方和側面沒有壍壕，睡覺的時候也沒有安排崗哨。」[15]另外，到七月底，他發現土耳其人在籌劃一場一勞永逸的最後總攻。一連七個夜晚，姆迪納的騎兵隊伍躲在離敵營一英里外的一個乾燥峽谷內，密切觀察敵情。在第八天，即八月六日的夜晚，他們聽見大隊人馬在黑暗中出營。阿納斯塔吉的部下緊拉轠繩，靜靜守候。

✯

八月六日星期一對拉．瓦萊特來說不是個吉利的日子。晚飯時，比爾古的城牆上相對比較安靜，這時一名叫法蘭西斯科．德．阿吉拉爾（Francisco de Aguilar）的西班牙士兵，側身悄悄地走到靠近大海的亞拉岡人防區。他戴著火繩槍兵向上翻起、飾有羽毛的鋼盔，肩上扛著火槍。他說，他是來狙擊敵人的。他點燃了火槍的導火線，觀察下方壕溝，尋找目標。「我一個狗雜種也看不見！」[16]他對崗哨喊道。然後，趁沒人注意的時候，他突然跳進了壕溝，開始全速跑向鄂圖曼帝國戰線。崗哨開槍示警，城牆上射出一輪槍彈，但阿吉拉爾已經跑進了敵人的前線戰壕，受到熱烈歡迎，並立即被帶去見穆斯塔法帕夏。

這起變節事件極為嚴重。阿吉拉爾是個受到高度評價和信任的人。他消息非常靈通。馬沙爾・德・羅夫萊斯和拉・瓦萊特開會的時候，阿吉拉爾經常在場。他聽到了很多關於守軍困境的祕密討論——防禦工事的真實狀況、崗哨安排的日常細節、武器供應和戰術。這些資訊現在全到了穆斯塔法手裡。

拉・瓦萊特立即準備迎接敵人的進攻，他深知穆斯塔法會準確地打擊城牆最薄弱的環節。他下令在關鍵地點儲備了燃燒武器；釘有鐵釘的木板已經就位；大鍋的瀝青也準備好了。大團長計劃和一支機動救援部隊一起在城市廣場上等候，隨時馳援危急地段。

當天夜裡，土耳其人對比爾古和森格萊阿狂轟濫炸，並做好進攻準備。營地和船上的所有戰鬥人員已經傾巢出動。大隊人馬被船隻運過港灣，在比爾古以東登陸。阿納斯塔吉的騎兵隊在兩英里外的黑暗中等待著，聽著大砲的轟鳴，監視著敵營。

破曉前一個小時，穆斯塔法和皮雅利分別向兩個海岬同時發動大規模攻勢。八千人圍攻森格萊阿，四千人攻打比爾古。攻勢按照慣常的程序開始：黑暗中的吟唱、擊鼓和可怕的吶喊聲。火繩槍的槍火以及燃燒武器、火圈、火焰噴射器和大鍋裡滾燙瀝青的閃光驅散了黑暗。混亂中的呼喊、教堂鐘聲和鐃鈸的脆響混成一片。在漸漸明亮的晨光中，守軍可以看見一個身穿華麗紅絲綢衣服的人手舉大旗，爬過殘破的胸牆。那是希臘人坎德利薩，他在「馬刺」的戰鬥中被直言不諱

③ 原名多米尼克・提托克波洛斯（Doménikos Theotokópoulos，一五四一至一六一四年），西班牙繪畫藝術的第一位大師。「格列柯」在西班牙語中意思為「希臘人」，因為他出生於克里特島。他的畫作數量驚人，最著名的有《歐貴茲伯爵的葬禮》（*The Burial of the Count of Orgaz*）等。

地指責為懦夫。現在他率領部隊進攻，發誓要第一個將旗幟插在城牆上。他的身形暴露在砲火中，很容易瞄準。守軍很快就用火繩槍將他打倒。隨後是司空見慣的爭搶屍體的廝打。雖然損失了這員大將，而且傷亡慘重，但鄂圖曼軍隊畢竟兵力雄厚，漸漸占了上風。防禦工事愈發殘破不全。

在鄰近的比爾古戰線上，皮雅利的人馬正殺進卡斯提爾人的陣地，這裡的周邊防禦工事已經被連續數日的集中砲火炸成了瓦礫堆。他們衝上城牆，開始插旗。在廣場上等候的拉．瓦萊特得到了前線已經吃緊的消息。從侍從手中接過自己的頭盔和長槍，率領機動部隊衝向危急地段，高喊：「今日不死，更待何時！」[17]卡斯提爾人防區的指揮官們試圖把他攔回去，拚命阻止他登上已經被敵人占領的「騎士塔」。拉．瓦萊特「像普通士兵一樣手執長槍」[18]，轉到另一個陣地，從一名士兵手中奪過火繩槍，開始射擊。

此時土耳其人已經成功地將蘇丹皇旗插在城牆上；這面飾有白色馬尾、頂端有個金球的大旗成了激烈爭奪的焦點。法蘭西斯科．巴爾比寫道：「我們看見了那旗幟，於是拋擲帶鉤子的繩索，想把它鉤住，最後終於成功了。我們在這邊拉，土耳其人在另一側猛拽，旗杆頂端的金球掉了下來。他們把蘇丹皇旗救走了，但是我們已經用燃燒武器燒掉它的很多絲綢和金質流蘇。」[19]

昏天暗地的血戰正持續著。鄂圖曼士兵每有一波撤退下來，就有新的一波頂上。雙方的不少關鍵人物都喪失了戰鬥力。摧毀敵人地道的英雄穆尼亞東內斯右手負傷，後來死去；羅得島總督阿里．波爾圖齊．貝伊（Ali Portuch Bey）陣亡。拉．瓦萊特腿部受傷，在大家的勸說下終於後撤。「這一天的戰鬥極其凶險，雙方都打得極其頑強，血流成河。」[20]巴爾比寫道。戰場上的景象非常恐怖；有很多屍體「缺了腦袋，沒有手腳，燒得焦黑，或者四肢被撕成碎片」[21]。阿納斯塔吉的騎兵隊感到戰鬥已經達到高潮，從原野中擇路潛行，來到鄂圖曼軍營。接近敵營的時候，他們開始衝鋒。

☆

兩位帕夏都不願未取勝就離開戰場。兩人激烈地競爭，力求取勝。憲兵們用棍棒將從殺戮地帶畏縮的人趕回戰場。在城牆內，守軍實力愈來愈弱。他們已經連續戰鬥九個小時，沒有得到任何休息。儘管拉．瓦萊特確保戰士們能得到麵包和摻水葡萄酒，而且包括婦女、兒童在內的平民也參加了戰鬥，但局勢還是迅速惡化。鄂圖曼帝國將領們能感受到，勝利已經唾手可得。

就在此時，土耳其人的攻勢突然間止步不前，而且看不出有什麼明顯的理由。卡斯提爾人防區前壕溝內的土耳其士兵突然調頭就跑；森格萊阿城下的士兵也加入逃跑的人群。他們如潮水般地逃離戰場，背後遭到守軍的射擊。任何威脅或是軍官們的拳打腳踢都無法阻止這驟然的潰敗。城牆上的守軍也對此大惑不解，穆斯塔法帕夏更是丈二金剛，摸不著頭緒。他騎著馬努力控制住潰軍，將部隊帶出了火槍的射程內。此時消息不脛而走：唐．賈西亞的援軍已經登陸，焚毀了大營。我們隱約能聽得見大營方向傳來的呼喊聲，還能看得見帳篷上升起了黑煙。鄂圖曼軍隊一片恐慌；遭圍攻的城堡內的所有男人、女人和小孩都爬上城牆，盯著空無一人的塹壕，不敢相信自己的眼睛。然後他們喊了起來：「勝利！援軍到了！」[22]

但雙方都錯了。那不是強大的西班牙軍隊從西西里馳援，而是阿納斯塔吉的一小隊騎兵（或許只有一百多人，既有騎士也有馬爾他民兵）突襲了無人把守的土耳其軍營。此時營內只有傷病員、少量哨兵，以及後勤人員。騎兵們揮舞著馬刀衝進營地，大肆砍殺，報仇雪恨。他們橫衝直撞，屠殺病員，砍倒哨兵，燒毀帳篷，破壞補給物資。鄂圖曼人的盲目恐慌傳染了整個大軍。隨後，阿納斯塔吉的隊伍在穆斯塔法來得及做出反應之前又安全返回了姆迪納，這讓鄂圖曼帝國統帥部暴跳如雷、丟盡顏面。穆斯塔法和皮雅利又大吵大鬧起來。

馬爾他能在八月七日倖存下來，完全是因為阿納斯塔吉的幸運一擊。馬爾他島虎口脫險。人們在聖勞倫斯（Saint Lawrence）教堂內唱起了《感恩贊》（*Te Deum*），然後舉行了宗教遊行。大街上有人掩面而泣。但守軍看到城牆已經殘破不堪，擔心自己的末日已經不遠了。有謠言稱，騎士們將撤退到比爾古尖端的聖安傑洛堡，並拋棄平民。為了粉碎這謠言，拉．瓦萊特採取了斷然的措施。這位堅忍不拔的老人下令將騎士團的所有珍貴聖像都搬到聖安傑洛堡，然後將吊橋升起。騎士團將和所有平民一起在破敗的城牆內死戰到底，讓聖像自己做最後的抵抗好了。

第二天，穆斯塔法決定好好處置姆迪納的騎兵隊。其實他早在攻城戰開始的時候就應當做這個決定，如今他為這個疏忽付出了慘重的代價。皮雅利受命將姆迪納的基督徒騎兵隊全部消滅。他精心準備了一場伏擊。一隊人馬被派去襲擊姆迪納城外平原的牧場。騎兵隊出城趕走這支敵人，返回時卻發現回城的道路被一大隊鄂圖曼步兵封鎖了。騎兵隊經過一場激戰，損失了大約三十人及其馬匹，才逃回城內。有些人徒步撤退，第二天才返回。皮雅利的人馬隨後進逼姆迪納城。他們在接近時吃驚地發現，城牆上居然有這麼多士兵；土耳其人原以為姆迪納城城防非常薄弱，沒有多少守軍；現在城牆上卻站滿了士兵，射出暴風驟雨般的槍彈，敲著軍鼓和教堂大鐘。

皮雅利的進軍可能帶有一些機遇，而不是事先安排好的，因為他沒有攜帶重砲。他們現在決定走為上策。土耳其人的時間已經不多了；他們沒有多少精力來認真攻打姆迪納。於是他們班師回營。姆迪納城牆上的「大軍」鬆了一口氣，因為他們大多數是平民，農民和他們的老婆、孩子穿著多餘的軍服，在城牆上走來走去。

在伏擊戰中抓到的俘虜被帶到穆斯塔法面前，他聽到了一個不好的消息：唐・賈西亞在前一天派唐・薩拉薩爾（Don Salazar，一名經驗豐富的軍官）前來島上偵察，為大規模救援行動做好準備。穆斯塔法在部下面前佯裝對這條消息並不重視，但其實深知其重大意義。時間不多了，各方都在向他施加壓力。八月十二日，他收到了蘇萊曼在七月十六日寫的信；送信的傳令官還口頭描述了蘇丹的情緒：蘇丹發誓賭咒，如果戰敗——這是「對蘇丹威名和他不可征服利劍的冒犯」[23]——他將嚴懲負責人。勝利則會帶來相應的獎勵。穆斯塔法顯然在保持低調，不願意給蘇萊曼送去壞消息。八月二十五日，蘇丹再次寫信給穆斯塔法時，仍然沒有收到後者的任何直接報告。這封信的語氣更加堅決：

侍從官阿卜迪（Abdi）帶來了征服馬爾他要塞港口若干塔樓的捷報，現在他已經返回你處。但目前為止，你沒有呈上任何報告。我已傳旨，你應當向我報告馬爾他攻城戰的情況。你的士兵是否有足夠的給養和武器？征服馬爾他要塞的日子是否快要來臨了？你有無發現敵人海軍？你應當向我報告敵我雙方海軍的狀況。迄今為止我已向你派出七艘補給船。它們是否已經抵達？請向我報告。[24]

蘇萊曼和他的將軍都嚴正關注著唐・賈西亞大軍的集結情形。八月十七日，皮雅利從西西里海岸抓了一些人來，帕夏們意識到，敵人正在進行一場規模宏大的救援行動。皮雅利的槳帆船群不分晝夜地在島嶼周邊巡邏，隔著馬爾他海峽開砲，藉以威嚇基督徒。阿納斯塔吉從岸上追蹤著敵人艦隊的行蹤，發現土耳其海軍的警戒工作頗為敷衍了事，他們的士氣顯然很低落。「我常常留下崗哨，監視敵人艦隊的動作……他們總是在凌晨一點離去。有時我們看到離海岸十英里的地方有火光，我們相信那是敵人海軍點燃的，為的是讓自己安心一點；他們的警戒工作僅此而已。」[25]

雙方將領都在努力地鼓舞將士。拉・瓦萊特告訴部下，援軍已經在路上；穆斯塔法宣稱，對方援軍規模很小，裝備很差。但帕夏面臨的問題一天比一天嚴峻。由於戰爭和疫病，他的部隊每天都在減員，火藥和彈藥短缺；驅使士兵們離開戰壕、視死如歸地衝鋒愈來愈困難。穆斯塔法玩弄的心理遊戲也愈來愈巧妙。八月十八日晚上，三十艘鄂圖曼槳帆船在夜色掩護下駛向外海，船上運載了大量士兵。次日他們再次出現，假裝是來增援的精銳生力部隊。船上的人打扮成近衛軍和乘騎步兵的樣子，陸地上則開砲歡迎，在希伯拉斯山插上旗幟，將這個重大消息轉達給基督徒守軍。穆斯塔法從變節者阿吉拉爾那裡得知，守軍已經接近崩潰。於是他繼續攻城。

整個八月，在卡斯提爾人防區周圍，艱苦的塹壕戰仍在持續著。土耳其人努力將戰壕往前延伸，準備爆破，發動助攻，攀爬城牆。他們的彈幕砲火有時能一口氣持續好幾天。基督徒則不時發動突襲，並持續監視敵人。雙方都在臨時搭建的壁壘後部署狙擊手，獵殺對方。狙擊幾乎是一種遊戲，「一種有趣的狩獵」[26]。八月十二日，守軍最著名的英雄之一，馬沙爾・德・羅夫萊斯在沒有戴防彈頭盔的情形下，就魯莽地從一堵胸牆上探出頭來，因而遭到土耳其人的狙殺。守軍開始在子彈上塗抹油脂，這樣的子彈在擊中敵人後會點燃他們的長袍。穆斯林按照慣例回收己方死者屍體時，就成了極佳的活靶子。不屈不撓的拉．瓦萊特禁止他的部下衝出去回收友軍的屍體，因為這樣做的代價實在是太大了。在城牆的廢墟上，雙方互相狙殺，投擲手榴彈、石塊和燃燒武器，在近距離用野戰大砲對轟，跳進對方陣地揮舞著軍刀和彎刀。他們的距離如此之近，有時只有二十步，能夠互相喊話。改宗的前基督教徒開始用暗語向守軍喊話，支持他們。有的時候，雙方的士兵在同一座路堤的兩側忍受著同樣的苦難，甚至產生了一種如同夥伴般的感情。

✯

日子一天天的過去，暴力和死亡、嘈雜和黑煙、基督教堂叮噹的鐘聲、穆斯林每次進攻前在黑暗中的祈禱聲，全都混成一團，無法辨清。死亡的方式有千百種。有人頭部中彈，或者被燃燒武器活活燒死，或者被刀劍砍倒，或者被砲彈炸得粉身碎骨。插旗成了一種瘋狂的執念。土耳其人在胸牆上升起綠色和黃色旗幟，以及帶馬尾的紅旗，守軍則努力將旗幟扯下。圍繞這些領土標誌的戰鬥就像爭奪陣亡指揮官遺體一樣慘烈。旗幟能鼓舞士氣，丟失旗幟則是個凶兆。

八月十五日，卡斯提爾人防區的基督教旗幟被打倒；穆斯林認為這是他們即將取勝的預兆。八月十八日，土耳其軍隊被打退，城牆上有個基督徒士兵抓起紅、白兩色的聖約翰旗幟，「完全出於生存的樂趣」[27]，在整段城牆上奔跑，其速度之快，「不計其數的火繩槍也打不到他」。沒有人願意被活捉；一旦被俘，不可避免地要遭到拷打，而且雙方都會侮辱敵人的遺體，重演可以上溯到地中海青銅時代的古老儀式——阿基里斯（Achilles）拖著赫克特（Hector）的屍體，繞著特洛伊的城牆奔馳。

✯

穆斯塔法盡可能地鞭策部下，準備新一次的總攻。從八月十六日至八月十九日，連續四天的砲擊之後，近衛軍竟然悶悶不樂地不願進攻。他們不肯離開戰壕，除非穆斯塔法親自帶隊。穆斯塔法可不是懦夫。他身先士卒，並讓營地奴僕們穿上近衛軍服裝（藉此讓敵人誤以為有大量精兵出擊的假象），並許諾，如果他們作戰英勇，就會得到晉升。戰鬥很激烈，但仍然徒勞。穆斯塔法的頭巾被子彈打落，他自己倒在地上，被震暈了。雙方都投入了最後的預備兵力；穆斯塔法開始動用艦隊的儲備火藥。拉．瓦萊特親自來到醫院，要求將傷病員也送上前線；能夠走路的人就算是有戰鬥力。這一天，一枝箭被射到城牆上，帶有一條只有一個單詞的消息：星期四。這是在警告即將發起的新進攻。但這場進攻也被打退了。

攻防戰漸漸陷入一場殘酷的僵局，就像四十年前在羅得島的僵持一樣。穆斯塔法的華麗營帳內的作戰會議愈來愈冗長，氣氛也愈來愈火爆；穆斯塔法主張效法蘇萊曼在羅得島的選擇，接續進行冬季作戰。但皮雅利直截了當地表示反對。艦隊離家太遠，在冬季時我們無法在馬爾他修理船隻，而敵人近在咫尺。如果接下來一、兩次的進攻還不能得手，這兩位帕夏就必須返回伊斯坦堡。他們考量到蘇萊曼的警告，於是在八月二十二日計劃了一波新攻勢。長官們許下諾言，士兵們如果英勇作戰、取得勝利，就將得到重賞。八月二十五日星期六，島上開始下起雨來。

第十四章　「馬爾他不存在」

一五六五年八月二十五日至九月十一日

義大利人稱之為「日落風」的北風是在阿爾卑斯山脈醞釀形成的。它從義大利半島席捲南下，給地中海中部帶來暴雨和惡劣海況。一五六五年八月底，北風降臨馬爾他島，下起了傾盆大雨，這是冬天即將到來的最初跡象。

大雨凸顯出災難的可怕場景。三個半月的激戰之後，港灣地區已經化為世界末日般的荒蕪之地。比爾古和森格萊阿的防禦工事已經被徹底地化為齏粉；兩軍間只隔著成堆的瓦礫。土耳其人悲慘地蹲伏在灌滿雨水的塹壕內，基督徒則蹲在臨時搭建的壁壘後。標明每條戰線的是破破爛爛的旗幟和腐爛的敵人頭顱。儘管穆斯林花了很大力氣運走己方的死者屍體，又付出巨大努力在希伯拉斯山的堅固岩石上挖出集體墓穴，以安葬死者，但這仍然是個横屍遍野的人間地獄。狙擊手、大砲、利劍、長槍、燃燒武器、營養不良、飲水傳播的疾病——這一切都在毫無憐憫地大開殺戒。到八月底，已經約有一萬人在赤道般的暑熱中死亡。腫脹的死屍在港灣水面上顛簸浮動，發出臭氣；每回成功的進攻都在戰場上留下大量殘缺不全的屍體。位於馬爾薩的鄂圖曼軍營中蔓延著疫病，臭氣熏天；空氣中瀰漫著腐肉和火藥的惡臭。兩軍都已經命懸一線。

在基督徒軍中，有人感到，敵人再來一次集中進攻，他們就得完蛋。「我軍將士大部分已經戰死，」騎士溫琴佐．阿納斯塔吉寫道，「城牆已經倒塌；外界很容易看到城牆內的情況，我們隨時面臨被敵人優勢兵力壓垮的危險。但說這些很不合適。從大團長開始，到全體騎士，無不下定決心，把外頭所有竊竊私語的失敗主義言論都當耳邊風。」[1] 似乎只有拉．瓦萊特的堅強意志還維繫著守軍的生命。八月二十五日，有人提出，比爾古已經無法防守，大家應當撤到半島尖端的聖安傑洛堡，做最後的抵抗。拉．瓦萊特一聽到這話，就下令將聖安傑洛堡的吊橋炸毀。守軍將破釜沉舟、死戰到底。教堂禮拜儀式和為每次成功的防禦所做的感恩禱告加強了人們的鬥志。

在前線，守軍一旦從胸牆探出頭來，就必然遭到狙擊。有的時候，只有重型的守城用鎧甲才能挽救他們的性命。八月二十八日，義大利士兵勞倫佐．普奇（Lorenzo Puche）正和大團長交談，頭部被一發火繩槍子彈擊中。他的鋼板頭盔承受了全部衝擊力。他跌倒在地，頭暈目眩，撿起被打癟的頭盔，請求大團長允許他出擊。在當時的情況下，大團長拒絕了他。為了減少遭到狙擊的風險，守軍將多支火繩槍捆紮在一起，用竿子舉過胸牆，再用繫在扳機上的長線來遙控射擊。

在有些地段，兩軍之間只隔幾英尺，分別蹲在自己的壁壘後，忍受著傾盆秋雨。「我們有時離敵人很近，」巴爾比回憶道，「我們甚至可以和他們握手。」[2] 雙方的指揮官都注意到，前線士兵因為一同受苦而對敵人也產生了夥伴情誼。指揮官們對此非常害怕。據報告稱，在森格萊阿，「有些土耳其人和我們的人交談，他們甚至彼此信任，一起討論戰局」。這是互相認可的短暫瞬間，雙方士兵感到自己就像被踢進無人地域的足球一樣。八月三十一日，一名土耳其近衛軍士兵從戰壕中走出，給敵人送上「一些石榴和一條用手帕包著的黃瓜，我們的人給了他三塊麵包和一塊乳酪，做為交換」[3]。在這場毫無騎士風度的衝突中，這是一個罕見的充滿人性光輝的時刻。兩軍士兵交談的時候，基督徒得知鄂圖曼軍營內的士氣在下降，糧食供應在縮減；另方面守軍填補缺口的速度幾乎和土耳其軍隊打破缺口的速度一樣快，因此戰事僵持不下。這位友好的近衛軍士兵給對方的印象是，鄂圖曼軍營內普遍相信「真主不允許馬爾他被占領」[4]。

霪霪秋雨對鄂圖曼軍隊士氣的打擊似乎更為嚴重。拉．瓦萊特向他的部下發放了草墊以抵禦濕冷，天氣的變化改變了攻防戰的面貌。穆斯塔法知道他的時間已經不多了。在帕夏華麗營帳內召開的會議的火藥味愈來愈濃，大家互相指責。所有的舊問題又被重新拿出來討論：我們能在島上過冬嗎？如果我們沒有取勝就撤軍，蘇丹會怎麼做？關於基督徒救援艦隊的傳聞有幾分真實？

皮雅利再次堅決反對在島上過冬，但也專斷地命令海軍加強島嶼周圍海域的巡邏：「有鑑於急需對馬爾他島海域進行警戒和監視，我命令你們建立一個團隊，以三十艘槳帆船警戒和監視馬爾他島周邊海域……你們應以適當的方式懲罰任何敢於反對或違背你們命令的人。」[5]與此同時，潮濕的天氣也給穆斯塔法提供了一個機遇。大雨使火繩槍和其他火器失效了。現在有機會對付基督徒的防禦工事，而不用擔心還擊火力了。

在八月的最後幾天，帕夏們投入了全部力量，在陰風慘雨中發動了一次次絕望的進攻。坑道工兵在城牆下埋設炸藥；攻城塔被搭建起來；全軍將士得到了重賞的許諾。帕夏們將自己的營帳搬到離前線更近的地方，以此激勵官兵；穆斯塔法則親自上陣。他多次感到，最終的勝利已經觸手可及，但就是沒法得手。守軍仍然在頑強抵抗，挖掘自己的地道，發動突襲，並將穆斯塔法的木製攻城武器打倒。天氣太潮濕因而無法使用火繩槍的時候，拉．瓦萊特從軍械庫調出大量機械弩，發給士兵們。土耳其人的普通弓箭在雨中也無法使用，但弩（這是一種來自中世紀戰爭年代，與火藥時代格格不入的老式武器）的殺傷力很強。據巴爾比說，弩的威力非常強大，「它射出的箭能夠擊穿盾牌，常常還能穿刺盾牌後的人」[6]。

八月三十日，大雨持續了一整個上午，穆斯塔法發動了一次堅決的進攻，目標是清理突破口處的碎石，然後從打開的通道中殺進去。一些馬爾他人跑到拉．瓦萊特那裡，叫嚷著說，敵人已經進城了。拉．瓦萊特集結了他能召集的全部人馬，一瘸一拐地親自帶兵趕到突破口，同時婦女、兒童還向衝殺上來的敵人投擲石塊。如果不是因為老天爺幫忙，或許這一次他們就真的完蛋了。雨停了，守軍得以使用燃燒武器和火槍，打退了敵人。穆斯塔法面部負傷，但不肯動搖。根據基督徒方面的記載，「他手握棍棒，憤怒地驅使士兵上前」[7]。土耳其人從中午一直進攻到天黑，沒有占到任何便宜。攻勢宣告失敗。次日，守軍做好迎接敵人新一輪進攻的準備，但敵人沒有進攻。「他們沒有前進，因為他們和我們一樣筋疲力竭。」[8]巴爾比記載道。整個攻城戰戛然而止。此時，穆斯塔法知道，基督徒的救援艦隊已經在路上。他向將士們許以重賞（普通士兵可以提升到有豐厚軍餉的近衛軍的地位，奴隸可以獲得自由），但成效甚微。

穆斯塔法不是唯一一個急於完成君命的將領。馬爾他戰役是爭奪地中海的較量，在為主公效力的前線將士背後還有蘇萊曼與腓力二世這兩位君主在注視著，他們就好像棋盤兩端的最關鍵棋子一樣。在西西里，唐．賈西亞心急如焚地等待馬德里批准他發動救援行動。到八月初，他已經在西西里集結了一萬一千名士兵和八十艘戰船。這支部隊大部分是久經沙場、勇武強悍的西班牙士兵，包括長槍兵和火繩槍兵，以及一小群聖約翰騎士團的騎士和一些紳士冒險家（趕來為基督教世界的榮耀而戰的自由傭兵）。在未能及時趕到前線的人中有一位奧地利的唐・胡安（Don Juan of Austria），他是查理五世的私生子，也就是腓力二世的異母弟。負責指揮援軍的是唐・阿爾瓦羅・德・桑德（他曾經在傑爾巴島指揮西班牙軍隊，後來被俘，被從伊斯坦堡贖回）和一位威名遠播的雇傭軍領袖——獨眼的阿斯卡尼奧・德拉・科爾尼亞（Ascanio della Corgna）。科爾尼亞此前因為犯有謀殺、強姦和敲詐的罪行，身陷囹圄。教宗特意將他釋放，好讓他衝鋒陷陣。為了基督教的大業，對這樣的罪犯也可以寬大為懷。

援軍已經做好了出征的準備，唐・賈西亞也受到各方面的催促，要他趕緊啟航。前線的報告一天天變得愈發絕望。「還有四百人活著……一個鐘頭都不要耽擱，趕緊來救援吧！」[9]姆迪納的指揮官在八月二十二日寫道。但腓力二世仍然猶豫不決。唐・賈西亞終於在八月二十日得到了批准，但御旨中滿是謹小慎微的告誡。腓力二世的旨意是「只有在槳帆船艦隊萬無一失的情況下，方可發動救援」[10]；不准和鄂圖曼艦隊發生衝突。這命令幾乎是無法執行的。在耗時甚久的仔細斟酌之後，唐・賈西亞決定讓援軍登上六十艘最好的槳帆船，衝向馬爾他海岸。部隊登陸之後，戰船將立刻返回。為了盡可能避免被敵人艦隊發現，他們將佯裝進攻的黎波里，從西面接近馬爾他。

八月二十五日，援軍從西西里東岸的敘拉古啟航，旋即迎頭撞上了正在鞭笞馬爾他的狂風。八月二十八日，脆弱的槳帆船艦隊在驚濤駭浪的大海上艱難航行，有時被推上波峰、有時墜入浪谷，再加上大雨傾盆，船員們被「天上和海裡的水浸透」[11]。戰船上的衝角被風浪扯下，船槳折斷，桅杆被打碎。船隻隨時面臨傾覆的危險，旱鴨子士兵們渾身冰冷、魂飛魄散，只能拚命禱告，向上帝許願。從桅杆頂端射出的藍、白兩色「聖艾爾摩之火」的景象更令他們心驚膽寒。更糟糕的是，這一天是施洗者約翰被斬首的日子，在教會日曆中是個特別不吉利的跡象。整支艦隊在一夜掙扎後倖存下來，被暴風吹得偏離航道，來到了西西里西海岸的特拉帕尼（Trapani）。艦隊出師不利，在隨後的一週內更是噩夢連連，錯過了預先的約定，先是被風向不利的暴風吹得繞過了馬爾他，被鄂圖曼艦隊發現，然後又被吹回了西西里。士兵們被暈船折磨得面如土色，如果不是唐·賈西亞強力阻止的話，肯定會全部成為逃兵。九月六日，艦隊終於再次啟航，打算徑直衝過海峽，希望能夠避開鄂圖曼艦隊。艦隊安靜地出發，去跨越這三十英里的開闊海域。官兵們得到了嚴厲的命令：必須宰殺船上所有的公雞，所有命令都以口頭傳達，而不准使用平常的哨聲；槳手們被禁止抬起雙腳，因為腳鐐的撞擊聲在平靜的海上會傳得很遠。

其實，出其不意的奇襲效果早在九月三日就徹底喪失了。在那一天，海盜烏魯奇·阿里（Uluch Ali）①在馬爾他西海岸偵察的時候發現了基督徒援軍。穆斯塔法的營帳內就此展開了激烈的討論。

✯

九月初，守軍明顯地感覺到，土耳其人雖然持續在進攻，但方式卻發生了變化。「他們繼續以相同的強度砲擊聖米迦勒堡和卡斯提爾人防區，」巴爾比在九月五日寫道，「雖然狂轟濫炸打得很熱鬧，但我們看到他們每天都將物資裝上船，並將火砲撤出陣地。這讓我們歡欣鼓舞。」12

為了防備基督徒援軍在島上登陸，土耳其人將寶貴的大砲撤走了。這個過程耗時甚久，非常艱苦，麻煩重重。兩門巨型射石砲尤其造成了特別大的困難。其中一門從輪子上脫落，不得不將其拋棄；另外一門則墜入海中。守軍漸漸得到了愈來愈鼓舞人心的消息。他們了解到，有些海盜已經駕船離去；土耳其人在港灣出入口設置了鐵鍊，以阻止更多人開小差。同時，一個被俘的馬爾他人逃回了比爾古。他在廣場上當眾宣稱，土耳其人已經非常脆弱，正在撤退。後來又有兩個馬爾他人帶來了消息：敵人將做最後一次努力，如果還不成功就撤軍。九月六日夜間，守軍沒有聽到敵軍戰線上有任何動靜，於是派遣一些士兵爬進了鄂圖曼軍隊的戰壕。那裡空無一人，只留下一些鐵鍬和幾件斗篷。全體鄂圖曼士兵都臨時撤出，登上槳帆船，以應對基督徒援軍的進攻。

雖然失敗就在眼前，但穆斯塔法還沒有放棄虎口奪食的希望。九月六日星期四晚間，在穆斯塔法營帳內，鄂圖曼將領們做了最後一輪痛苦而激烈的討論。關於這次會議，只有基督徒方面的資料流傳下來，它不甚可靠。據說，穆斯塔法重讀了一名宮廷太監送來的蘇萊曼的書信（我們對這封信知之甚少）。在信中，蘇丹下令艦隊不取勝便不得離開馬爾他。隨後眾將對蘇丹可能做出的反應進行了激烈討論。穆斯塔法認為，蘇丹天性暴虐，如果他們在沒有取勝的情況下就從馬爾

---

① 原名喬萬·迪奧尼吉·加利尼（Giovan Dionigi Galeni，一五一九至一五八七年），原是義大利人，少年時被穆斯林海盜綁架，後來改宗伊斯蘭教，成為海盜，憑戰功獲得晉升，參加了馬爾他、勒班陀（Lepanto）等戰役，戰功卓著，一度擔任阿爾及爾總督和土耳其海軍司令。賽凡提斯在《唐吉訶德》（*Don Quixote*）裡提及過他。

他撤軍，他們的下場將會「悲慘而恐怖」[13]。或許他記起了十年前的往事：九十歲高齡的地圖繪製師皮里雷斯奉蘇丹旨意在紅海征戰，不幸失敗，被蘇丹下令處決。皮雅利則表示反對（還有一名陸軍將領同意皮雅利的看法）：蘇萊曼是最睿智和最通情達理的蘇丹；我們為了占領馬爾他已經付出了超出常人的努力，天氣實在太惡劣；現下的首要大事是挽救艦隊，如果拿艦隊孤注一擲，將會加速全軍的覆滅。穆斯塔法宣稱，將在次日早上發動最後一次進攻，他已經做好了慷慨赴死的準備。

穆斯塔法已經下達了一道特殊命令，從中可以看出，他在為不可避免的命運預做準備。在攻防戰開始之前，被羅姆加俘虜的蘇丹宮廷太監總管的大帆船「蘇丹娜」號，是鄂圖曼人發動戰役的一個表面的理由。整個夏季，它都在內港輕輕地隨風浪顛簸。穆斯塔法在一開始就起誓，要將這艘船帶回伊斯坦堡，做為勝利的證明。九月六日，他下令用砲火將它擊沉。第一輪砲彈呼嘯著從對岸射來時，拉．瓦萊特下令用纜繩將「蘇丹娜」號繫在碼頭上。「蘇丹娜」號被打得千瘡百孔，但仍然浮在水面上。

九月七日星期五黎明，天氣晴朗。就像一年中的任何一天一樣，這個日子在基督教日曆中也有著特殊意義——這是聖母瑪利亞瞻禮日的前一天。天氣恢復了原先的狀況，有著熱帶般令人窒息的酷熱。夜晚也熱得讓人無法忍受，無人能夠入眠。鄂圖曼軍隊回到了戰壕，等待進攻的命令。為了加強進攻力量，烏魯奇．阿里的槳帆船分隊也被從聖保羅灣的前哨陣地調到了攻城前線。這是穆斯塔法最後一次的倒楣。兩個小時之後，唐．賈西亞的援軍浩浩蕩蕩地駛入了鄰近的梅利哈（Mellieha）灣。在一個半小時之後，一萬名士兵登上沙灘，隨後艦隊迅速離去。這次登陸沒有受到任何抵抗。這完全是僥倖。

在十英里之外的比爾古和森格萊阿，身穿板甲、汗流浹背的守軍蹲在防禦工事廢墟的煙塵中，準備迎接敵人的新一輪猛攻。他們等待的時候，聽到鄂圖曼戰壕傳來了一個不熟悉的聲響——無數刺耳的聲音不協調地混雜在一起，就像憤怒蜜蜂的嗡嗡聲。原來近衛軍和乘騎步兵之間發生了爭吵，各自都希望對方先衝進突破口。城牆上的守軍瞠目結舌地看到，敵人主動放棄了戰壕，開始後撤。他們還在思忖，這究竟是怎麼回事，又聽見聖艾爾摩堡傳來一聲砲響，這顯然是向鄂圖曼軍營發出的訊號。一艘小船從海岬尖端繞過，槳手拚命划槳，向岸邊猛衝。一個戴頭巾的人匆匆上岸，「從他的服飾和儀態看來，顯然是個高官」[14]。他跳上一匹預備好的馬，衝向穆斯塔法的營帳。他縱馬狂奔，但因速度過快，以致坐騎絆倒在地。那人大發雷霆，抽出彎刀，將馬腿砍斷。

> 隨後他跑向皮雅利帕夏的營帳。在朝向科拉迪諾（Corradino）和聖瑪格麗特前線的方向，可以看到三、四個土耳其人手握彎刀，縱馬疾馳。他們抵達那裡之後，整個軍營陷入了喧囂和混亂。他們命令官兵迅速攜帶所有物資登船。[15]

唐．賈西亞登陸的消息讓土耳其人瘋狂地忙碌起來。他們在希伯拉斯山重新集結，開始以神奇的速度和效率將物資和裝備裝上船。但穆斯塔法留下了一群火繩槍兵做為伏兵，如果守軍膽敢北上，必將遭到血腥屠殺。

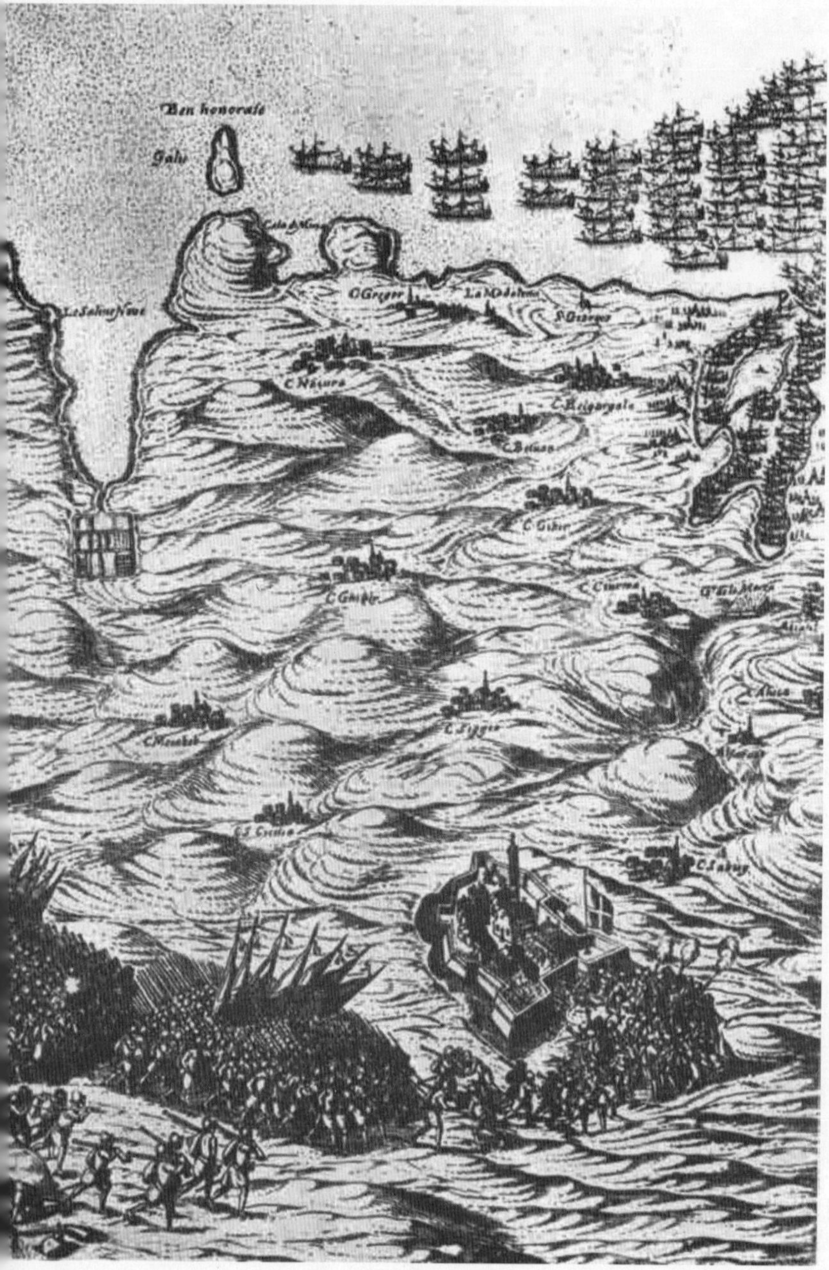
Ben honorate
Galis
C. Nadura

圖22　前往姆迪納的援軍

但守軍沒有貿然出擊。拉．瓦萊特一直到最後都謹小慎微，不允許任何人擅離城堡。在比爾古的大街上，人們開始慶祝。所有教堂大鐘都被敲響，以慶祝即將到來的聖母節。在殘破淒涼的大街上，喇叭、大鼓和旗幟帶來了鼓舞人心的歡樂氣氛。群眾以非同一般的形式表達他們的激昂。他們跪在地上，雙手朝天，向上帝感恩。也有人跳起來歡呼：「援軍到了！援軍到了！勝利！勝利！」瘋狂地四下奔跑。韋斯帕夏諾．馬拉皮斯納（Vespasiano Malaspina），一名「以聖潔著稱」[16]的騎士，手持一片棕櫚葉爬上城牆，唱起了《感恩贊》。他剛唱到最後一節，就被一名鄂圖曼狙擊手擊斃。這對土耳其人來說，想必是一記漂亮的回馬槍。

黑夜降臨在比爾古和森格萊阿。在連續幾個月的連續砲擊之後，籠罩兩座城堡的是令人頗為驚異的靜謐。攪擾悶熱夜空的只有遠方車輪碾壓石頭地面的咯吱聲，土耳其人正在把他們的大砲拖回船上。

一整天時間，鄂圖曼軍隊在撤回船上，而基督徒援軍則從登陸點出發，在鄉間緩緩行進七英里，前往姆迪納。士兵們頭戴鋼盔，身著胸甲，全副武裝，還攜帶著大量糧食。天氣酷熱，而且他們經歷了一週的艱苦航行，已經筋疲力竭。長蛇陣的隊伍在遭烈日炙烤的土地上行進，其實是非常脆弱的。有些士兵為了輕鬆一點，拋棄了自己的給養。軍官們命令他們將物資撿回來。他們艱難地上坡前往姆迪納時，阿斯卡尼奧．德拉．科爾尼亞和阿納斯塔吉騎馬下山迎接他們，當地居民牽來了騾馬以運送物資。阿斯卡尼奧擔心遭到伏擊，無情地催促士兵繼續前進。到當晚，總數一萬人的部隊已經安全地在姆迪納及其周邊地區安營紮寨。

鄂圖曼軍隊原已準備背負著奇恥大辱撤軍，但形勢再次發生了驟然逆轉。九月九日星期日，基督徒援軍的一名士兵叛變，投奔了鄂圖曼軍營。他是個摩里斯科人，即被強迫改宗基督教的西班牙穆斯林。看到伊斯蘭的旗幟仍然在海岸上飄揚，他決心重拾祖先的信仰。他帶來了關於基督徒援軍的新情報：人數不到一萬人，而是只有將近六千人；他們被風浪折磨得筋疲力竭，而且缺少食物，幾乎沒有站穩的力氣；此外，他們的多位指揮官正在爭權奪利。其中最後一點幾乎可以肯定是真實的，因為西班牙人唐．阿爾瓦羅和義大利人阿斯卡尼奧頗有嫌隙；基督徒軍隊和鄂圖曼軍隊一樣權力分散、山頭林立。

對穆斯塔法而言，他仍然無法面對戰敗的事實，但新情報給了他一個機會，或許能從一敗塗地的局面中挽回一點顏面。他決定孤注一擲。為了避免自己的意圖被基督徒發現，他於九月十一日（星期二）破曉前率領一萬名士兵藉著黑暗的掩護，下船登陸，然後開始以作戰隊形北上，目標是搶在敵人援軍恢復戰鬥力之前，將其一舉殲滅。與此同時，皮雅利的艦隊從港口出發，向北航行，在聖保羅灣外海停泊。比爾古和森格萊阿的守軍目睹土耳其艦隊離去，然後登上希伯拉斯山，在聖艾爾摩堡的廢墟上插上聖約翰騎士團的紅、白兩色旗幟。他們現在可以看得見土耳其人在行軍，並將沿途的村莊付之一炬。

事實上，穆斯塔法的計謀很快就被一個變節的薩丁尼亞島叛教者洩露給守方。馬爾他偵察兵正密切監視土耳其軍隊的動向。拉．瓦萊特向姆迪納發送了十萬火急的消息，好讓那裡的部隊做好準備。清晨，一萬名基督徒援軍在姆迪納遠方的高地擺開了陣勢。他們已經休整了兩天，而且得到了新鮮的食物，而不是航海餅乾；每個連隊都得到了一頭牛。其中很多人是來自腓力二世在義大利的領地的西班牙老兵，包括長槍兵和火繩槍兵，他們慣於野戰，對編隊作戰經驗豐富。部隊排成了作戰隊形。西班牙旗幟迎風招展，鼓手敲出激昂的鼓點。頭戴鋼盔的士兵們排成若干個方陣，如同森林一般屹立，靜候鄂圖曼軍隊的衝鋒。

土耳其軍隊接近時，西班牙和義大利指揮官們發現很難遏制他們的部下：「所有人都擦拳磨掌，急於交鋒，甚至用利劍威脅也控制不了他們。」[17]雙方都認識到制高點的重要性，於是都奔向姆迪納遠方的一座築有塔樓的小山丘。西班牙人贏得了這場賽跑，在山頂升起了自己的旗幟，開始面對山下的敵人。土耳其人試圖站穩腳跟、與敵交鋒，但被打退。戰鬥非常激烈，很多人被火繩槍或者弓箭打倒在地，而且此時已近正午，赤日炎炎。「在整場攻防戰期間，我從沒遇見過這麼熱的天氣，」巴爾比寫道，「基督徒和土耳其人一樣，在疲勞、酷熱和乾渴的折磨下幾乎站不住腳，很多人因此斃命。」[18]現在事實證明，穆斯塔法的進攻決策是個彌天大錯。基督徒軍隊的戰力比那個摩里斯科人說的要更強，身體狀況也遠比穆斯林強健，後者畢竟已經連續苦戰了四個月。土耳其人開始動搖。穆斯塔法的火繩槍兵堅守了戰線一小段時間，但基督徒軍隊的衝擊力是無法阻擋的。西班牙長槍兵猛烈衝殺，將敵人打得潰不成軍。直到最後關頭仍英勇無畏的穆斯塔法努力阻止部隊潰敗的大潮。他翻身下馬，將馬匹殺死，然後跑到最前線。此時就算指揮官身先士卒也無法挽回頹勢，他的士兵在快速前進的基督徒威逼下兵敗如山倒，潰亂地逃向海邊。基督徒軍隊旌旗招展、戰鼓隆隆，身穿紅、白兩色外衣的騎士們奮勇衝殺，西班牙士兵用他們的長槍刺殺敵人。阿斯卡尼奧負了傷，唐·阿爾瓦羅胯下的坐騎被擊斃，但基督徒軍隊已經是所向披靡了。鄂圖曼軍官們完全無法控制他們的部下；他們亂七八糟地四散逃逸。

穆斯塔法向艦隊發送了一條緊急命令，指示將船隻駛近岸邊，船首砲指向陸地，準備掩護撤退。通往大海的乾燥地帶變成了殺戮場。天氣酷熱難當，雙方都有人不堪承受鎧甲的重壓，倒地死去。但西班牙援軍兵力更強，戰備也更充足。他們殺聲震天[19]，帶著復仇的渴望衝向敵人。基督徒們對聖艾爾摩堡大屠殺記憶猶新，基督徒指揮官們下令不接受任何投降。有些土耳其士兵倒地之後就無力爬起，或者喪失了爬起來的意志力。他們就這樣被殺死在地上。

馬爾他攻防戰最後的血腥一幕上演在聖保羅灣的岸邊。聖保羅的傳奇式海難就發生在這裡，這對馬爾他人而言具有非常重要的基督教意義。而對撤退中的穆斯林來說，這個地點將決定他們的生死存亡。幾十艘槳帆船停泊在近海，一大群較小的划槳船衝進海灣，將敗軍救走。撤退的士兵被驅趕到海灘上和海灣周圍的砂岩岩架上，然後又被趕下海。淺水區成了一個屠場。年輕的馬爾他人和西班牙士兵浪花四濺地蹚水衝進潟湖，向掙扎的土耳其人奮力劈砍。土耳其人拚命掙扎著上船，卻將小船掀翻。死屍在蔚藍海水上漂浮，拖曳著紅緞帶般的血跡。最後一批倖存者跌跌撞撞地爬上了船。隨後，槳帆船群將大砲瞄準海岸，於是唐・阿爾瓦羅和阿斯卡尼奧命令部下撤退。他們站在炎炎赤日下，筋疲力竭，注視著敵人艦隊離去。在海灘上和海水裡，到處是頭巾、彎刀、盾牌和不計其數的死屍。「我們在當時無法準確估算敵人死者的數量，但兩、三天後，溺死的人的屍體浮到了海面上。」巴爾比寫道。「海灣內臭氣熏天，沒人能夠接近。」[20]

天黑之後，鄂圖曼槳帆船返回岸邊，裝載了淡水，然後分散離去。巴巴里海盜返回北非，帝國艦隊則踏上漫漫歸途，去直接面對蘇丹的憤怒。他們在馬爾他這片貧瘠土地上留下了大約一萬具屍體，那或許是整支陸軍一半的兵力。艦隊的背後是一個千瘡百孔的島嶼，按照賈科莫・博西奧的說法，馬爾他「乾旱枯萎、慘遭洗劫和毀壞」[21]。八千名守軍中只有六百人還有戰鬥力，五百名騎士中有兩百五十人陣亡。馬爾他發出死亡的惡臭。基督徒倖存者敲響大鐘，向上帝感恩。羅馬城的大街上點燃了慶祝勝利的篝火；整個歐洲，一直到倫敦，人們發出感恩的禱告。四十年來，蘇萊曼第一次在白海遭受了重大失敗。雖然在過去有很多基督教城市被土耳其攻克，但這一次歐洲的三角堡堅守了下來，使得基督教海岸躲過了一場巨大浩劫。由於基督徒們的宗教熱誠、不可戰勝的意志力和幸運，馬爾他得以倖存。在這場戰役中，拉·瓦萊特激起了整個歐洲的熱情。

☆

戰敗的消息不可避免地傳到了身處伊斯坦堡的蘇萊曼耳裡。穆斯塔法和皮雅利小心地先發回報告，然後在夜間悄悄地駛進金角灣。消息傳遍全城後，大家陷入了悲痛。基督徒「不敢上街，因為害怕土耳其人向他們投擲石塊。土耳其人全都披麻帶孝，有的哀悼兄弟，有的悼念兒子、丈夫或者朋友」[22]。但蘇萊曼的回應卻是罕見的沉默。兩位將領都保住了性命，儘管穆斯塔法丟掉了官位。皮雅利次年將再次出海，襲擊義大利海岸。蘇萊曼對在一場殘酷激戰中倖存下來的近衛軍非常慷慨。他下令，所有「參加馬爾他攻城戰的近衛軍士兵都將得到晉升和金錢賞賜」[23]。帝國的官方史冊對馬爾他戰役的失敗輕描淡寫、一筆帶過。自此，土耳其人有了一種說法：「馬爾他不存在。」就像攻打維也納的失敗一樣，馬爾他戰役也被視為鄂圖曼帝國無數勝利中的一個可以忽略的小小挫折。

雖然基督教世界敲響了勝利的鐘聲，點燃了歡慶的篝火，但在地中海中部，沒人認為馬爾他戰役宣告了鄂圖曼帝國野心的終結。在土耳其艦隊返航之後，基督教各國的外交報告中仍然充滿命懸一線的危機感。馬爾他已經是一片廢墟；它的防禦工事化為瓦礫堆，居民負債累累、貧窮無助。倖存的騎士當中很少有人能夠再次戰鬥。毫無疑問的，一五六五年的慘敗傷害了蘇萊曼的自尊，他在重建艦隊，必然會再次出征。「他已經下達旨意，」當年十月從伊斯坦堡發出的一份報告指稱，「到明年三月中旬，必須有五萬名槳手和五萬名士兵就位」[24]。歐洲仍然處在恐慌中，毫無安全感可言。他們幾乎沒有時間集結軍隊、收集金錢和重新武裝馬爾他島。人們在希伯拉斯山上開始瘋狂地趕建一座新城堡，並將其命名為「瓦勒他」（Valetta），以紀念騎士團的大團長。人們緊張地注視著東方。

但是，除了對義大利發動了一次不痛不癢的襲擊外，土耳其人放棄了大海。鄂圖曼帝國的征伐轉向了匈牙利。第二年，蘇萊曼御駕親征。這是他的第十三次出征，也是他近十二年來第一次出征。蘇丹已經七十二歲高齡，身體狀況不佳，不能騎馬，只能乘坐笨重的馬車。他率領的是他一生中徵集的最龐大軍隊。這將是展現帝國威嚴的時刻。在馬爾他戰役之後，蘇萊曼希望重新確立自己聖戰領袖的地位，以顯示「眾蘇丹的蘇丹、向世間諸君主分配王冠者」[25]的力量仍然能夠撼動世界，伊斯蘭征服的力量將是無窮無盡的。

土耳其大軍花費了很大力氣才攻克了位於沼澤地帶的錫蓋特（Szigetvár）堡，一小支匈牙利軍隊像聖艾爾摩堡守軍那樣死戰到底，讓土耳其人付出了巨大代價。九月初，蘇丹班師回朝。皇家馬車在一望無垠的平原上顛簸前行。六名侍從跟隨在車輪旁，背誦著《古蘭經》的詩節。長著鷹鉤鼻、面色蒼白的蘇萊曼腰桿筆直地坐在車內，遮蔽在帳幕後。士兵們能夠隱約瞥見「真主在人間的影子」的身形，得到一些安慰。

✯

但車內的人並非蘇萊曼，而是皇室的一個替身。蘇丹其實已經駕崩。他的屍體被除去內臟、塗上防腐香油，祕密運回首都。蘇萊曼於一五六六年九月五日或六日去世時，錫蓋特堡還在堅守。對敵人的頑抗感到不耐煩和惱火的蘇丹在去世前幾個小時寫道：「這座煙囪還在冒煙，征服的連續鼓點還沒有敲響。」[26]偉大蘇丹的戎馬一生以攻克貝爾格勒的輝煌勝利拉開帷幕，又以這句話作結。他的臨終話語暗示了他的失望、痛心和挫敗。不管占領了多少島嶼、攻克了多少城堡，伊斯蘭世界帝國的夢想就像流沙一樣地從他手心逝去，再也無法實現了。這時他離莫哈奇（Mohács）還有三十七英里遠，一五二六年他曾在那裡大敗匈牙利軍隊。在廣闊的平原上，基督徒的頭骨還在泥土裡緩緩褪色。

在地中海，所有人都知道鄂圖曼帝國的攻勢將持續下去。馬爾他是個未完成的故事，還缺個結局。這一次南歐只能算是僥倖過關。

第三部

大決戰：衝向勒班陀

Endgame: Hurtling to Lepanto 1566-1580

第十五章　教宗的夢想

一五六六至一五六九年

基督教歐洲花了大約一百五十年的時間才真正理解鄂圖曼帝國皇位繼承的真正本質。鄂圖曼帝國為了將內戰的可能性扼殺於襁褓之中，總是事先安排好如何發布蘇丹駕崩的消息。當這消息傳到西方的時候，眾人總是鬆了一口氣。人們虔誠地希望，新蘇丹或許會更順從臣子的勸導，不像前任蘇丹那樣好戰，就好像開戰與否取決於蘇丹的個人選擇似的。甚至連戎馬三十年的穆罕默德二世（君士坦丁堡的征服者）最初登基時也被歐洲人認為是乳臭未乾、不構成威脅的小鬼。但在塞利姆二世於一五六六年九月登基的時候，歐洲人大體上已經摒棄了上述的觀念——統治者的更迭必然意味著新的戰爭。

在選擇儲君的殘酷過程中，只有新蘇丹一個人能倖存下來，他更有才幹的兄弟們都已經死去或者遭到處決。沒有人對塞利姆二世有高度的評價。他相貌平庸、生性懶惰，與軍隊的關係也不好。近衛軍稱他為「公牛」。據說他嗜酒如命。外國使節發回了充滿負面評價的報告：「塞利姆二世生性暴躁殘忍，沉溺於各種肉體享樂中，尤其是酷愛飲酒。」[1]但到了十六世紀中葉，歐洲人已經理解到，君主的個人秉性和國家大事幾乎沒有關係。對蘇丹的地位來說，對外征服的宏圖霸業是至關重要的，這與蘇丹做為伊斯蘭世界領袖的身分錯綜複雜地結合在一起。這一點也不斷地體現在權力的外部包裝上：高貴的頭銜宣示了對世界的主權；富麗堂皇的作戰營帳和旗幟，鑲嵌寶石的利劍，以及高貴典雅、飾有《古蘭經》中勝利章節文字的頭盔，以上都強調了蘇丹做為伊斯蘭戰士的身分。只有偉大的征服行動才能鞏固蘇丹的地位。

戰爭並不取決於個人的意願，而是一項受到伊斯蘭教的佑護，持續不斷的帝國霸業。整台鄂圖曼帝國機器都需要戰爭；如果征服戰爭受挫，就像在馬爾他發生的那樣，那也只是個暫時的挫折，很快就能克服。「土耳其人的擴張就像是大海，」[2]一個塞爾維亞人在一百年前曾如此評論，「永遠不會安頓下來，永遠洶湧前進。」在過去的日子裡，蘇丹要親自指揮所有的戰役。現在，蘇丹不需要親臨戰場，只需用他的馬尾旌旗和精巧美麗的旗艦代表他的存在，自有前線將領代替他衝鋒陷陣。由於遠離戰場，塞利姆二世對戰敗的可能性不屑一顧；將鄂圖曼帝國蘇丹們研究的很透徹的威尼斯人認為，塞利姆二世「自視甚高，蔑視世界上其他君主；他自認能夠向戰場投入無窮無盡的軍隊，不肯聽取任何相反意見」[3]。

塞利姆二世很快就認識到戰爭對帝國的必要性。在他盛裝通過埃迪爾內門（Edirne Gate，又稱為征服之門）①，進入伊斯坦堡的那一天，近衛軍發生了譁變。他們封鎖宮門，不准新蘇丹進入，並向他索取慣例的賞賜。此時仍然擔任海軍司令的皮雅利帕夏被從馬背上打了下來。塞利姆二世不得不匆忙地分發金幣給士兵，才解決了事端，但他從中吸取了教訓。常備軍就像隻老虎，每一位蘇丹都必須學會駕馭牠。要駕馭牠，就需要勝利，以及隨之而來的戰利品和賞賜的土地。害怕政變的塞利姆二世是第一位從未御駕親征過的蘇丹，在這方面，他的統治算是一個前後的分水嶺。但征服戰爭還得繼續打下去，地中海仍然是個讓他非常感興趣的目標。

以嫺熟的手腕安排塞利姆二世登基的是波士尼亞出身的首席大臣——索科盧．穆罕默德帕夏。他在御醫的幫助下隱瞞了蘇萊曼駕崩的消息，並平息伊斯坦堡近衛軍的反叛。索科盧身材高瘦、城府極深，容易被賄賂收買，但對每一位蘇丹都絕對忠誠（他在垮台之前一共侍奉過三位蘇丹），而且他才華洋溢。他在蘇萊曼治下已經證明了自己的才幹，先後擔任過將軍、法官、行省總督，甚至在巴巴羅薩死後還擔任過海軍司令。他在一五六五年被任命為首席大臣，又成為塞利姆二世的駙馬爺。在馬爾他的失敗之後，索科盧對地中海明顯持謹慎態度。他更看好帝國在匈牙利開展陸戰。

圖23 蘇丹塞利姆二世

① 埃迪爾內舊稱哈德良堡（Hadrianopolis）或阿德里安堡（Adrianople），因羅馬皇帝哈德良（Hadrian）所建而得名。現在是土耳其埃迪爾內省省會，位於鄰近希臘和保加利亞的邊境。著名的阿德里安堡戰役就發生在此地。西元三七八年，羅馬帝國軍隊與哥德人交戰，遭到慘敗，皇帝瓦倫斯（Valens）陣亡。此外，此處在一三六五至一四五三年之間也是鄂圖曼帝國的首都。

但是，同時有其他人正和他一同競爭蘇丹的信任。威尼斯人也分析了索科盧的優缺點：

> 在外交談判方面他技藝高超，有極高的理解力……蘇丹將全部國家大事都託付於他……儘管如此，穆罕默德對於能夠長久地保持蘇丹的寵信仍然缺乏信心，也不敢在蘇丹面前直言不諱……他曾說，他雖然享受著蘇丹賦與的極大權力，但在蘇丹命令他備戰兩千艘槳帆船的時候，他還是不敢告訴蘇丹，帝國沒有足夠的力量辦到這一點。他的膽怯一方面是由於蘇丹的暴虐性格……一方面是由於他不斷受到其他帕夏的嫉妒。[4]

索科盧的主要目標是牢牢地守住權力的頂峰，但從塞利姆二世登基伊始，他就受到野心勃勃的競爭者的挑戰，其中最強勁的對手便是塞利姆二世年幼時的師傅拉拉．穆斯塔法（Lala Mustapha）②帕夏和皮雅利帕夏。蘇丹始終待在京城，他身邊爭權奪利的派系鬥爭將對鄂圖曼帝國在白海的決策產生重要影響。所有爭奪蘇丹寵信的人同時也牢記標誌著易卜拉欣垮台的濺血宮牆。為蘇丹辦事，失敗是不被接受的。

✯

在塞利姆二世登基的同時，還發生另一起重要的權力更迭。在歐洲權力政治的複雜矩陣中，羅馬教廷一貫以來最堅決地反對蘇丹。羅馬和伊斯坦堡分別是兩個世界的中心，勢不兩立、不共戴天。一五六五年十二月九日，在馬爾他攻防戰的恐怖時期領導基督教世界的教宗庇護四世，在他位於波吉亞塔（Borgia Tower）的寓所去世。在仲冬時節的短暫白天裡，天主教會的紅衣主教們召開了祕密會議，選舉一位新教宗。

一五六六年一月八日，象徵新教宗選舉成功的白煙從梵蒂岡的煙囪裡冒出，新教宗的人選是所有人始料未及的。米凱萊・吉斯萊里（Michele Ghisleri）和他的前任相比，是位迥然不同的教士。庇護四世頭腦冷靜，在新教興起的風暴中仍然保持高度寬容，是個深知人情世故的人。他出身豪門，深知為政之道，溫文爾雅而老於世故，是個典型的文藝復興時期的教宗。吉斯萊里則出身貧寒，少年時在皮埃蒙特（Piedmont）的山上以放羊為生，完全是靠教會的撫養和提攜才走到今天這一步。他在為教會效力時的熱忱令人驚嘆，前不久還擔任過異端裁判所的大法官。新教宗選擇了庇護五世（Pius V）的稱號。在當時的情況下，這個選擇不太恰當，因為庇護四世非常憎惡他。吉斯萊里不是一個能夠和羅馬或佛羅倫斯的權貴們一起觥籌交錯的人。庇護五世已經禿頂，白鬍子迎風飄揚，固執己見、嚴格自律、堅定不移，更像是《舊約聖經》裡的先知，而一點也不像個波吉亞教宗③。他不懂得政治手腕，生活簡樸，對上帝滿腔熱誠，日夜工作，不肯停

---

② 請讀者留意，此處的拉拉・穆斯塔法帕夏不同於馬爾他戰役的指揮官穆斯塔法帕夏。

③ 此處指的是教宗亞歷山大六世（Alexander VI，一四三一至一五〇三年），本名羅德里戈・德・波吉亞（Rodrigo de Borgia），出身西班牙，是歷史上最具爭議的教宗之一。一方面，他生活腐化、利欲薰心、心狠手辣；另一方面，他大力贊助文藝，拉斐爾（Raphael）和米開朗基羅（Michelangelo）都曾受他庇護；同時他同情被壓迫的猶太人，反對奴隸貿易。值得一提的是，他的兒子切薩雷・波吉亞（Cesare Borgia）就是馬基維利（Machiavelli）在《君王論》（*The Prince*）中高度讚揚的理想君主。

歇。他只有兩件質地粗劣的羊毛襯衫，輪流穿著和換洗，但充滿了虔誠的能量。他滿腔熱情要保衛和弘揚天主教會，堅決反對教會的敵人——新教徒和穆斯林，這種熱誠可以追溯到中世紀十字軍東征的精神。就是庇護五世將英格蘭女王伊莉莎白逐出教會，稱她為「惡靈的奴僕」[5]。他無論走到何方，總帶著一股咄咄逼人的火藥味，一股氣勢洶洶而毫不寬容的能量，正因為如此，人們對他的看法也頗有分歧。腓力二世在梵蒂岡的使節報告稱，庇護五世「是個善良的人……具有極強的宗教熱情……在當前時局下，我們就需要這樣的紅衣主教成為教宗」[6]。更務實的人對他的評價就沒有這麼高了。「假如當前在位的聖父離我們而去，我們會更高興，不管他是多麼偉大、無法描摹、獨一無二和非比尋常。」[7] 在新教宗即位的這一年，有一位神聖羅馬帝國的謀臣如此冷淡地寫道。

庇護五世這位老人熠熠生輝的眼睛被復興十字軍東征的夢想所吸引。歐洲人在馬爾他戰役中得勝，更多靠的是運氣，而不是謀略。圍城戰之前，歐洲各國沒有統一的目標；關於援救馬爾他的指責在戰後也讓大家心存芥蒂。從匈牙利邊疆到西班牙海岸，基督教世界仍然受到嚴重的威脅。只有團結一心，才能成功抵禦鄂圖曼帝國。「沒有人可

圖24　庇護五世

以單槍匹馬抵抗敵人。」[8]他堅持道。庇護五世決心完成多位前任教宗未竟的大業——將基督教各國從危險的沉睡中喚醒，建立一個長期性的神聖聯盟來統一各國的利益分歧，共同對付異教徒。他以宗教法官的熱情投入了這項工作。即位四天之後，他下令教廷重啟對腓力二世的金援，用以建造槳帆船，保衛基督教海域。這是小小的第一步，但在一五六〇年代晚期的動盪歲月中，庇護五世將成為基督教世界的捍衛者，以及驅動反伊斯蘭教聖戰的強大力量。

在一五六六年，他的任務的艱巨性是不言自明的。歐洲是強烈情感的漩渦，被不同的利益、帝國野心和宗教衝突撕扯得四分五裂。腓力二世有十幾件相互矛盾的事業需要關注：新大陸的殖民地、西班牙位於北非海岸前哨基地的安全、國內針對殘餘穆斯林的聖戰、土耳其人的威脅、與法國互相猜忌、尼德蘭新教徒反叛餘孽。這些事先後吸引了高坐在馬德里陰鬱宮廷內天主教國王的注意力。他的帝國疆域分散，滿是裂痕，深處困境。只有不斷地從南美運送白銀到西班牙的大帆船隊才能維持西班牙的帝國霸業。儘管如此，財政方面仍然捉襟見肘。腓力二世對地中海並無總體的戰略計畫，只能對成千上萬個紛雜問題逐一做出反應。一五六六年，低地國的不滿情緒終於演變成公開的反叛，腓力二世不得不讓他最精銳的部隊行軍穿過存有高度緊張、各國滿腹狐疑的歐洲。總的來講，他在地中海沒有力量採取行動。法國人也不能提供教宗更好的遠景，因為他們和土耳其人還有盟約，而且法國國內還爆發了宗教戰爭。一五六六年，法國南部的新教徒反叛已成星火燎原之勢。至於一貫自私自利的威尼斯人，沒人信任他們。為了發起反土耳其人聯合陣線，庇護五世至少需要將教宗國、威尼斯和西班牙三方的資源結合成一股勢力。需耗時五年，加上特殊事件做為契機，他的事業最終才會成功。

在馬爾他戰役之後的幾年內，腓力二世不斷抵制教宗建立神聖聯盟的要求，但同時卻繼續收受教宗慷慨解囊的聖戰經費。他正被尼德蘭的反叛所擾，無意發動新的戰爭。腓力二世有時非常講求實際，令人驚訝；他甚至私下裡考慮和塞利姆二世正式締結停戰協定。同時，腓力二世沒有忘記傑爾巴島的教訓；他低調地謀劃著，持續在巴塞隆納建造槳帆船；到了一五六七年，他已經擁有一百艘槳帆船，雖然還不能單獨與土耳其人作戰，但足以威懾敵人，令其不敢發動遠距離攻擊。

☆

但總的來講，土耳其人仍然沒有涉足地中海。一五六六年，皮雅利率領一百三十艘槳帆船出現在亞得里亞海，再次震撼了基督教世界。西西里、馬爾他和拉格萊塔的全部防禦力量都整裝備戰，但皮雅利只是三心二意地對義大利海岸劫掠一番就撤走了。在隨後多年內，這種先是威勢逼人，後來卻無聲無息的鬧劇上演了很多次。土耳其人很安靜，他們的行為不可捉摸。地中海再次成為謠言之海，一個充滿來源不明情報，令人難以捉摸的世界。在地中海北岸的各大港口，間諜們大發橫財，將零碎的蜚短流長做為情報傳播。威尼斯在杜布羅夫尼克（Dubrovnik）④的間諜從情報工作中大獲其利。雙方都故意散布假情報，又都耐心地篩選、甄別收到的情報。當時有很多竊竊私語、暗示和威脅，如土耳其人正在準備進攻十幾個地點中的某一個——拉格萊塔或馬爾他，賽普勒斯或西西里；或者並不打算進攻任何地點。雙方虛虛實實地你推我擋，土耳其人會派出一支巡航艦隊，然後又將它撤回，以折磨敵人的神經。雙方都掃視著海平面，尋找船帆的蹤跡，但都沒有找著。威尼斯人被夾在雙方之間，如坐針氈。他們開始為自己在克里特島和賽普勒斯的領地擔心。而土耳其人似乎在擺出和平姿態——他們在一五六七年與提心吊膽的威尼斯人簽訂了一項新協定，次年又與匈牙利簽訂了和約。這種和平假象至少爭取到了時間——馬爾他得到重建；西班牙則清剿了其領海內的海盜。

關於鄂圖曼帝國的意圖，在馬德里、威尼斯、熱那亞和羅馬，人們提出了上百種假設。有人說，新蘇丹對戰爭不感興趣。「蘇丹唯一的興趣是盡情享樂，饕餮宴飲；國家大事全都交給了幾名重臣。」[9]西班牙人的一份報告如此寫道。還有人說，土耳其人正在忙東方的事務，或者還在等待時機。

鄂圖曼帝國大政方針的真實情報來源隱藏在外國勢力的視線之外，不管潛伏在伊斯坦堡的外國間諜多麼努力地刺探，皆無功而返。況且，沒有人能夠一覽無遺整片大海。在一五六六至一五六八年間，還有更重要的天命在地中海起作用，干擾了凡人的計畫——莊稼歉收、人口暴漲的城市缺少糧食、爆發瘟疫和饑荒。一五六六年，埃及和敘利亞發生饑荒，哀鴻遍野；一五六七年，西班牙間諜報告稱，伊斯坦堡發生了嚴重的糧食短缺；那裡還爆發了瘟疫，導致很多人死亡，法國間諜佩特羅莫爾（Petromol）就於一五六八年在該城病死。人類生存如此艱難，戰爭的話題只能暫時擱置。

在此期間，精力充沛的索科盧．穆罕默德正被更東方的問題困擾。土耳其人早就認識到了治

---

④克羅埃西亞港口城市，位於亞得里亞海岸的南部、塞拉耶佛西南方。

理阿拉伯地區的困難；巴斯拉（Basra）以北的沼澤地帶發生了叛亂，葉門則出現了更嚴重的問題。同時，索科盧還在謀劃富有想像力的計畫，為新的征服大業掃清道路。他下令在蘇伊士地峽開鑿運河，這樣鄂圖曼帝國的船隻就能直接進入印度洋；另外還計劃開鑿第二條運河，將黑海和裏海連接起來，從水路進攻波斯。這兩個計畫最終都未能實現，且它們的失敗影響重大。鄂圖曼帝國的航海家不再有新世界可以探索。由於被自然障礙包圍，他們只能繼續開拓舊世界。

在一五六〇年代末期，新的全球化力量正發揮作用，為人們的各種動機和意圖帶來了制衡。地中海是巨大的動盪地域的中心，只有從空間地域的角度才能夠真正理解它內部錯綜複雜的相互聯繫。在葉門、尼德蘭、匈牙利和北非發生的事件錯雜糾結，互相影響。土耳其人在地中海施加給腓力二世的壓力賦與了北歐的宗教革命一臂之力。新大陸也第一次對歐洲產生了影響。一五六四年，西班牙人在佛羅里達的卡洛琳（Caroline）堡屠殺法國定居者之後，兩國關係嚴重惡化。更富有戲劇性的是，祕魯波托西（Potosi）⑤的銀礦既在支持，也在破壞舊世界的經濟。從一五四〇年代起，南美的金銀被運過大西洋，為西班牙王室提供戰爭經費。西班牙國王因此能夠建造船隻、雇傭職業軍隊，開展規模空前的宏大戰爭。但財富的流入產生了通貨膨脹的壓力，這是哈布斯堡家族無法理解的。戰爭一直是代價昂貴的；在十六世紀，戰爭的經濟代價急劇增長。航海餅乾（海戰中的一項關鍵開銷）的價格在六十年間增長了三倍。經營西班牙槳帆船艦隊的費用也相應地增長了兩倍。物價上漲蔓延到整個歐洲，也影響到了鄂圖曼帝國。戰爭成了一種極端昂貴的遊戲。「要想打仗，必須有三樣東西，」特里武爾奇奧（Trivulzio）⑥元帥在一四九九年頗有先見之明地評論道，「金錢，金錢，還有金錢。」10

現在只有兩個超級大國——土耳其和哈布斯堡家族的帝國——擁有足夠的資源來開展大規模戰爭，而且它們勢均力敵。在帝國時代，雙方都能夠以此前無法想像的規模開發資源、徵收賦稅和聚集物資。到十六世紀中葉，權力已經集中到馬德里和伊斯坦堡；規模龐大、精明強幹的官僚機構以令人嘖嘖稱奇的嫻熟技藝管理著遙遠省分的戰爭後勤工作。在地中海，數字比拚的巨大壓力已經快要把較小的玩家壓垮。在十五世紀，威尼斯才是海上霸主；到一五三八年的普雷韋扎戰役，威尼斯的艦隊雖然已經擴張了五倍，但仍然遠比不上土耳其海軍。規模擴大的艦隊讓海上的空間變小了。過去地中海的海戰都是局部性質的，現在卻可以席捲整片地中海。在巴巴羅薩和多里亞之後的三十年間，西班牙和土耳其一直在盲目地搏鬥。它們在馬爾他形成了僵局。爭奪世界中心的大決戰還沒有拉開帷幕。

在兩個大國的陰影下求生存的威尼斯人非常謹慎。他們在伊斯坦堡和馬德里之間逐漸縮小的邊疆地帶掙扎著。威尼斯仍然被貿易和戰爭的矛盾所困擾。它的地位非常曖昧模糊，處於兩個世界之間晦暗不明的地帶，既不是陸地國家，也不算海上強權；既不屬於東方，也不屬於西方；在兩個世界間充當仲介，被雙方當做雙面間諜。威尼斯投入了大量的資源去觀察和琢磨「土耳其蘇丹」，或者與他共謀。在威尼斯執政官宮殿下方迷宮般的走廊裡，一位忙碌的幕僚始終一絲不苟

⑤ 當時屬於祕魯總督轄區，今屬玻利維亞，在西班牙殖民時代是重要的銀礦產地。

⑥ 特奧多羅·特里武爾奇奧（Teodoro Trivulzio，一四五八至一五三二年），義大利貴族和傭兵領袖，在義大利戰爭期間為法國效力，被法王法蘭西斯一世封為元帥。

地監視鄂圖曼帝國的意圖。威尼斯人就此寫下了成千上萬頁的備忘錄、報告和國際通報。與此同時，威尼斯共和國的外交官們不知疲倦地努力安撫凶殘的鄰居——諂媚、哄騙、向蘇丹溜鬚拍馬、賄賂蘇丹的大臣們、提供資訊和豐厚的禮物——並刺探情報。在伊斯坦堡的威尼斯人不斷向執政官宮殿發回大量密碼寫成的情報，報告關於划槳商船和快速雙桅帆船的情況，並解讀蘇丹宮廷政治、艦隊動向和戰爭傳聞。他們厚顏無恥地分別向西班牙和土耳其報告另一方的情況，正如一位經驗老到的政治家建議的那樣：「最好把所有敵方君主都當成朋友，而把所有朋友都當成潛在的敵人。」[11]威尼斯完全按照這條久經考驗的箴言行事。對教宗，威尼斯人自稱是基督教世界的前線；對蘇丹，他們將自己打扮為交易夥伴和朋友。一五六八年，腓力二世任命他的異母弟奧地利的唐・胡安為新建艦隊的總司令，威尼斯送去了甜言蜜語的祝賀信，但又把唐・胡安的一舉一動都報告給伊斯坦堡。

雖然威尼斯人的牌打得非常小心，但在馬爾他戰役之後，這種微妙的走鋼絲遊戲變得愈來愈困難了。威尼斯人雖然在一五六七年和塞利姆二世簽了新和約，雖然一五六八年的海上非常平靜，但威尼斯人還是心神不寧。土耳其人為什麼這麼好說話？他們隱藏了什麼祕密嗎？新和約只是為了欺騙嗎？他們看到了一些令人擔憂的跡象。情報表明，伊斯坦堡造船廠正在施行新的工作項目；同時塞利姆二世正在賽普勒斯對岸低調地修建一座要塞。擁有豐富海上經驗的人都不得不為威尼斯共和國的海外殖民地捏一把冷汗。拉・瓦萊特顯然知道些風聲，他在一五六七年，也就是他去世前不久，將聖約翰騎士團在賽普勒斯的地產全部變賣脫手。威尼斯元老院也採取了試探性的措施：適當加強兵力，並在克里特島和賽普勒斯修建大砲鑄造廠。但戰爭是昂貴的，精明而講究實際的威尼斯人不願意為不確定的事情花錢。他們仍然小心翼翼。

在一五六八年，對羅馬教廷來說，要讓威尼斯和西班牙組成一個共同對抗土耳其的神聖聯盟，仍然像以往一樣難於上青天。腓力二世還在忙著鎮壓低地國的叛亂，無意再發動一場積極主動的對外戰爭；而且，如果自私自利的威尼斯人在賽普勒斯或克里特島遭受攻擊，西班牙也沒有理由去幫助他們。西班牙人在傑爾巴島遇險的時候，威尼斯人去幫忙了嗎？聖艾爾摩堡陷落之後，威尼斯人不是公開慶祝了嗎？至於威尼斯人，在遭到打擊之前，仍然樂於和伊斯蘭世界繼續貿易往來，直到戰爭真正爆發才會向基督教世界求援。走一步算一步吧！

明眼人都看得出，戰爭的條件其實都已經具備——塞利姆二世需要一場勝利來鞏固自己的地位，庇護五世則激情滿懷地煽動聖戰，兩個超級大國都在聚集資源，地中海的空間愈來愈小。某個導火線必將引爆戰爭，這只是時間問題而已。在一五六七年底，發生在西班牙的事件開始加快戰爭的步伐。

✯

由於尼德蘭新教徒發動叛亂，西班牙的宗教狂熱氣氛變得更加激烈。天主教會感到自己四面受敵，尤其是在天主教國王自己的國家。異教徒並不遙遠，就在直布羅陀海峽對岸，僅有投石之遙的距離。異教徒包圍著西班牙，甚至已經深入它的腹地。摩里斯科人，也就是被帝國強迫改信基督教的西班牙南部穆斯林，仍然是個未解決的問題。由於某種原因，西班牙無法將他們同化到主流社會中。隨著土耳其人的勢力在地中海上愈顯咄咄逼人，西班牙人愈來愈擔心，摩里斯科人仍然在祕密地信奉伊斯蘭教，他們是鄂圖曼帝國聖戰在西班牙國內安插的第五縱隊。基督教西班牙愈來愈警惕國內的人群。年復一年愈趨嚴厲的法令，試圖查驗這些受到懷疑的新基督徒的宗教熱情。一五六七年一月一日，腓力二世發布了一道敕令，旨在徹底消滅伊斯蘭教在西班牙留下的文化痕跡：不准使用阿拉伯語，禁止戴面紗，公共浴場也被禁止。對一直遭受猜忌和刺激的摩里斯科人來說，這是最後的打擊。他們被不寬容和頑固不化的宗教教條逼到了死角。一五六七年耶誕夜，來自阿爾普哈拉（Alpujarras）的摩里斯科山民登上了格拉納達的阿蘭布拉宮（Alhambra Palace）⑦的宮牆，以阿拉的名義號召起義。

西班牙南部山區到處有人揭竿而起。基督教西班牙內部驟然陷入了針對伊斯蘭教的聖戰，但此時西班牙最精銳的部隊卻仍然在幾百英里外的尼德蘭。叛亂讓西班牙人對土耳其人的恐懼大大增加。摩里斯科人七十年來一直在懇求伊斯坦堡的援助。在一五六〇年代晚期，他們發出了求救的呼喊，向伊斯坦堡派出了代表。一五七〇年初，塞利姆二世從阿爾及爾派出了士兵和武器；火繩槍被運過海峽；很快就有四千名土耳其和巴巴里士兵來到了西班牙南部山區。西班牙人害怕土耳其人正在籌劃遠距離作戰，入侵西班牙本土。據說，土耳其人將在一五七〇年出航「以激勵和援助格拉納達的摩爾人」[12]。索科盧・穆罕默德曾公開請求法國國王允許土耳其軍隊使用土倫港做為基地。在混亂的局面中，海盜烏魯奇・阿里推翻了西班牙在突尼斯的傀儡政權，重新占領了突尼斯。查理五世最引以為豪的成就一下子就被粉碎了。距離驟然縮短——伊斯坦堡不再位於東方一千英里遠處，土耳其人的幽靈已經近在咫尺。

摩里斯科人的叛亂迫使腓力二世將注意力集中到地中海。他召回了在義大利的部隊；又在卡拉布里亞招募了更多軍隊。國王的異母弟奧地利的唐．胡安受命鎮壓叛亂。這是一場骯髒醜惡的戰爭。長期遭到壓迫、心懷不滿的摩里斯科人和抱著極大恐懼的基督徒都使出了殘酷的招數。受文化和信仰鴻溝阻隔的雙方，仇恨不共戴天，戰爭的殘酷預示了哥雅（Goya）⑧的槍決行刑圖，以及二十世紀西班牙內戰冷酷無情的屠戮。土耳其人的干預讓摩里斯科人信心倍增；他們在阿爾普哈拉冰天雪地的山隘上進行了絕望而可怕的鬥爭。西班牙軍隊則以極大的殘暴鎮壓叛軍。一五六九年十月十九日，腓力二世授權軍隊從摩里斯科人那裡劫掠戰利品。烈火熊熊、血流成河的戰爭持續了整個一五七〇年。一五七〇年十一月一日，腓力二世又採取了極端措施，下令驅逐住在低地的全體摩里斯科平民，罪名是私下幫助叛軍。唐．胡安認同這套邏輯，但感到這種做法過於殘酷。「這是世界上最悲慘的景象，」他在十一月五日寫道，「在出發的時候，下著陰風慘雨或是鵝毛大雪，窮人們只能擠在一起，呼天搶地。沒人能否認，將一個王國的居民盡數驅逐是人們所能想像的最悽慘的景象。」[13]叛亂被鎮壓了下去。土耳其人許諾派出的艦隊始終沒有來；或許土

⑦「阿蘭布拉」的意思是「紅色城堡」或「紅宮」，位於西班牙南部的格拉納達，是古代清真寺、宮殿和城堡建築群。宮殿為原格拉納達摩爾人國王所建，現在則是一處穆斯林建築、文化博物館。該宮城是伊斯蘭教世俗建築與園林建造技藝完美結合的建築名作，是阿拉伯式宮殿庭院建築的優秀代表。一九八四年被選入聯合國教科文組織世界文化遺產名錄。

⑧法蘭西斯科．哥雅（Francisco Goya，一七四六至一八二八年），西班牙浪漫主義畫家。他的畫風奇異多變，從早期巴洛克式畫風到後期類似表現主義的作品，他一生總在改變。雖然他從沒有建立自己的門派，但對後世的現實主義畫派、浪漫主義畫派和印象派都有很大的影響，是一位承先啟後的人物。一八〇八年拿破崙（Napoleon）入侵西班牙後，他創作了多幅畫作，反映拿破崙軍隊的暴行。

耳其人從來沒有派出艦隊的打算：索科盧有可能在利用摩里斯科人來轉移西班牙人的注意力，以隱藏自己更深層的意圖。索科盧運籌帷幄的基石是，在不激起基督教各國聯合行動的前提下，確保鄂圖曼帝國的計畫能夠正常運行。

但這一次，索科盧搬起石頭砸了自己的腳。他或許希望用西班牙國內的叛亂牽制住腓力二世，但卻事與願違。叛亂使腓力二世明白了一個戰略真相：除非在地中海中部打垮土耳其人，否則西班牙會一直受到威脅。摩里斯科人的叛亂使得腓力二世更趨於接受教宗關於基督教各國聯合抗敵的號召。

在地中海另一端發生的一個小事件也揭示了鄂圖曼帝國的真正意圖。一五六八年九月初，一支擁有六十四艘槳帆船的鄂圖曼艦隊出現在賽普勒斯東南外海，指揮官是維齊爾阿里帕夏。在法馬古斯塔，賽普勒斯島的威尼斯統治者緊張了起來，派出一艘船，「攜帶盛在一只銀碗裡的一千皮阿斯特（piastre）⑨，做為厚禮」[14]，前去拜訪。維齊爾宣稱，威尼斯人大可不必驚慌；他只是去安納托利亞海岸運載木材而已，現在只是想雇傭一個領航員；威尼斯人不應當相信關於伊斯坦堡正在進行軍事集結的謠言；土耳其人準備艦隊是為了援助西班牙的摩里斯科人，陸軍則將進攻波斯。威尼斯人當然有理由對這類的「訪問」提高警覺；一五六六年，皮雅利就曾這樣「友好」地訪問過熱那亞控制的希俄斯（Chios）島⑩，卻一舉將它占領。但為了禮貌起見，威尼斯人還是邀請一群土耳其軍官參觀了法馬古斯塔的防禦工事。阿里帕夏本人則在次日喬裝打扮後登陸。他帶來了一名為蘇丹效力的義大利工程師約瑟菲・阿唐托（Josefi Attanto），並要求威尼斯人允許阿唐托在島上自由行動，以便尋找四根古典石柱，用於正在為塞利姆二世建造的一座建築。阿唐托恪盡職守地查看了全島。儘管法馬古斯塔以北幾英里處就是薩拉米斯（Salamis），那裡的古建築遺址上有大量的廊柱，阿唐托卻莫名其妙地沒有找到任何合適的柱子。但他對法馬古斯塔和尼古西亞（Nicosia）⑪的防禦工事卻做了細緻的觀察。

阿里的艦隊離去了。幾天後，賽普勒斯方面得知，這支艦隊根本沒有去運木材，而是徑直返回了伊斯坦堡，從法馬古斯塔啟航時還劫走了一船的威尼斯士兵。

⑨ 歐洲古代多國使用過的貨幣，幣值在不同時期和不同地區差別很大。
⑩ 愛琴海的一個島嶼，距土耳其西岸僅八公里。據傳盲詩人荷馬（Homer）就出生在這裡。
⑪ 賽普勒斯的一座城市，今天是賽普勒斯共和國首都。

第十六章　盤子上的頭顱

一五七〇年

或許威尼斯人對此早有預料。或許在三十年的和平之後，他們已經不敢正視鄂圖曼帝國霸權的真相。在羅得島陷落之後，賽普勒斯居然還能保全下來，這不是個正常的現象。它是基督教世界在穆斯林海域的前哨陣地，位置孤立、土地肥沃，離威尼斯有幾百海里之遙，對伊斯坦堡的蘇丹來說既是個惱人的刺激，也是巨大的誘惑。「一個深入虎口的島嶼，」[1]一個威尼斯人如此描述賽普勒斯。

和馬爾他一樣，賽普勒斯始終生存在帝國爭鋒和聖戰的陰影下。從空中俯視，它形似某種原始的海生恐龍，帶著一個劍魚般的尖嘴和鰭足，深深插入大海的一角。貝魯特就在賽普勒斯東南方僅六十英里處；從賽普勒斯向北可以看見安納托利亞白雪皚皚的群山。賽普勒斯太大、太肥沃、太唾手可得，所有人都曾垂涎此地，並留下他們的足跡。亞述人、波斯人、腓尼基人都曾來到這裡，復又離去。當地說希臘語的居民因為長期受拜占庭統治，已經改宗東正教。阿拉伯人統治賽普勒斯達三個世紀，伊斯蘭教從未忘記對它的領土主張。十字軍從西方來到這裡，將它變為一個市場和基督教聖戰的集結地，在棕櫚林樹叢中建造了哥德式教堂，將內陸的首府尼古西亞變成了一個有來自五湖四海、操著各種語言的人們相聚的場所，法馬古斯塔港曾在一個短暫時期內成了世界上最富裕的城市。威尼斯人在一四八九年憑藉詭計奪得這個島嶼時，聖戰的潮流已經逆轉了方向，土耳其人就快要成為地中海東部的主人。

幾乎從威尼斯統治賽普勒斯的第一時間開始，賽普勒斯就名列鄂圖曼帝國的征服清單內。威尼斯人向蘇丹稱臣納貢，大肆賄賂維齊爾們，以保持自己的中立。他們採取的是一種不光采的綏靖政策，年復一年向志得意滿的土耳其人手中塞金幣。總的來講，這種政策的性價比是很高的，比維持作戰艦隊要便宜（此時艦隊已經年久失修），但卻別無退路。它讓伊斯坦堡方面相信，威尼斯共和國已經耽溺於承平，永遠不會奮起戰鬥。

從短期看，綏靖政策是值得的。賽普勒斯向威尼斯母邦源源不斷地輸送財富：中央平原的糧食、南岸的食鹽、烈酒、糖和棉花（後者被稱為「黃金的植物」，由種植園上的農奴耕種）。威尼斯控制賽普勒斯完全是為了商業利益，對它的待遇和對克里特島一樣惡劣。在威尼斯藝術家的圖景裡，海神尼普頓（Neptune）從一個取之不盡、用之不竭的海螺中，把這些海上殖民地的財富傾倒在威尼斯的膝上。這些財富被用於建築和藝術，瘴氣瀰漫的潟湖上彷彿升起了海市蜃樓。石頭教堂、提香的繪畫和聖馬可廣場的笙簫、富麗堂皇的宮殿、皎潔月光下的大運河——這些全都是靠划槳商船從地中海東部運回的財富所支付的。

貿易是一邊倒的。威尼斯從賽普勒斯獲取財富，但不給它任何回報。賽普勒斯的希臘農民遭到壓迫蹂躪，威尼斯人對他們的統治極度腐敗，徵收了惡毒的苛捐雜稅。希臘平民的赤貧到了令人難以置信的程度。「所有賽普勒斯的居民都是威尼斯人的奴隸，」曾訪問賽普勒斯的馬丁・馮・鮑姆加登（Martin von Baumgarten）①在一五〇八年寫道，「他們全部收益或收入的三分之一都要上繳官府……此外每年還有各種苛捐雜稅，窮苦的老百姓遭到了極度殘酷的剝削和掠奪，幾乎不能維持生計。」[2] 一五一六年，政府為了徵集現金，提議讓兩萬六千名奴隸中有經濟能力的人贖買自己的自由，結果只有一個人能湊齊所需的五十杜卡特。此外，共和國還將賽普勒斯島視為流放地，將危險分子驅逐到此地，這當然也不能改善島上的情況。殺人犯和政治異議者被流放到法馬古斯塔，導致當地人口暴增。總的來講，統治者是緊張不安的——賽普勒斯人是不會像馬爾他人那樣，忠心耿耿地為主子作戰的。他們溜過海峽，向蘇丹求助。一五六〇年代，兩個賽普勒斯人來到伊斯坦堡，向蘇萊曼呈上書信，稱島上的農奴會迎接鄂圖曼帝國的統治。在伊斯坦堡的威尼斯間諜賄賂了索科盧，讓他把這兩人交給他們。於是這兩個人就失蹤了，但這也不能讓威尼斯寬心。一五六〇年代，民間的動亂和不祥的預兆愈演愈烈：一五六二年，有人計劃發動農民起義；還有猛烈的風暴、嚴重的饑荒、瘟疫、地震和搶奪糧食的暴亂（這些跡象都被解釋為上帝發出的警告），以及對土耳其人入侵的持續不斷的恐懼，儘管威尼斯在一五六七年和土耳其簽訂了新和約。

塞利姆二世一直對賽普勒斯很感興趣。早在一五五〇年，威尼斯元老院就得到警告，假如塞

① 當時的日耳曼旅行者，曾經遊歷埃及、阿拉伯、巴勒斯坦和敘利亞。十七世紀英格蘭哲學家約翰・洛克（John Locke）的著作中曾提及他。

利姆繼承皇位，將會發生戰爭。到一五六〇年代末期，基於鞏固皇帝威儀的需求和戰略上的考慮，在在皆敦促塞利姆二世須儘快消滅這個離鄂圖曼帝國海岸如此之近的威尼斯殖民地。塞利姆二世需要鞏固自己的地位，而只有獲得輝煌的勝利，這位望之不似人君、缺少領袖魅力的蘇丹才能維持軍隊的效忠。當時，鄂圖曼帝國的偉大建築師希南（Sinân）[2]準備在埃迪爾內建造新的清真寺群，但按照傳統習俗，蘇丹的清真寺必須用異教徒的錢修建。這經費只能來自於征服戰爭。塞利姆二世在統治早期也曾向東方進攻，試圖開疆拓土，但沒有取得什麼成果；如今他必須重返地中海。同時，隸屬威尼斯的這個島嶼（編按：指賽普勒斯）的確也是個戰略上的問題。它位於前往麥加朝覲的航道和通往埃及的貿易路線上，伊斯坦堡依賴這些航道來獲取東方的財富，而且威尼斯當局也沒能有效地清剿該地帶的基督徒海盜。聖約翰騎士團仍然是個特別的威脅。賽普勒斯位於鄂圖曼帝國勢力範圍的中心，給帝國帶來了很大的麻煩。一五六九年，海盜劫持了運送埃及財務大臣的船隻，於是塞利姆二世下定決心——必須占領賽普勒斯。

在這項決策的背後，是鄂圖曼帝國宮廷的權力鬥爭。塞利姆二世的寵臣包括拉拉．穆斯塔法帕夏（蘇丹年幼時的師傅）和皮雅利帕夏，這兩人都急於在個人的挫折之後重新奪得軍事榮譽，並削弱首席大臣的影響力。進攻賽普勒斯的行動很有可能將歐洲團結起來，因此索科盧．穆罕默德對此持謹慎態度，也不願意看到自己的競爭對手春風得意，但他沒辦法阻止蘇丹。索科盧的策略是不戰而屈人之兵，透過外交手段從威尼斯人手中奪得賽普勒斯。

因為威尼斯和帝國締結了合約，如果鄂圖曼要毀約開戰，必須從大穆夫提（Mufti）[3]那裡徵詢宗教上的意見：撕毀與異教徒的協議是否合法？穆夫提果然從阿拉伯人占領賽普勒斯的歷史中找到了可以遵循的先例，並指出，為伊斯蘭教奪回這些地區是塞利姆二世的義務。這是土耳其人在十六世紀破壞的唯一一項協定。從一開始，賽普勒斯戰役就帶有特別的聖戰意味。

一五七〇年三月二十八日，蘇丹的特使庫巴特（Kubat）將宣戰書呈交威尼斯當局，但在此之前宣戰書的大體內容已是世人皆知，威尼斯人早已擬定了一個答覆。甚至在庫巴特發言之前，威尼斯執政

圖25　首席大臣，索科盧·穆罕默德

② 科查·米瑪律·希南（Koca Mi'mâ Sinân，一四八九／一四九〇至一五八八年）是鄂圖曼帝國蘇丹蘇萊曼一世、塞利姆二世及穆拉德三世的首席建築師及工程師。他在五十年間負責監督及建造鄂圖曼帝國的主要建築物。超過三百座建築物都以他的名字命名。他最傑出的作品是埃迪爾內的塞利米耶清真寺（Selimiye Mosque），最為著名的則是伊斯坦堡的蘇萊曼清真寺（Süleymaniye Mosque）。他被視為鄂圖曼建築古典時期最偉大的建築師，人們常將他與同時代的西方建築師米開朗基羅做比較。

③ 穆夫提是伊斯蘭教法的權威，負責就個人或法官所提出的詢問提出意見。穆夫提通常必須精通《古蘭經》、聖訓、經註以及判例。在鄂圖曼帝國時期，伊斯坦堡的穆夫提是伊斯蘭國家的法學權威，總管律法和教義方面的所有事務。隨著伊斯蘭國家現代法律的發展，穆夫提的作用日益減小。如今，穆夫提的職權僅限於遺產繼承、結婚、離婚等民事案件。

官的遊行隊伍已經舉起了紅色的戰旗。他們沉默地聆聽鄂圖曼帝國耳熟能詳的專橫辭令：

塞利姆二世，鄂圖曼帝國蘇丹、土耳其人的皇帝、萬王之王、眾君之君、真主的影子、人間樂園與耶路撒冷的主人，向威尼斯君主致意：我們要求你等主動交出賽普勒斯，否則我們將動用武力。切勿激怒我們的恐怖之劍，因為我們將在各地與你們開展最殘酷的戰爭；也不要妄自以為憑藉你們的財富就能安享太平，因為我們將使你們的財富如潮水般一去不復返。好自為之，切記切記。[3]

土耳其人的威脅直接針對著威尼斯的財富，從這可以看出，土耳其人，或者說索科盧，對威尼斯人是多麼瞭若指掌。但這一次，威尼斯元老院非常堅決，以一百九十五票對上五票的絕對多數（這也是前所未有的）選擇了開戰。為了防止庫巴特遭到暴民襲擊，他們不得不讓他從後門溜走。

雖然來了這麼一記晴天霹靂，但鄂圖曼帝國的計畫絕非心血來潮。一五六八年對賽普勒斯的「訪問」表明，他們已經為此籌劃了多年。這顯然是鄂圖曼帝國最終徹底控制地中海東部的雄圖大略的一部分。除了偵察之外，他們還進行了仔細計算、小心籌劃，並與鄂圖曼帝國的外交策略相配合。不管索科盧的個人意願如何，他都在攻打賽普勒斯戰役的籌劃中扮演了重要角色。他先是和匈牙利與葉門議和，然後迷惑和欺騙了基督教歐洲，謊稱土耳其許諾援助摩里斯科人的叛亂，完全是為了轉移身在遙遠馬德里的腓力二世的注意力。土耳其人還向法國國王查理九世

（Charles IX）提出締結新約的提議，目的是讓基督教世界陷入外交混亂。威尼斯人則被鼓勵去賄賂索科盧這個「威尼斯的朋友」。索科盧煽風點火，讓威尼斯人對鄂圖曼帝國的侵略感到無比恐懼，然後在最後時刻提出，要以和平手段奪走賽普勒斯。

索科盧推斷，威尼斯距離賽普勒斯路途遙遠，就算真的敢迎戰，也無力施展足夠強大的防禦；此外，最關鍵的是歐洲仍然是一盤散沙，不可能團結抗敵。在鄂圖曼帝國的戰略思維裡，一直害怕歐洲人再發動一次十字軍東征，但是兩百年來的經驗表明，基督教世界亂七八糟，無力一致對外，因此索科盧有理由期待威尼斯會乖乖投降。他很有把握地賭了這一把，然而卻失敗了。在一五七〇年初的時候，沒人能夠預測到賽普勒斯戰爭和摩里斯科人的叛亂——地中海兩端發生的事件——能夠引發連鎖反應，這讓所有人都大吃一驚。他們也沒預想到，教宗庇護五世彌賽亞般的個人魅力，或者奧地利的唐．胡安的勇猛無畏，或者法馬古斯塔事件的急速發展，能夠給與基督徒們一致對外的理由。

✯

早在庫巴特發出富有戲劇性的最後通牒之前，威尼斯人已經開始向基督教歐洲發出提議，並再次提出了神聖聯盟的問題，儘管這麼做並不是很明智。三月十日，威尼斯執政官給駐馬德里腓力二世宮廷的大使寫了一封圓滑而虛偽的信：

> 西班牙國王陛下的軍隊應當與我們的軍隊聯合起來，共同對抗土耳其人的狂怒和強力。

我們很樂意這樣做，因為我們渴望普世的福祉，我們還希望，上帝已將仁慈的目光投向基督教世界，並願意在此時壓制異教徒的放肆。[4]

問題在於，沒人信任威尼斯的「真誠」；甚至在威尼斯人提出這個建議時，人們仍然在懷疑，他們是否還在和索科盧協商。而他們的確正在這麼做。如果土耳其人撤回了威脅，那麼里亞爾托（Rialto）④的商人們會迅速將基督教世界的福祉忘個一乾二淨，繼續和異教徒做生意。腓力二世無疑還能回憶起聖艾爾摩堡陷落時威尼斯人的歡呼雀躍，因此對援助威尼斯毫無興趣。事實上，如果鄂圖曼帝國集中兵力在賽普勒斯，西班牙將得到一個千載難逢的良機去收復突尼斯，並鞏固地中海西部。

但是大家都沒有考慮到教宗。賽普勒斯危機正好為庇護五世帶來了等待良久的重建神聖聯盟的機遇。他激情滿懷地投入了這項工作；他立刻命令教廷為這項大業提供槳帆船，其慷慨解囊的速度讓習慣於前任教宗的一毛不拔的人們目瞪口呆。「聖父證明了我們卡斯提爾一句諺語的準確性，」西班牙紅衣主教埃斯皮諾薩（Espinosa）說過這樣一句俏皮話，「便祕的人往往會因為腹瀉喪命。」[5]

庇護五世派遣西班牙教士路易士・德・托里斯（Luis de Torres）去拜見腓力二世，用強有力的論據勸說國王同意聯合行動。「很明顯的，土耳其人與威尼斯人發生爭吵的一個主要原因是，土耳其人認為後者孤立無援，無望與陛下結盟，因為陛下正忙於對付格拉納達的摩爾人。」[6]索科盧的確是這麼想的；這種想法不無根據，但卻產生了意想不到的影響。

腓力二世對整個神聖聯盟的構想滿腹狐疑，而且他天性謹慎，也不是能夠迅速做出決斷的人。他是個奉天承運的執政者，身著肅穆的黑衣，親自閱讀所有文件，以專制手段統治國家，滿腹疑慮，前思後想，從來不能快速下決心，也從不會過早地流露出自己的真實想法。「他是世界上最精於不露聲色、裝模作樣的人之一，」法國大使抱怨道，「他比任何其他國王都更擅長偽裝和隱蔽自己的意圖……一直隱藏到時機有利的時候，才會告訴別人自己的想法。」7塞利姆二世會把國家大事分配給臣子，腓力二世卻事必躬親，親自斟酌所有的細節，指揮每一次行動。他的決策是有名地緩慢。「如果我們必須等待死亡，」他的大臣們開玩笑地說，「但願它是從西班牙來的，因為那樣它永遠到不了。」8

但托里斯抵達馬德里的時間點卻是一個關鍵時刻，起初似乎取得了意想不到的成果。此時西班牙鎮壓摩里斯科人的戰爭正處於高潮，腓力二世在哥多華督戰。西班牙充滿了宗教狂熱，腓力二世也深深地擔憂，土耳其人可能在援助叛軍。在情緒激昂的氣氛下，空間的距離似乎縮短了，腓力二世認為此時唯有直接向鄂圖曼帝國宣戰，才能解決國內問題，並徹底解決地中海的安全問題。托里斯還帶來教宗的許諾——教廷將提供大筆資金。基督徒們無時無刻不在考慮金錢問題。托里斯在僅僅兩天之內就得到了答覆。天主教國王原則上同意加入神聖聯盟，但在盟約的具體條

④ 威尼斯城的一個區域，是威尼斯金融與商業中心。

件上必須仔細斟酌，腓力二世謹慎的天性很快又占了上風。在此期間，在教廷即刻付款的期望的鼓勵下，他承諾「立即」發出援兵，以便「取悅教宗，並時刻滿足基督教世界的需求」[9]。他將派遣喬萬尼·安德烈亞·多里亞（他曾在傑爾巴島戰役中不光采地倖存下來）率領一支槳帆船艦隊，駛往義大利南部。這是多年來，基督教世界首次團結起來，共同抵擋鄂圖曼帝國的洪流。

這支援軍將由三個部分組成。在教廷提供金錢以及參戰者均可得到赦罪許諾的刺激下，威尼斯、教宗國和西班牙把它們的艦隊合而為一，共同援救賽普勒斯。三國的軍隊各有自己的指揮官。威尼斯人在聖馬可廣場舉行了一場典型威尼斯式的盛大典禮，將指揮權授與吉羅拉莫·紮內（Gerolamo Zane）。他於一五七〇年三月三十日率領一支槳帆船先遣艦隊離開了威尼斯的潟湖。多里亞是整個行動中經驗最豐富的航海家，他將指揮西班牙的槳帆船艦隊。全軍的總司令由教宗親自挑選。他的選擇其實是個政治上的妥協。瑪律科·安東尼奧·科隆納（Marco Antonio Colonna）是義大利人，但同時是西班牙國王的封臣。教宗希望科隆納能夠讓雙方滿意，並把腓力二世吸引到聯盟中來。但問題是，科隆納是個外交官和陸軍將領，並非有經驗的海軍指揮官。西班牙陣營裡有人私下對他大加嘲諷，紅衣主教埃斯皮諾薩戲稱，自己的妹妹對艦船的了解和科隆納一樣多。起初腓力二世只是勉強同意這個任命，並且為科隆納沒有徵求他的意見就接受任命而頗感惱火。他提醒科隆納，到目前為止，聯盟還只是紙上談兵。但庇護五世固執己見。七月十五日，腓力二世寫信給科隆納，對他的任命表示滿意。

✯

這些友好辭令的背後是高度的互相猜忌，以及雖然沒有言明卻十分嚴重的目標分歧。一五七〇年的這次遠征並沒有明確的條件交換，是在相互不信任的氣氛下開展的。唯一能維繫聯盟的就是教宗的意志和金錢資助。腓力二世沒有興趣為了威尼斯人的利益去援救賽普勒斯，但他歡迎教宗的資助，並希望將這次遠征的目標改為北非；天生的謹慎以及傑爾巴島的災難決定了腓力二世給與多里亞的祕密指令內容。假如損失掉費心重建起來的艦隊，西班牙將再次暴露在北非海盜的虎口下。他絕不願意為了奸詐的威尼斯人而拿自己的艦隊冒險，畢竟威尼斯人完全有可能在最後關頭和蘇丹做筆交易。威尼斯人則對熱那亞人，尤其是多里亞家族高度不信任，特別是在一五三八年的普雷韋扎慘敗之後。而威尼斯人和西班牙人對教宗欽點的海軍統帥科隆納也毫無信任。他們都私下裡命令各自的海軍將領，要他們自行決斷，僅在科隆納的指令與他們的經驗相符的時候才聽他的。腓力二世給與多里亞的命令顯得特別模稜兩可，包含了這樣的指示：「你應服從槳帆船艦隊指揮官瑪律科．安東尼奧．科隆納……你有豐富的實踐經驗，應當不斷提醒科隆納，將你對所有事務的意見告知於他。」[10]這句話的潛台詞是：「對於我們的槳帆船艦隊的狀態，你必須特別小心謹慎，因為任何不幸都將為基督教世界帶來巨大損害。」腓力二世現在給多里亞的命令，其實和他在馬爾他戰役期間給唐．賈西亞．德．托雷多的是一模一樣的——儘量避免與敵人艦隊交戰。據說多里亞的兄弟曾提出打賭：「（我軍）不會和敵人艦隊發生任何交鋒，因為喬萬尼．安德烈亞得到了國王陛下的指令，在今年不要與敵交手。」[11]這和多里亞自己在這場冒險中的特殊地位是很合拍的——他既是皇家艦隊的司令官，也是個私人承包商。有十二艘槳帆船是他的私人財產，在此役中借給腓力二世。他絕不會拿自己的財產隨便冒險。

聯軍艦隊就在這樣的背景下啟航了。整個行動的籌劃糊里糊塗、搖搖欲墜，而且發動得太晚。威尼斯人已經安享了三十年的和平，必須努力趕上戰備工作。他們建造新船和改造舊船的速度令人咋舌。六月，他們的造船廠交付了一百二十七艘輕型槳帆船和十一艘重型槳帆船，但尋找可靠的人力資源和以往一樣是個大難題。糟糕的海況和船上的惡劣條件讓紮內的部隊進一步迅速減員。他正在達爾馬提亞海岸的扎拉（Zara）⑤等待科隆納和多里亞，這時他的槳手當中爆發了斑疹傷寒。不少人患病和死去。他奉命在那裡停留了兩個月，然後前往科孚島，但情勢繼續惡化。無所事事讓艦隊士氣低落；從希臘諸島嶼招募來新槳手也有不少染病死去。盟友遲遲不到，火冒三丈的威尼斯元老院於是在七月底命令紮內率領兵力銳減的艦隊繼續前進，開往克里特島。

與此同時，多里亞正在進行慣常的艱苦準備工作，在義大利南部集結軍隊，並等待腓力二世嚴格但自相矛盾的命令。國王又變回了謹小慎微的老樣子，他其實並沒有承諾讓他的艦隊與威尼斯人會合，而只是承諾將艦隊派往義大利。花了不少功夫才把局勢澄清，腓力二世終於向多里亞

圖26　喬萬尼·安德烈亞·多里亞

發出了命令，但命令的文字非常含糊，以至於多里亞向他的岳父抱怨：「國王命令我，並希望我為他效力、揣摩他的心思。但我對他的信讀得愈多，就愈看不懂……因此，我別無選擇，只能前進，但必須緩慢地前進……。」[12]他就是這麼做的，在義大利南部海岸磨磨蹭蹭，慢吞吞地開往奧特朗托（Otranto）⑥，與科隆納指揮下的教宗國槳帆船艦隊會合。科隆納已經在那裡等了他十五天，現在又不得不忍受多里亞對海軍禮儀玩弄手腳。多里亞沒有按照慣例去拜見總司令，最後科隆納只得親自登上熱那亞人的旗艦。多里亞告訴他，自己最重要的任務是「保全國王陛下的艦隊」[13]，而且他至遲到九月底就會離開聯合艦隊。

最後，科隆納和多里亞於八月二十二日啟航前往克里特島，與威尼斯人會合。科隆納後來頗為悔恨地說：「喬萬尼・安德烈亞害怕被敵人發現，不敢靠岸，幾乎無法在克里特島登陸。儘管如此，我們還是與威尼斯艦隊會師了。」[14]

★

但這已經太晚了。土耳其人的行動籌劃得非常仔細，出航也很早。皮雅利在四月底率領八十艘槳帆船從伊斯坦堡啟航；陸軍總司令拉拉・穆斯塔法在二十天後出發；騎兵和近衛軍部隊行軍穿過安納托利亞，來到位於菲尼凱（Finike，在安納托利亞南岸，距離賽普勒斯一百五十英里）

⑤ 今稱扎達爾（Zadar），是克羅埃西亞的第五大城市，位於亞得里亞海沿岸，曾是達爾馬提亞王國的首都。
⑥ 義大利東南部港口城市，與阿爾巴尼亞隔海相望。

的集結點。到了七月二十日，土耳其軍隊已經有六至八萬人在賽普勒斯登陸。

這次行動和馬爾他戰役類似，但規模要大得多。土耳其人的目標有兩個：位於島嶼中心的首府尼古西亞和東海岸戒備森嚴的港口城市法馬古斯塔——「賽普勒斯的眼睛」[15]。威尼斯人精明強幹的指揮官阿斯托雷·巴廖尼（Astorre Baglioni）推測土耳其人會先攻打法馬古斯塔。皮雅利果然再次主張先占領一個安全的港口。但拉拉·穆斯塔法還記得姆迪納的教訓，與他同名的另一位穆斯塔法帕夏在馬爾他就是吃了後院起火的虧。他深知，絕不能毫不提防地將尼古西亞留在自己的後方。

拉拉·穆斯塔法是蘇丹親信圈子的一員。他的榮譽性名字「拉拉」的意思是「監護人」，因為他曾經是塞利姆二世年幼時期的監護人和師傅。他是索科盧·穆罕默德的死敵，後者私下並不認可這次的行動。取勝對穆斯塔法來說是至關重要的。和征戰馬爾他的穆斯塔法將軍（與他同名）一樣，他在敵人的堅決抵抗前也會暴跳如雷，也常常會做出極其殘酷的事情。這種暴烈性格對鄂圖曼帝國的未來大業是很不利的。

✯

與比爾古的騎士們不同，威尼斯人對他們的賽普勒斯要塞群的防禦至少曾做過一番深謀遠慮的準備。尼古西亞位於島上大平原（一塊三十英里長的開闊地，塵土漫天，平坦得就像桌球台）的中心，在暑熱中熠熠生輝。冷酷務實的威尼斯人利用開闊的地形，輕鬆地摧毀了歐洲最美麗和最富於國際色彩的城市之一的心臟。在一五六〇年代，他們炸毀了一些宮殿和教堂，驅逐成千上萬的居民，拆毀島上最珍貴的建築——附帶王家陵墓的聖多梅尼科修道院（San Domenico Maggiore），以便修建防禦工事。在修道院的原址上，他們建造了一座高度對稱的星形堡壘，它周長三英里，是嚴格遵循一本義大利城防工程學手冊修建的。它有一些弱點——部分稜堡的外壁是泥炭，而不是石料，但到此參觀的專家都認為它是「最優秀和最科學的建築」[16]。一五七〇年夏天，堡壘內儲存了可用兩年的給養。如果防守得力，它可以固守很長時間。

問題在於，如果要完整把守尼古西亞城全城，那將需要兩萬人之多。該城有五萬六千名居民，但其中只有一萬兩千人能夠投入戰鬥，且很多人還是未經訓練的希臘新兵。安傑羅·

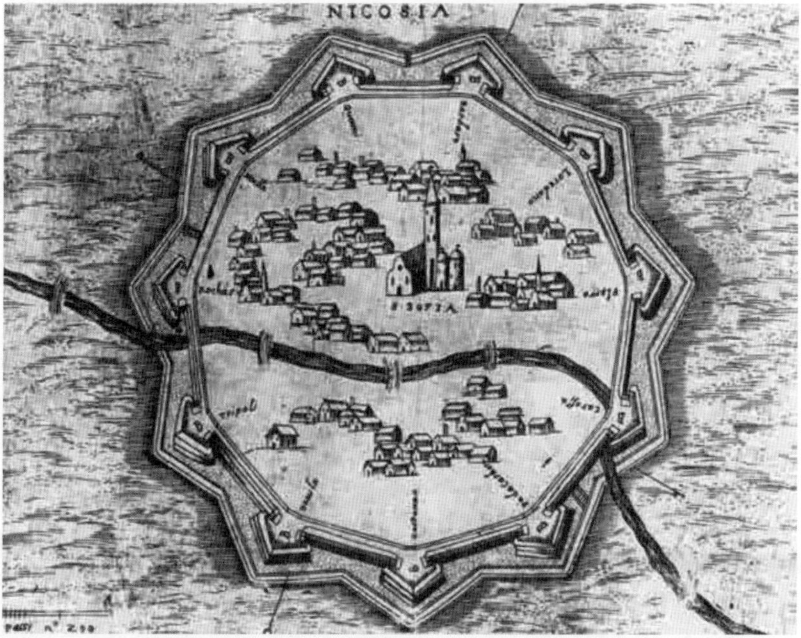

圖27　尼古西亞，最優秀和最科學的建築

卡萊皮奧（Angelo Calepio）神父對此役做了令人震驚的第一手報告，他冷淡地評論這些士卒：「（政府）既沒有火槍，也沒有刀劍可以發放給他們，沒有火繩槍，沒有鎧甲……其中很多士兵相當英勇，但也有很多士兵的訓練嚴重不足，開槍的時候還會燒掉自己的鬍鬚。」[17]有效的防禦還需要一位精明強幹的指揮官，但威尼斯在這方面很不幸。島上最有經驗的將領都離開了人世；剩下的最優秀的軍官阿斯托雷·巴廖尼則待在法馬古斯塔。於是尼古西亞的指揮權災難性地落到了尼可拉斯·丹多洛（Nicolas Dandolo）手中。「但願上帝把他也招走！」[18]卡萊皮奧憤恨地寫道。丹多洛優柔寡斷、毫無領袖魅力，對他人的意見嗤之以鼻，而且智商著實不高。在整場攻防戰期間，由於他的愚蠢，他麾下訓練有素的威尼斯軍官和當地希臘騎兵的最大努力都未能發揮作用。他幾乎把所有工作都搞砸了。拉拉·穆斯塔法登陸時沒有遇到任何抵抗，這讓他自己也驚訝不已。丹多洛命令他的騎兵不得出擊。威尼斯元老院已經批准賽普勒斯政府釋放他們的希臘農奴，臨時抱佛腳地希望藉此贏得他們的好感。但這道命令根本沒有落實。土耳其人從一開始就對當地居民特別寬厚仁慈。「他們只有從穆斯塔法那裡才能得到自由。」[19]卡萊皮奧記載道。土耳其人很輕鬆地分化了希臘裔賽普勒斯人和他們的義大利主子，贏得了前者的支持。沒有設防的萊夫卡拉（Lefkara）村向土耳其人投降後，尼古西亞派出一支部隊，屠殺了全村村民。導致此後威尼斯人向邊遠村莊請求支援時，後者往往不理不睬，這也只是剛好而已。

拉拉·穆斯塔法不受絲毫阻擋地開往尼古西亞，迅速建立了砲台，並挖掘塹壕，接近敵人。丹多洛毫無作為，禁止部隊出擊，還將火藥儲存起來，不准動用，打擊了官兵的積極性。卡萊皮奧後來因為親人的慘死和自己被囚禁而感到十分悲憤，不禁寫下了這樣的話語：

我們都急於出動騎兵去騷擾敵人，阻止他們用馬匹向前線運送木柴，但丹多洛禁止我們出擊。甚至當一些最為大膽的敵人接近我們的壕溝，劈砍橋梁和稜堡外壁，並在牆壁上鑽孔時，副總督（丹多洛）仍然下令，如果只有一、兩個敵人，就不准開槍，只有在敵人數量達到十個以上時才可以射擊。他說否則他沒法向聖馬可交代。於是敵人得以肆意破壞我們的城牆和稜堡，而我，以及其他很多人都親耳聽見丹多洛傲慢地命令和威脅我們的砲手和他們的長官，不得浪費火藥。火藥發放得極少，非常吝嗇，彷彿丹多洛害怕傷害到敵人。而敵人持續地猛烈射擊，試圖奪走我們的性命。甚至已經發放的火藥，副總督也想囤積起來，所以很多人都開始認為，他是個叛徒。皮薩尼（Pisani）先生多次詢問他，為什麼不允許我們的士兵積極地防禦。皮薩尼說：「大人，我們應當清掃壕溝，逐出敵人，阻止他們用鐵鏟和鶴嘴鎬破壞、拆毀我們的城牆。」丹多洛先生聽了這話，差點和皮薩尼扭打起來。丹多洛的回答是：「我們的稜堡堅如山嶽，敵人奈何不得。」[20]

在尼古西亞城內，信奉東正教的希臘人和信奉天主教的威尼斯人之間橫眉冷對，富人和窮人之間也矛盾重重。丹多洛遠沒有拉．瓦萊特那樣的才華和魅力，無法彌合這些矛盾。「本應有慈善博愛的地方，我卻一點也找不到。」卡萊皮奧哀嘆道。他用兩頭騾子把食物和葡萄酒送給前線士兵，「希望藉此刺激富人和顯貴們也能支援前線……但很少有人效仿我」[21]。貴族軍官開始在暮色降臨時離開防禦工事，回家睡覺，這讓普通士兵怨聲載道。

八月十五日，決定性的時刻降臨了。頗有號召力的帕福斯（Paphos）⑦主教終於說服了丹多洛，批准發動一次突襲，以破壞鄂圖曼帝國的火砲。但這次行動釀成了一場災難。有些紀律很差的希臘兵開始搶劫敵人營地，然後丹多洛又禁止騎兵出擊去支持這次行動。由威尼斯職業軍人組成的骨幹部隊慘遭全殲。

拉拉·穆斯塔法多次恩威並施，企圖說服尼古西亞投降。到八月三十日，他已經非常確信，基督徒的救援艦隊不會來了。他再一次試圖勸降對方，但威尼斯人在濃郁愛國主義情緒的驅動下，拒絕讓步。賈科莫伯爵聲若洪鐘地莊嚴宣布：「在此危急關頭，所有人都能從我們的光輝行為和我們的鮮血中看出，我們是多麼忠誠；我們寧願死於劍鋒，也不願賣主求榮。」[22]被奴役的希臘人可能沒有這麼熱情，但大家都還清楚地記得馬爾他的下場。遠方山峰上的烽火點燃時，男人、女人和兒童都跑進堡壘，大聲嘲笑土耳其人，提醒他們五年前在比爾古城下遭遇的失敗。邊遠地區的政府當局下令點燃烽火，以鼓舞民眾的士氣，儘管他們知道，援軍還沒有抵達。為了防備群眾的憤怒攻擊，丹多洛給自己安排了武裝侍衛。

在尼古西亞攻防戰進入最後的絕望階段時，在三百五十英里外的克里特島，聯軍艦隊仍然在悲劇性地相互爭吵和欺騙。八月三十日，西班牙和教宗國的艦隊終於在克里特島北岸的蘇達（Souda）灣與紮內會師。紮內的艦隊已經因為疫病而損失了約兩萬人，他正在周邊各個島嶼上搜刮人力。基督教方面現在有了一支具有相當規模的艦隊——兩百零五艘戰船，而土耳其人只有一百五十艘——但他們仍然沒有明確的行動方案，也沒有清晰的指揮體系。九月一日，科隆納在他的旗艦上召開了作戰會議。這場會議持續了十三天之久。多里亞對威尼斯艦隊的狀況大為不滿，並指責紮內隱瞞了艦隊實力的真相。原來，在檢閱艦隊的時候，紮內把他的所有船隻都停在港內，讓士兵們從一艘船趕到另一艘船，接受檢閱，以免另外兩名將領發現他的艦隊減員嚴重。多里亞認為，現在進攻賽普勒斯已經為時過晚，並且直截了當地宣稱，他絕不會允許威尼斯人「用我的財產贏得榮耀」[23]。他要求威尼斯人支付二十萬杜卡特做為押金，以防他私人所有的槳帆船在行動中遭受損失。威尼斯人拒絕了這個要求，堅持要立刻馳援賽普勒斯。尼古西亞還在堅守；紮內已經接到了命令，他必須開往賽普勒斯，殲滅鄂圖曼艦隊；他們必須努力嘗試。多里亞仍然反對救援賽普勒斯。紮內寫信給威尼斯，說明多里亞頑固不化、拒不合作的態度，「儘管他假裝願意抗敵，但其實根本沒這個打算，一直在給我們製造麻煩」[24]。聯軍派遣了更多間諜去查明賽普勒斯島上的形勢。隨著時間一分分流逝，聯軍的意志力也愈來愈薄弱，科隆納愈發焦急地要取得一些成果，不管什麼樣的成果都行。最終在九月十七日晚上，整支艦隊起錨出航，準備進攻羅得島，襲擊土耳其人的後院。

☆

與此同時，皮雅利派遣了間諜去刺探基督徒艦隊的意圖。樂於相助的克里特島人告訴他，基督徒艦隊進退兩難，不知所終，不大可能取得任何成果。於是皮雅利從他的槳帆船艦隊抽調了一

⑦ 賽普勒斯島西南部港口城市，距首都尼古西亞約一百公里。帕福斯海濱附近的海灘是希臘神話中愛與美的女神阿芙蘿黛蒂（Aphrodite）的誕生地。聖保羅曾在西元一世紀的第一次布道旅行中拜訪帕福斯城。

萬六千人，去參加拉拉．穆斯塔法的最後總攻。九月九日黎明，他們逼近了尼古西亞城，準備一舉將它拿下。穆斯塔法帕夏許諾，最先殺進城的人將得到重賞。

鄂圖曼人集中進攻四個地點。第一次進攻的恐怖場面把缺乏經驗的希臘士兵嚇得幾乎當場抱頭鼠竄，後來是靠著威尼斯人才抵擋住敵人潮水般的猛攻。城內到處敲響了警鐘，召喚人們到城牆上去。卡萊皮奧遇見了帕福斯主教，後者「身穿胸甲……命令我幫助他穿上臂甲、戴上頭盔，然後加入了他的部下」[25]。他們抵擋土耳其人達兩個鐘頭，但「我們的人被斬成肉泥，掩蔽處的小小壕溝內堆滿了死屍」[26]。卡萊皮奧目睹守軍被一個一個擊斃：

副主教被一發火槍子彈打死；貝爾納多．博拉尼（Bernardo Bollani）大人也倒了下去，在死屍堆裡躺了一陣子，但後來被救起，回到了城門處。尼可拉．辛克利提克（Nicolo Sinclitico）面部負傷，不得不撤退；他的兄弟傑羅尼莫（Geronimo）也受傷撤退。他們的兄弟湯瑪斯．維斯孔蒂（Thomas Visconti）不幸戰死。帕拉佐（Palazzo）上校當場死亡，總督隆科姆（Roncome）負傷後被送回自己家裡，在那裡死去；簡單地說，在兩個小時的持續激戰後，幾乎所有人都犧牲了。[27]

仍然堅守在前線的守軍也陷入了混亂和狂怒。一座稜堡的主砲手在火藥耗盡後直言不諱地咒罵他的野戰指揮官：

你們這些惡狗，既是上帝的敵人，也是你們自己和國家的死敵。你們難道看不見，敵人占了上風？我們為什麼沒有火藥，好把他們轟出去？我有火藥轟擊他們側翼的時候，他們就沒法前進。讓魔鬼把你們都帶走吧！火藥難道被我們吃了嗎？砲彈難道被我們吞下去了嗎？你們替聖馬可節約火藥，卻讓我們全完蛋不可。[28]

但此時丹多洛卻沒了蹤影。他已經離開了自己的崗位，逃回了宮殿。

鄂圖曼人洶湧地衝殺進城，在街上展開混戰，「無秩序可言」[29]。一大群希臘神父在他們的教堂外被殺死。卡萊皮奧和另一名神父試圖重整潰敗的希臘兵：「我們舉起一支大十字架，竭盡全力地勸說他們……雖然我們花了兩個鐘頭對他們高聲疾呼，但幾乎一點用處都沒有。」有些士兵試圖從城牆的砲眼溜走；其他人打開了城門，想從那裡逃之夭夭。「很多人被土耳其騎兵砍殺，還有一些人被俘虜，只有少數人成功逃脫。」[30]

在城市中心廣場的宮殿周圍，守軍集結起來，準備做最後抵抗。此時有些威尼斯人更想殺丹多洛，而不是土耳其人。一名叫安德烈亞．佩薩羅（Andrea Pesaro）的貴族找到了丹多洛，想把他砍倒。佩薩羅高呼：「叛徒在這裡！」[31]並舉起了自己的劍，但被丹多洛的保鏢打倒。丹多洛想安排有組織的投降，但這都是枉費心機。放下武器、舉手投降的人也被殺死在氣勢洶洶的鐵流中。最後一群倖存者一步一步地且戰且退，在宮殿的上層房間堅持了一段時間，將不少土耳其人扔出窗外，但他們最後也都被斬盡殺絕。丹多洛穿上了自己的鮮紅色天鵝絨長袍，希望敵人會對他這個大人物高抬貴手。但土耳其人仍然將他斬首。「這時，」卡萊皮奧記述稱，「一個醉醺醺的希臘人在宮殿上方舉起了土耳其旗幟，撕下了聖馬可旗幟。」[32]最後，槍砲停止轟鳴，激戰的嘈雜聲漸漸平息，「但這變化非常悲傷悽慘」[33]。人們能聽得見的只有婦女、兒童（他們將遭到土耳其人的奴役）被從家人身邊搶走時的呼天搶地。卡萊皮奧描繪了一些集體和個人的悲慘場面：「勝利者砍去了很多老嫗的頭顱；很多已經投降的老婦人在被驅趕的途中被砍死，土耳其人藉此證明自己刀劍的鋒利……死者中包括盧多維科．波多查托羅（Lodovico Podochatoro）和我的母親盧克蕾西亞．卡萊皮亞（Lucretia Calepia），她抱著自己的女僕時被砍了頭。」[34]尼古西亞被占領的第二天，俘虜和搶劫來的財物被變賣轉手。據說，自君士坦丁堡陷落以來，還沒有過數量如此驚人的戰利品。

✯

拉拉．穆斯塔法派遣了一名威尼斯戰俘前往賽普勒斯北岸的凱里尼亞（Kyrenia）。這名戰俘身披枷鎖，馬鞍上繫著兩個人頭。拉拉．穆斯塔法還將丹多洛的腦袋盛在盤子裡，送給法馬古斯塔的指揮官瑪律科．安東尼奧．布拉加丁（Marco Antonio Bragadin）。

九月二十一日晚，基督教艦隊正在鄂圖曼帝國海岸附近躲避風暴，這時偵察船送回了令他們害怕的消息：尼古西亞陷落了。次日，在科隆納旗艦的艉樓甲板上，基督徒救援行動上演了最後一幕。大多數指揮官主張返航；紮內雖然很不甘心，但最後不得不同意。艦隊就這麼灰頭土臉地返航了，卻仍然不時爆發爭吵。多里亞希望儘快脫離艦隊，率領自己的船隻單獨快速返回，因為適合航海的季節已經接近尾聲，而他最重要的任務是不惜一切代價保證船隻的安全。至少在這方面，他的判斷很明智。十月初，艦隊遭遇了暴風。十三艘槳帆船在克里特島外海傾覆，但或許多里亞的航海本領更高超，他沒有損失一艘船。槳帆船艦隊中再次爆發了傷寒。科隆納的艦隊被閃電擊傷，又有一些船隻沉沒。到當年年底，科隆納和多里亞都將各執一詞，對此次行動的慘敗提出自己的解釋。教宗垂頭喪氣，威尼斯元老院則瞠目結舌。紮內整個人一蹶不振，將在囹圄中了卻殘生；而對這回奇恥大辱的失敗同樣負有責任的腓力二世卻將多里亞晉升為將軍。

在賽普勒斯，身披鐐銬、馬鞍上繫著人頭的被俘軍官一路叮叮噹噹地來到凱里尼亞要塞，該處的威尼斯守軍旋即投降。但在法馬古斯塔，瑪律科・安東尼奧・布拉加丁厚葬了丹多洛的首級，給拉拉・穆斯塔法發去了義正詞嚴的答覆：

> 我看到了你的信，也收到了尼古西亞副總督的頭顱。我鄭重相告，儘管你們輕鬆地占領了尼古西亞城，但要攻打法馬古斯塔城，你們將血流成河。蒙上帝保佑，我們會讓你們忙得不可開交，永遠會後悔曾經在此地紮營。35

鄂圖曼軍隊繼續前進，將法馬古斯塔圍了個水泄不通。此外，拉拉・穆斯塔法將戰利品和從尼古西亞抓獲的年輕男女俘虜中的面容姣好者送到了海邊。這些俘虜被裝上一艘大帆船和另外兩艘船隻，做為進獻給塞利姆二世的禮物。十月三日，在法馬古斯塔外海，這艘大帆船的彈藥庫發生了爆炸，三艘船都被炸得粉身碎骨，爆炸的衝擊波還撼動了法馬古斯塔的城牆。關於爆炸的原因，有個傳說流傳至今——一位義大利貴婦人的女兒不肯受辱，因此選擇了與敵人同歸於盡。

第十七章　法馬古斯塔

一五七一年一月至七月

一五七〇至一五七一年冬天，陰風慘雨敲打著威尼斯城的潟湖。天氣非常惡劣，糧價極高，艦隊破敗不堪。槳帆船艦隊裡還流行著斑疹傷寒，船上的神父們害怕被傳染，放任病人不做臨終懺悔就死去。威尼斯在這場戰爭中損失慘重。維持艦隊的經費奇缺，但共和國政府害怕水手和士兵一哄而散，因此不敢解散艦隊。

一五七〇年的慘敗究竟是誰的錯，城內仍然在爭論不休。一本題為《威尼斯執政委員會在針對土耳其的戰爭中於決策和管理上犯下的突出錯誤》（*The Notable Errors committed by the Venetian Signoria in their Resolution and Administration of the War against the Turk*）的小冊子公開譴責政府當局的幼稚、判斷錯誤和用人不當。小冊子的作者認為「尼古西亞的陷落、五萬六千人死亡或被俘，以及三百多門火砲和除了法馬古斯塔城之外幾乎整個島嶼的損失」[1]全都是政府的責任。尼古西亞的可恥陷落似乎是共和國國勢日衰的下坡路中的一個新篇章。現在法馬古斯塔也命懸一線。「只有上帝知道，法馬古斯塔能不能抵擋住土耳其軍隊，長期堅守下去。」[2]法國紅衣主教德・朗布耶（de Rambouillet）在給查理九世的信中如此寫道。威尼斯人也普遍持同樣的意見。在威尼斯以東五百英里的埃迪爾內，塞利姆二世已經在準備新的戰役；在尼古西亞之戰帶來豐厚戰利品之後，志願者蜂擁而來，投入新戰役。

教宗心煩意亂。他責怪多里亞不肯「更有效地支援威尼斯人」[3]，導致了行動的失敗。在羅馬，新年伊始就發生了非常不吉利的自然災害，城內人心惶惶。一月三日，在一場猛烈風暴中，聖彼得大教堂的鐘樓被雷電擊中，造成了嚴重破壞。更糟糕的是，關於正式組建神聖聯盟的談判似乎陷入了冬季的爛泥，止步不前。

一五七〇年七月，談判在剛啟動的時候前景似乎相當光明。當時，腓力二世和威尼斯雙方的代表在羅馬城磋商，會談由教宗親自主持。起初，雙方就聯盟的針對物件和成本問題發生了爭執。西班牙人希望聯盟的宗旨是廣泛地反對所有異端分子和異教徒；但威尼斯人無意與低地國的新教徒開戰，堅持在條約中只使用「土耳其人」的字眼。教宗的談判代表提議以一五三七年的聯盟為藍本，以此為基礎安排新的聯盟。到九月，似乎所有的主要議題都得到了討論，但後來西班牙代表返回了馬德里，因此會談不得不暫時停止。到十月，腓力二世雖仍有所保留，但已經準備在條約上簽字；這時威尼斯人卻吹毛求疵起來；他們換了談判代表，並要求從頭開始，逐條重新討論。談判就這麼斷斷續續地進行了幾個月，其間發生了不少勾心鬥角和歪曲爭吵。對充滿基督教熱情的庇護五世來說，這就像是把一大群鬧哄哄的鵝趕進圈裡。

談判的過程清楚地顯現了導致遠征失敗的各種因素：陰謀詭計、祕而不宣的私念、互不信任、目標互相矛盾。天主教國王腓力二世希望攫取做為基督教世界世俗領袖的威望，來領導聯盟；他的戰略利益範圍最東只到西西里；事實上，如果賽普勒斯陷落，還能削弱威尼斯的力量，這對西班牙是有利的。他希望領導聯盟來防守地中海西部，並收復突尼斯；另外他還對金錢有著濃厚興趣。教宗的金錢誘惑在西班牙參加聯盟的過程中起到了關鍵作用。相反的，威尼斯人要求發動進攻，以保住賽普勒斯，而根本不曾考慮過突尼斯。西班牙和威尼斯雙方私底下都對庇護五世的願景——聯盟的最終目標將是收復聖地——驚恐不已。

一五三七年的聯盟給威尼斯人留下了糟糕的記憶，於是他們玩起了一個複雜的兩面手法。雖然威尼斯人堅決不肯承認，但他們在與西班牙和教宗協商的同時，甚至在簽訂盟約之後，還一直斷斷續續地在與索科盧談判，希望結束戰爭。威尼斯在伊斯坦堡的代表瑪律科．安東尼奧．巴爾巴羅（Marco Antonio Barbaro）雖然表面上在戰爭期間被軟禁於寓所，但實際上一直和首席大臣過從甚密。威尼斯共和國見人說人話、見鬼說鬼話，用和蘇丹締約來威脅神聖聯盟，以迫使對方讓步；同時在土耳其人面前也如法炮製。「毫無疑問，」一位頗具洞察力的紅衣主教在談判期間寫道，「如果蘇丹能給這些威尼斯權貴某種和解，而且聯盟不能儘快確立的話，威尼斯人就會接受蘇丹的條件，哪怕這意味著將賽普勒斯拱手讓給蘇丹。」[4]事實上，威尼斯人正在努力與索科盧協商，希望能保住法馬古斯塔，儘管土耳其人正在做攻打該城的準備。索科盧也在下一盤攸關自己、冷酷無情的權力政治棋。他並不希望進攻賽普勒斯。但如今戰事已經在進行中了，所以他下定了決心，絕不能讓他在國務會議的死敵——拉拉．穆斯塔法和皮雅利——獲得軍事榮譽，而使自己相形失色。如果他能透過外交手段從威尼斯人手中獲得法馬古斯塔，他還有機會挫敗這兩位政敵。

法馬古斯塔被希臘人稱為「陷入沙子的城市」，它是威尼斯海洋帝國最東端的前哨。面向大海的城門上屹立著石刻的聖馬可雄獅，它的眼睛在燦爛陽光下眨也不眨地凝視遠方。法馬古斯塔的旗幟在海風中沙沙作響，俯視著棕櫚樹叢、十字軍的小教堂和聖尼古拉教堂——這座奇思妙想的哥德式教堂以蘭斯（Rheims）①教堂為藍本，卻坐落在熱帶的海岸上。

✯

在拉拉．穆斯塔法兵臨城下的前一年，威尼斯人在此地構建了大量防禦工事。法馬古斯塔城周邊長兩英里，近似菱形，給穆斯塔法構成了嚴重的障礙。「一座非常美麗的城堡，同時也是島上最堅固和規模最大的城堡，」[5]曾於一五五三年到訪的英格蘭人約翰．洛克對它如此評價。法馬古斯塔有五座城門、十五座稜堡、很深的乾壕溝；城牆高達五十英尺、厚達十五英尺；而且周邊地勢低窪，瘴氣瀰漫，任何軍隊都無法在此久留。穆斯塔法急切希望速戰速決。

一五七〇年九月底，拉拉．穆斯塔法一抵達法馬古斯塔，就努力勸威尼斯人投降。他在城牆前展示了死者的頭顱和活著的俘虜，並偽造了威尼斯政府寫給在伊斯坦堡的大使，要求布拉加丁投降的書信。但從一開始，穆斯塔法得到的就是堅定不移的答覆。法馬古斯塔的指揮官瑪律科．安東尼奧．布拉加丁和倒楣的丹多洛一樣，出身威尼斯豪門，但他是個比丹多洛堅毅得多的愛國者。法馬古斯塔防務的安排也和尼古西亞完全不同。守軍內部紀律嚴明；當局按時向士兵發餉；糧食供應有條不紊，而且非常公平。根據威尼斯洋溢著愛國主義的史料，「只要還有一德拉克馬（drachm）②的食物，布拉加丁將把它分給大家；沒有食物的時候，他仍然盡力體恤官兵」[6]。雖然敵我兵力對比懸殊——土耳其人有八萬人，守軍只有八千人，但守軍仍然士氣高漲。希臘平民和他們的神父們全心全意地參與防禦戰。布拉加丁明智地將實際軍事指揮權留給頗能鼓舞人心的阿斯托雷．巴廖尼，因為後者受到士兵們的愛戴。

冬天的戰事雜亂無章地過去了。鄂圖曼艦隊返回了大陸上的安全港口，拉拉．穆斯塔法在等待春天到來。在此期間，發生了一些突襲和小規模戰鬥，以及荷馬史詩般的一對一單挑（巴廖尼自己就參加了這樣的單挑），因此這段時間並不沉悶無聊。全城人都在城牆上觀看單挑，並指責土耳其人作弊，因為他們傷害了基督徒的馬匹，被打敗的時候還不肯束手就擒，而是逃跑。為了讓單挑比賽更刺激些，巴廖尼懸出了賞格：殺死對手的賞金只有兩個杜卡特，但把對方打下馬的賞金有五個杜卡特。

在不是那麼激烈的圍城戰期間，威尼斯對敵人進行了一次規模不大卻相當猛烈的軍事打擊，帶來了意想不到的後果。一五七一年一月，共和國政府任命精力充沛的瑪律科．奎里尼（Marco Querini）為指揮克里特島槳帆船艦隊的指揮官。這位新司令發現土耳其艦隊在冬季撤離了作戰海域，只在法馬古斯塔外海留下了少量艦船，以支援陸軍。他決定發動一場勇猛大膽、風險極高而

---

① 法國東北部城市，位於巴黎東北偏東。其歷史可以追溯到羅馬帝國時代，市中心還存有古羅馬時期的遺跡。蘭斯在法國歷史上扮演著非常重要的角色，因為它是歷代法國國王加冕的地方，前後一共有十六位國王在此接受主教加冕。

② 古希臘的貨幣和重量單位。後來亞美尼亞、鄂圖曼帝國等國家也用過這個單位。一德拉克馬大約有三至四公克。

且不合時令的突襲，並選擇了齋戒月③剛開始的時間。一月十六日，他率領十幾艘槳帆船和四艘高側舷的帆船啟航，帆船上載有一千七百名士兵，目標是增援法馬古斯塔。在冬季的大海上，他向東航行，花了十天時間就抵達了法馬古斯塔。四艘帆船接近港口時被鄂圖曼槳帆船艦隊發現，但奎里尼已經布下了天羅地網。他自己的槳帆船群躲在敵人視線之外，打了個土耳其艦隊措手不及，將三艘敵艦轟得粉身碎骨，然後將自己的帆船拖進港口，令守軍歡呼雀躍。在三週內，奎里尼率領的艦隊在賽普勒斯島周圍大顯身手，摧毀敵人的防禦工事和港口設施，俘虜敵人的商船，大大地鼓舞了布拉加丁部下的鬥志。

奎里尼離去的那天夜裡，布拉加丁和巴廖尼準備了一次伏擊。他們命令所有人不得在次日清晨出現在城牆上，然後為大砲裝填了葡萄彈和鏈彈，火繩槍也裝好子彈，騎兵則在城門後準備就緒。黎明時分，土耳其人抬頭望去一片沉寂的城牆。那裡沒有任何動靜，威尼斯戰船也沒了蹤影。他們爬出戰壕，城牆上仍然沒有任何人的跡象。他們開始認為，威尼斯守軍已經和奎里尼一起乘船撤走了。這個消息被報告到穆斯塔法那裡，隨後全軍開始前進。當土耳其軍隊進入射程時，威尼斯人鳴響號砲，城牆上射下了傾盆大雨般的槍彈和砲彈，將土耳其士兵成片地打倒在地，然後騎兵又發動衝鋒，大肆砍殺。

奎里尼離去時許諾將帶來更強大的援軍；據說他還給布拉加丁留下了一船前往麥加的朝聖者，可做為人質，儘管該說法的部分細節後來頗有爭議。這些可憐的人質將在未來的戰事中起到重要作用。

奎里尼的「拜訪」讓人們清楚地認識到，威尼斯仍然很有實力。鄂圖曼帝國指揮層對此頗感震驚，採取了一系列應對措施，導致了影響更大的後果。塞利姆二世的自尊受到了傷害，十分震怒和不安；做為信士的長官，保障朝聖道路的暢通是一個關鍵使命。他處決了名義上應對此事負責的希俄斯總督，以儆效尤。皮雅利保住了性命，但丟掉了職位。政敵的失勢對索科盧來說是個勝利。海軍的指揮權被交給了第五維齊爾——穆安津扎德·阿里（Müezzinzade Ali），又稱阿里帕夏，他的海戰經驗遠沒有皮雅利豐富，但對索科盧來說也是個潛在的競爭對手。有人推測，阿里帕夏被任命為海軍司令，是因為索科盧在暗地裡推波助瀾。索科盧這是在故意破壞軍事行動，因為戰事的勝利可能會削弱他的地位。不管動機如何，這個新任命是至關重要的。與此同時，由於擔心威尼斯人再次發動救援，土耳其人打破了常規。為了保衛賽普勒斯，他們出航的時間比平常要早得多。

二月初，二十艘槳帆船被派去監視克里特島；三月二十一日，阿里帕夏也從伊斯坦堡出發了。由於艦隊較早出航，因此作戰季節不可避免地會十分漫長。新官上任的海軍司令從伊斯坦堡

---

③ 齋戒月又稱賴買丹月（Ramadan），是伊斯蘭教曆的九月，為的是紀念穆罕默德得到《古蘭經》的降示。根據伊斯蘭教法，在賴買丹全月，穆斯林每日從黎明到日落前不得飲食和行房。按照伊斯蘭教曆，齋月可能在一年中的任意一個季節。

出航時，口袋裡揣著一則前所未有的命令。原則上，土耳其人對大海戰沒有多少興趣。他們一般是用船隻運送部隊，並支援兩棲作戰，打擊敵人的港口和島嶼；馬爾他和羅得島戰役是鄂圖曼運用海軍的典型例證。從這個角度來看，阿里帕夏接到的指令是非比尋常的。他的任務是「尋找並即刻進攻異教徒艦隊，以挽救我們的宗教和國家的榮譽」[7]。這些指令是來自索科盧，還是魯莽的蘇丹本人，我們無從得知。這個決策將決定歷史的走向。

✯

鏡頭轉回羅馬，聯盟談判仍在進行中。三月，西班牙試圖將聯盟的主要目標改為進攻突尼斯，但庇護五世固執己見——遠征的方向必須是東方——並嚴格控制給與西班牙的金援。當各方受邀在條約上簽字時，威尼斯人卻突然不做任何解釋地中止了談判，回頭和索科盧商談；法馬古斯塔形勢愈顯危急的時候，威尼斯主和派的呼聲也就愈來愈高。教宗為此愴然淚下；看來他的全部努力都要付之東流了。但此時索科盧的條件也愈來愈苛刻了；庇護五世還派遣科隆納去把威尼斯人重新拉回到談判桌前。一五七一年五月，在整整十個月的激烈爭吵和拉鋸之後，神聖聯盟的最終條款得到了各方的認可。

一五七一年五月二十五日，三方在梵蒂岡的孔奇斯托羅廳（Sala del Concistoro）簽訂了這個歷史性的盟約。一週後，羅馬城的大街小巷舉行了盛大的公眾慶祝活動；為此次慶祝活動特別鑄造的錢幣被撒向群眾，「做為喜悅和快樂的標誌」[8]。六月七日於威尼斯，當局在人山人海的群眾面前公布了盟約；聖馬可大教堂內舉行了彌撒，執政官親自走在肅穆的宗教遊行隊伍中。義大利全境激動不已，充滿了期待。庇護五世振奮人心的話語也反映了群眾的普遍情緒，他清楚地知道，自己創造了歷史。據一位目擊者稱，教宗「用生動而充滿仁愛的言辭感謝偉大的上帝。在他的教宗任期內，上帝將恩典賦與基督教世界，讓天主教君主們團結一心，共同對抗公敵」[9]。

盟約的條件讓各方都得到了一些好處。這並不是個臨時性的聯盟，而是──借用盟約文件的莊嚴表述──恆久的聯盟、持久的聖戰，就像中世紀的十字軍東征一樣。它既是進攻性的，也具有防禦性；征討的目標不僅僅是土耳其蘇丹，還有他在阿爾及爾、突尼斯、的黎波里的附庸國。這一條對腓力二世來說是至關重要的。聯盟也對經費安排做了具體規定：西班牙得支付一半費用，威尼斯負責三分之一，教廷則提供六分之一。短期目標也確定了，他們將立即以兩百艘槳帆船和相應的部隊發動一次遠征，收復賽普勒斯和聖地。至於收復聖地的使命，威尼斯和西班牙一定都不會遵守。

這是庇護五世在外交上的一個輝煌成就。他的十五位前任都沒能辦到的事情，似乎被他解決了。長期以來，組成一個統一戰線、擊退異教徒一直是教宗們最熱中的任務之一。庇護五世憑藉強大的意志力、堅持不懈，以及金錢的誘惑，完成了很多人認為是不可能完成的任務。但是，儘管盟約的文字信誓旦旦，很多深明世故的人還是頗有疑慮。一月，腓力二世預言說：「如果聯盟還是現在這個樣子，我不相信它會有任何幫助。」[10]似乎是為了證明這個預言，盟約的墨跡未乾，西班牙就打算食言。庇護五世不得不再次用撤回資助做為威脅，強迫西班牙回到聯盟中來。此外還有很多人對聯盟也毫無信心。「盟約在紙上很好看……但永遠不會有什麼實際的成果。」[11]法國紅衣主教德·朗布耶在談判期間說道，後來也沒什麼跡象能讓他改變這個看法。伊斯坦堡方面也希望這回神聖聯盟也會像一五七〇年的遠征一樣自行瓦解。

聯盟之能夠維持下去，主要有兩個重要因素。首先，基督教聯軍統帥的人選——奧地利的唐・胡安，即腓力二世的異母弟。其次，就在談判代表們在盟約上簽字、群眾歡呼雀躍的時候，法馬古斯塔攻防戰在浮屍百萬、流血漂櫓的慘景中落幕了。

✫

春季，拉拉・穆斯塔法得到了更多增援部隊。賽普勒斯離鄂圖曼帝國海岸只有咫尺之遙，不管有多少士兵死亡，兵力補充總是非常輕鬆的。關於尼古西亞豐厚戰利品的消息不脛而走，拉拉・穆斯塔法宣稱（這麼廣而宣之或許不太明智），法馬古斯塔將會有更多、更好的戰利品。冒險家和非正規軍蜂擁加入攻城戰。到四月，他已經擁有一支龐大的軍隊，人數多達十萬。鄂圖曼人吹噓道，蘇丹派來兵力如此雄厚的大軍，如果每個士兵都往壕溝裡丟一隻鞋，壕溝就會被填滿。關鍵在於，這支大軍的很大一部分是坑道工兵，只裝備了鶴嘴鎬和鐵鏟。城內守軍則包括四千名威尼斯步兵和同樣數量的希臘人。

四月中旬，拉拉・穆斯塔法做好了正式攻城的準備。守城的布拉加丁清點了自己數量有限的糧食，決定別無他法，必須將非戰鬥人員驅逐出城。五千名老人和兒童領到了一天的口糧，被從一個側門帶出城去。任何冷酷無情的攻城將領都會占這個便宜。西元前五十二年，凱撒在攻打維欽托利（Vercingetorix）④的要塞時，就任憑被夾在羅馬軍團和高盧軍隊之間的高盧婦孺餓死。一五三七年，巴巴羅薩則將出城的平民趕回城牆處。喜怒無常的拉拉・穆斯塔法卻寬大為懷，允許平民返回自己的村莊。這個舉措既仁慈又精明，保證了土耳其軍隊對希臘平民的善意。

布拉加丁決心效法馬爾他防禦戰，但法馬古斯塔和馬爾他差別甚大。距離法馬古斯塔最近的基督教國家有一千四百英里之遙，地質條件也與馬爾他不同。比爾古和森格萊阿是建立在堅固岩石上的，挖掘塹壕需要超人的努力。「陷入沙子的城市」法馬古斯塔則被沙灘包圍，開挖地道是非常容易的，儘管需要不斷用木料支撐地道。四月底，拉拉・穆斯塔法麾下的龐大工人隊伍開始挖掘塹壕，逼近城市。基督徒嘲諷土耳其人像農民一樣拿著鶴嘴鎬和鐵鏟打仗，但土耳其人的坑道作業非常高效。龐大的塹壕網路彎曲迂迴地逼近壕溝，而且塹壕很深，騎兵可以在裡面走動，而只有矛尖會露出地表。塹壕如此之多，以至於目擊者聲稱全軍都可以駐紮在裡面。鄂圖曼軍營周圍搭建了高高的泥土胸牆，只有帳篷的頂端露出來；另外建造了正面寬達五十英尺的土木堡壘，其牆壁用橡木梁柱和成袋的棉花加固。如果這些堡壘被砲火摧毀，很快又能重建起來。射擊平台被堆砌得比法馬古斯塔城牆還高，平台上安放了重砲。

守軍為了他們的小小共和國的榮譽而奮戰，就像聖約翰騎士團一樣充滿鬥志。巴廖尼組織了突襲和伏擊，殺死敵人的坑道工兵，向敵人戰壕內投擲火藥，在沙地裡布設帶有塗毒鐵釘的木

---

④ 維欽托利（約西元前八十二至西元前四十六年），高盧阿維爾尼（Arverni）部落的首領。西元前五十二年，維欽托利領導高盧人反對凱撒，用遊擊戰來騷擾凱撒的補給線，成功地守住了戈高維亞（Gergovia）山寨，隨即乘勝向羅馬軍隊發動攻擊，結果失敗。他後來被圍困在阿萊西亞（Alesia）城堡，被迫投降。他被戴上鐐銬解往羅馬，在為凱撒舉行的凱旋式中示眾，六年後遭處決。

板，摧毀敵人的砲台，殺死了數量驚人的土耳其士兵。守軍的堅忍不拔令鄂圖曼帝國高層瞠目結舌、憂心忡忡。士兵們在寫給在伊斯坦堡的家人的信中說，法馬古斯塔的守軍都是巨人。五月二十二日，拉拉·穆斯塔法再次送信給布拉加丁，勸他投降，得到的回答是山呼海嘯般的吶喊「聖馬可萬歲！」[12]土耳其人的某次勸降遭到了更激烈的拒絕。威尼斯人急切盼望援軍抵達。布拉加丁讓土耳其使節告訴他的主子，威尼斯艦隊抵達的時候，「我將策馬驅趕你們，要你們把投進壕溝的泥土全部背走。」[13]布拉加丁的言辭絕非明智。

最終，雙方兵力懸殊的問題體現了出來。五月初，神聖聯盟各方準備在羅馬簽字的時候，鄂圖曼帝國的大砲開始猛轟法馬古斯塔，鎮日對城內房屋進行狂轟濫炸，以打擊市民的鬥志；同時猛烈攻擊城牆，企圖將它摧毀。雖然守軍勇敢地搶修城牆，但城牆還是不可避免

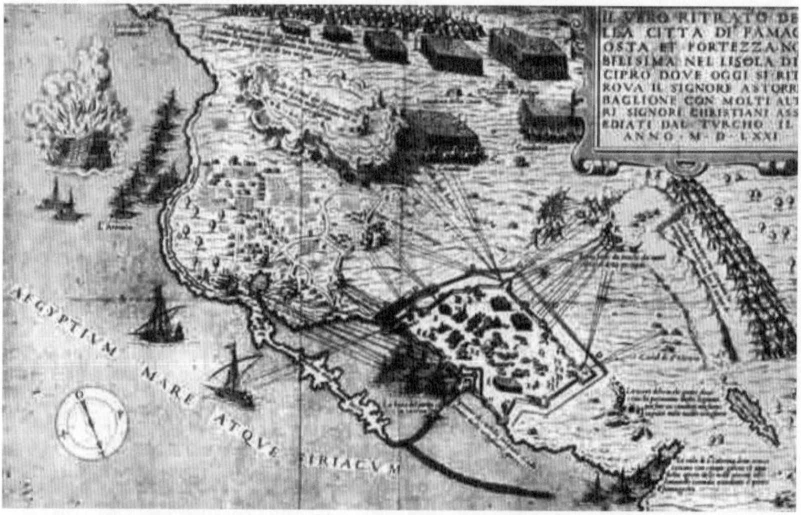

圖28　被包圍的法馬古斯塔

地被逐漸摧毀了。土耳其人透過坑道作業和爆破將三角堡和稜堡的正面炸塌。六月二十一日，土耳其人打開了一個決定性的缺口，先後發動六次猛攻，漸漸將守軍的力量消耗殆盡。城內的食物和火藥供應愈來愈少。「葡萄酒喝完了，」威尼斯工程師涅斯托爾．馬丁嫩戈（Nestor Martinengo）寫道，「無論鮮肉、鹹肉還是乳酪都無處可尋，除非用天價購買。我們吃馬肉、驢肉和貓肉，除此之外只有麵包和豆子，飲料只有兌水的醋，而就連這些食物也日漸減少。」[14] 七月十九日，深受群眾愛戴、被認為具有神奇力量的利馬索爾（Lemessos）⑤主教在自己桌前被火繩槍打死。希臘平民此前忠誠地支持威尼斯主子，但他們現在受夠了。他們念念不忘尼古西亞的悲慘結局，向布拉加丁請願，希望投降。在大教堂內舉行了一場熱情洋溢的彌撒之後，布拉加丁懇求平民再給他十五天時間。他們同意了，但土耳其人也知道，這場戰役即將結束。七月二十三日，被守軍的無謂抵抗激怒的拉拉．穆斯塔法向城內射進一封直言不諱的書信，再次效法蘇萊曼在羅得島的做法，勸說巴廖尼投降：

> 我，穆斯塔法帕夏，希望你們的高貴將軍阿斯托雷明白，為了你們自己的好處，你們必須投降，因為我知道，你們別無生存的機會，既沒有火藥，也沒有兵員來繼續抵抗。如果你們體面地投降，我就允許你們保留財物，還會把你們送往基督教國家。否則，我們將用利劍征服你們的城市，將你們斬盡殺絕！你們最好好自為之！[15]

---

⑤ 賽普勒斯第二大城市，位於賽普勒斯島南岸。

第十八章　基督的將軍

一五七一年五月至八月

當拉拉．穆斯塔法正在準備法馬古斯塔的最後總攻之時，神聖聯盟也開始為海上遠征做準備。在西班牙和義大利的所有港口——巴塞隆納、熱那亞、那不勒斯、墨西拿，人們正艱難地集結士兵、物資和艦船。地中海西部忙得不可開交、亂成一團——協調不力、準備不足，而且為時太晚。西班牙的威尼斯大使目睹了這些準備工作，怒火中燒但又束手無策：「我發現，在海戰方面，所有微不足道的細節都要花費長時間準備，甚至阻撓啟航。他們的槳和帆沒有到位，或者沒有足夠數量的烤爐來製作餅乾，或者缺少十四棵大樹來製作桅杆，很多時候艦隊的戰備根本就是止步不前。」[1]這一派混亂景象與鄂圖曼帝國軍事機器的中央集權和協調有力形成了鮮明對比。鄂圖曼帝國的作戰計畫是預先制定好的，計畫的執行則得到不可違抗的蘇丹御旨的保障。在前一年，卡拉曼總督在集結部隊以參加賽普勒斯戰役時，因為比期限晚了十天，就被免職。

土耳其人制定了對抗基督教威脅的作戰計畫，並在一五七一年春天嚴格執行該計畫。海軍司令阿里帕夏在三月奔赴賽普勒斯；另一支艦隊在第二維齊爾——佩爾特夫（Pertev）帕夏指揮下於五月初離開了伊斯坦堡；第三維齊爾——艾哈邁德（Ahmet）帕夏於四月底率領一支陸軍部隊西征，以威脅威尼斯的亞得里亞海海岸；烏魯奇・阿里則從的黎波里啟航東進。這場戰役的目標將不僅僅是征服賽普勒斯，而是將戰火燒到亞得里亞海，甚至占領威尼斯或者更西的地區。「蘇丹的統治必須擴張到羅馬。」[2]索科盧如此告知威尼斯人。到五月底，阿里和佩爾特夫判斷法馬古斯塔的攻城戰已經快結束了，於是將他們的艦隊合而為一，開始掃蕩威尼斯治下的克里特島。

威尼斯人迫切需要扭轉戰局。他們的槳帆船艦隊在新任司令官塞巴斯蒂亞諾・韋尼爾（Sebastiano Venier）的率領下，於四月底抵達了科孚島。經歷前一年紮內指揮下的可恥表現之後，威尼斯人現在把他們的事業託付給了一位強悍的勇士。韋尼爾已經七十五歲高齡，看上去像是威尼斯建築底座上的石刻怒目雄獅。他是個聲名遠播的愛國者，雖然不是航海家，卻是個堅決剛毅的人，充滿激情、行事果斷，而且脾氣火爆。賽普勒斯受難的消息讓他按捺不住，他多次試圖勸服他的軍官們，自己單獨出擊、援救法馬古斯塔，而不是等待支吾搪塞的西班牙人，但始終沒有成功。大家認為威尼斯單獨出擊的風險太大，艦隊的力量還不足，因此別無他法，只能坐等。聯軍開始慢慢地在西西里北岸的墨西拿（事先約定的集結地）彙集。瑪律科・安東尼奧・科隆納儘管在前一年遭遇慘敗，但庇護五世仍然堅持任命他為教宗國槳帆船艦隊的司令。科隆納於五月來到了那不勒斯。他們現在唯一能做的事情就是等待西班牙艦隊和聯軍的最高統帥抵達。

最高統帥的人選由腓力二世決定。他第一個提名的是永遠謹小慎微的喬萬尼・安德烈亞・多里亞。教宗當即否決了這個提議，因為他認為一五七〇年的失敗，多里亞該負全責；而且威尼斯人非常憎惡多里亞。腓力二世第二個提名的是他年輕的異母弟——奧地利的唐・胡安，查理五世的私生子。這是個絕佳的選擇。

唐・胡安時年二十二歲，相貌英俊、衝勁十足，聰明勇敢而富有騎士風度，雄心勃勃，對榮耀充滿渴望，秉性和他的異母兄——謹慎的腓力二世截然相反。他在鎮壓摩里斯科人反叛的戰爭中已經證明了自己的軍事才華，儘管腓力二世認為他過於魯莽和熱中冒險。唐・胡安曾親臨前線，頭盔被火繩槍子彈擊中，這令腓力二世頗為震怒。「你必須珍重自己，我也必須好好保護你，因為你有更偉大的事業要做。」[3]他在信中責備道。在一五七一年，胡安是腓力二世唯一的繼承人。因此他決心不能讓弟弟在戰爭中犯險。為了遏制他的衝動，同時也為了提供他航海方面的精明建議（因為唐・胡安沒有海戰經驗），國王為他安排了一群經驗豐富的謀臣，包括小心謹慎的多里亞、路易士・德・雷克森斯（Luis de Requesens），以及一位有經驗的航海家——聖克魯斯（Santa Cruz）侯爵阿爾瓦羅・德・巴桑（Álvaro de Bazán，儘管巴桑的天性更有可能支援積極進取的行動）。腓力二世堅持要求，必須在這三人都同意的情況下，才可以和敵人交鋒。國王認為這樣就有效避免了發生交戰的風險。他認為自己可以倚賴多里亞投下不同意票。

這些束縛讓年輕的親王頗為惱火。由於他的特殊出身，他對榮譽的渴望是無止盡的。私生子的出身影響了

圖29 唐・胡安

他在宮廷的地位，而腓力二世也不遺餘力、漫不經心地怠慢這位極受歡迎的年輕人。他拒絕授與唐・胡安「殿下」的稱號，而只允許稱他為「閣下」；在繁文縟節的時代，這種微妙的區別是很重要的。唐・胡安或許是腓力二世顯而易見的繼承人，但目前國王還不打算確立他的王室地位。更糟糕的是，國王還把唐・胡安必須得到三位謀臣一致同意才能採取行動的指令告訴了唐・胡安的下屬，而不是唐・胡安本人，這大大削弱了他做為統帥的地位。唐・胡安在寫給兄長的長信中隱藏著遭受傷害的痛苦：「我謙卑和恭敬地大膽直言，假如陛下願意直接與我交談……而不是把我降到與陛下眾多僕人同樣的地位——良心可鑑，我並不應當受到如此對待——對我來說將是無比榮幸和有益。」4

唐・胡安渴望得到光榮和認可，以及未來的頂上王冠。但如今圍在他身邊的卻是一群奉命阻止他取得任何戰果的老邁之輩，他必須證明自己的能力。六月初，唐・胡安準備離開馬德里的時候，教宗從西班牙使節處了解到他急切希望擺脫這些枷鎖的心情，對他頗為讚賞。「他是個渴望榮耀的親王，如果機遇來臨，他不會甘於受限於那些提供他建議的顧問們；他不會只想著如何保全槳帆船艦隊，而是更熱中於奪得光輝和榮耀。」5

✯

一千兩百英里之外，即將與唐・胡安對抗的鄂圖曼艦隊司令正準備劫掠克里特島。乍看之下，穆安津扎德・阿里帕夏與唐・胡安簡直是來自兩個世界的人。唐・胡安是歐洲王室的私生子，而阿里出身貧寒。他的父親是鄂圖曼帝國舊都埃迪爾內的穆安津（Müezzin）①，即召喚群眾祈禱的人。在能者為先的鄂圖曼帝國晉升體系中，阿里現在已經攀升到了第四維齊爾的高位，又被任命為位高權重的海軍司令，也就是偉大的海雷丁・巴巴羅薩曾經占據的職位。阿里受到民眾的讚揚：「他勇敢而慷慨，天性高貴，熱愛知識和藝術；他言辭得當，篤信宗教，生活純潔，無可指摘。」[6]但和唐・胡安一樣，他也多多少少是個局外人。按照常規，蘇丹的精英統治階層往往來自改宗的基督徒，尤其是在孩提時代就被俘虜和改宗的人。這些人的一切都來自蘇丹的恩典，在蘇丹的宮廷中長大成人。索科盧是個波士尼亞人；皮雅利年幼時被從匈牙利戰場上搶到土耳其。阿里是個尋常的土耳其人，這反倒是不尋常的。「出身外地行省，並在那裡長大，他被蘇丹宮廷的顯貴視為外來闖入者。闖入統治集團被認為是個錯誤。」[7]因此他不屬於經天緯地的精英階層。和唐・胡安一樣，他也需要證明自己。他雄心勃勃，一心要在蘇丹面前取得成功；他也勇敢到了魯莽的程度，而且同樣具有極強的榮譽感，認為撤退是懦弱的行為。

關鍵在於，唐・胡安和阿里都沒有多少海戰經驗。迄今為止，爭奪地中海的戰爭的一個顯著特點就是沒有發生大規模海戰，而這並非偶然。甚至普雷韋扎戰役也只算是小規模衝突。那些以高超本領駕馭脆弱的槳帆船艦隊的航海家——海雷丁・巴巴羅薩、圖爾古特、烏魯奇・阿里、安德烈亞・多里亞及其侄孫喬萬尼・安德烈亞、皮雅利和唐・賈西亞都是些極其小心謹慎的人。如此的小心也是有其充分理由的。他們理解大海的狀況和它的反覆無常；海風突然平息或加大、不明智地沿岸邊行駛、稍微喪失戰術優勢，都有可能造成巨大災難。長期經驗表明，造成勝利和慘

① 穆安津是清真寺裡專門呼喚群眾做禮拜的人，有時譯為「宣禮員」。

敗之間差別的往往是極小的因素；因此他們對風險的評估非常謹慎。如今正在集結史上最強大槳帆船艦隊的這兩個人卻沒有任何這樣的經驗，他們都急於找到對方，決一死戰。阿里執行他的命令，目的就是決戰、決勝。這些因素必然導致一場激戰。

✯

在基督徒方面，許多有經驗的觀察家都對如此辛苦地集結艦船、兵員和物資，最後能不能取得什麼成果，深感懷疑，尤其這次的行動是由西班牙人指揮的。唐．胡安前往義大利的旅途也不是一帆風順的。他於六月六日離開馬德里，花了十二天才抵達巴塞隆納，然後在那裡足足等待了一個月，準備工作才就緒。路易士．德．雷克森斯在巴塞隆納唉聲嘆氣地觀看著緩慢進行中的準備工作，他在給自己兄弟的信中如此寫道：「我國朝廷的原罪是，從來不能火速行事、及時完成任務。」[8]終於，在七月二十日，唐．胡安登上了富麗堂皇的槳帆船「國王」號，在群眾的歡呼和禮砲聲中啟航。旅途中的每一步，他都被欣喜若狂的歡迎隊伍、龐大的人群、喜慶的燈火、煙花爆竹、慶祝活動、訪問修道院和教堂禮拜耽擱了不少時間。大家都想親眼目睹這位風流倜儻的年輕親王，留住他、宴請他。這不像是開往前線的行軍，倒像是王室巡遊，而且還感染了宗教和聖戰的狂熱情緒，似乎沿途的每個港口——尼斯、熱那亞、奇維塔韋基亞（Civitavecchia）、那不勒斯和墨西拿都是「苦路」（Cross）②的必經之地。在熱那亞，多里亞家族舉辦假面舞會，盛情款待唐．胡安，就好像當年招待他的父親查理五世一樣。「看到唐．胡安跳舞時的活潑和優雅，大家都又驚又喜。」[9]大家對唐．胡安一舉一動都記錄在案，就像王室活動的記載一樣。那不勒斯不甘落後，為年輕的親王舉辦了一場奢華的歡迎盛會。關於他行程的消息傳遍了整個南歐，親王的每次登陸都更加激發了人們的熱情期待和聖戰情緒。八月九日，這位基督的將軍抵達那不勒斯，當地人向羅馬發送了一份內容激動萬分的公報，描繪他抵達該城的盛況：

> 今天二十三時，奧地利的唐·胡安進入城內，令市民興高采烈。格朗韋勒（Granvelle）③紅衣主教親自前往港口的防波堤迎接他，讓後者親吻他的右手。這位親王皮膚白皙，頭髮金黃，鬍鬚稀疏，相貌英俊，中等身材。他策馬入城，身邊有多名身穿帶有深藍色流蘇的黃色天鵝絨號衣的侍從和僕人伺候。[10]

次日，他乘坐紅衣主教的馬車，在歡呼的群眾的夾道歡迎下從港口前往宮殿。他身穿華麗的金、紅兩色華服，車後跟隨著長長一隊貴族。在每個港口，船隊都接上了更多的西班牙和義大利士兵，他們都是腓力二世國王的人馬。

教宗派遣格朗韋勒紅衣主教前往那不勒斯，為年輕的統帥舉行莊嚴而堂皇的祝聖儀式。教宗

---

② 指天主教的一種模仿耶穌受難過程的宗教活動，也稱之為「拜苦路」，主要進行於四旬期間。

③ 安托萬·佩勒諾·德·格朗韋勒（Antoine Perrenot de Granvelle，一五一七至一五八六年），出身於勃艮第貴族家庭，其父曾擔任神聖羅馬皇帝查理五世的首相。他本人也是帝國最重要的大臣和外交家之一，對當時的歐洲政治影響極大。同時他是個著名的藝術品收藏家，與提香等藝術大師過從甚密。

選擇格朗韋勒，頗有些諷刺意味，因為在聯盟談判期間，格朗韋勒一直是個麻煩製造者，持續不斷地吹毛求疵，而且故意躊躇拖延，給談判製造了不少麻煩。有一次，庇護五世被他氣得火冒三丈，把他趕出了會議室。八月十四日，在聖克拉拉（Saint Clara）教堂舉行的隆重儀式中，格朗韋勒授與唐·胡安象徵神聖聯盟統帥地位的權杖。唐·胡安跪在主祭壇前，接受了他的將軍權杖以及一面二十英尺高的巨型藍色大纛（藍色是天堂的顏色）。這是教宗的禮物，上面精心繪製了耶穌受難的圖景和連在一起的聯盟三方的紋章。「幸運的親王，」格朗韋勒聲如洪鐘地說道，「請接納象徵真正信仰的標誌物，願它們保佑你，打敗褻瀆神靈的敵人，取得一場光榮的勝利。願你的手能夠打擊敵人的傲慢。」[11]西班牙士兵高舉著大纛，在那不勒斯街道上遊行，然後隆重地將它懸掛在「國王」號的主桅上。

圖30　唐·胡安接受神聖聯盟的大纛

☆

四個月前，在伊斯坦堡也舉行了一場類似的盛大儀式。塞利姆二世授與阿里帕夏一面相似的燕尾旗，但比唐·胡安的旗幟更大。阿里帕夏的旗幟是鮮綠色的——那是伊斯蘭教天堂的顏色——上面完美無缺地繡有真主的九十九個尊名和稱號，一共重複了兩萬八千九百次。如今，這面旗幟被懸掛於正在亞得里亞海上航行的「蘇丹娜」號的桅頂，在秋陽下熠熠生輝。雙方的旗幟都是雄圖霸業的標誌物，也象徵著神授的勝利。

得到祝聖的基督教旗幟也標誌了聯盟的第一個目標——解救法馬古斯塔，但此時戰火已經蔓延到了更近的地方。七月和八月初，阿里帕夏的艦隊在威尼斯的海洋帝國內橫衝直撞，大肆破壞。土耳其人沿著克里特島西進，繞過希臘海岸，一舉成為亞得里亞海的統治者。他們占領了阿爾巴尼亞北部海岸的一連串駐防據點——烏爾齊尼（Dulcigno）、安蒂瓦里（Antivari）和布德瓦（Budva）④，同時陸軍也發動了協調有力的鉗形攻勢。韋尼爾為了避免被包圍，不得不放棄在科孚島的基地，將威尼斯艦隊開往西面的墨西拿，改在那裡等待西班牙艦隊。威尼斯現在已經失去了所有屏障，情勢一天變得比一天更糟糕。七月底，經驗豐富的海盜烏魯奇·阿里和卡拉·霍加（Kara Hodja，綽號「黑神父」，因為他是個被逐出教門的義大利修士）幾乎一直打到了威尼斯城下。他們的艦船已經進入了肉眼可以看見威尼斯城的距離。卡拉·霍加率領的一支鄂圖曼分艦隊對聖馬可盆地進行了短期的封鎖。威尼斯城在一片恐慌中採取了一些防禦措施；他們在城市周圍的小島上構建了工事、架起了大砲。鄂圖曼帝國的新月確實已經近在咫尺。

✯

在遙遠的法馬古斯塔，攻城戰進入了最後一幕。拉拉·穆斯塔法的勸降遭到了激烈抵制。布

④三地今皆在蒙特內哥羅境內，其中安蒂瓦里今稱巴爾（Bar）。

拉加丁自己也痛苦萬分：「你們肯定知道，我接到了上級的命令——不准投降，否則就要被處死。」「原諒我，」他呼喊道，「我不能這麼做。」[12]巴廖尼竭力勸說他；同時土耳其人發動了兩次懲罰性的進攻，布拉加丁才回心轉意。到了七月三十一日，法馬古斯塔城已經奄奄一息。僅存的一些貓也吃完了；義大利人中只有九百人還活著，其中四百人是傷患。倖存者無不筋疲力竭、神經飽受砲擊的折磨，而且飢腸轆轆。城裡的很多美麗建築都成了瓦礫堆。法馬古斯塔城民為他們的忠誠付出了慘重代價。海平面上沒有救援船隻的影子。巴廖尼向布拉加丁保證道：

我們已經竭盡全力守城了，無論如何都不算失敗……我憑紳士的榮譽起誓，城市已經陷落。當敵人再發動一次進攻的時候，我們將無力抵擋，不是因為我們的士兵已所剩無幾，而是因為火藥嚴重不足，只剩五桶半。[13]

法馬古斯塔遭到了長達六十八天的砲擊，迫使鄂圖曼帝國消耗了十五萬發砲彈，傷亡和患病的鄂圖曼士兵多達約六萬人。布拉加丁終於放棄了。八月一日，在城牆下互相連通的地道內，威尼斯坑道工兵向土耳其工兵遞交了一封給帕夏的信。城牆上也升起了白旗。

由拉拉．穆斯塔法提出的條件表明，守軍雖造成土耳其軍隊重大的損失，但卻贏得了後者的尊敬。所有義大利人都被允許軍旗招展地離開賽普勒斯島，鄂圖曼帝國的船隻將運載他們安全前往克里特島。希臘平民如果希望離開，也可以自由離去；如果願意留下，將享受人身自由和財產安全。義大利人想帶走全部的火砲，但穆斯塔法只准他們帶走五門。關於投降的條件，不同文獻間有一個細微的區別，但這卻是個至關重要的區別。所有威尼斯方面的文獻都認可，除了若干不重要的細節外，以上就是穆斯塔法同意放行威尼斯人的條件。但後來穆斯塔法帕夏向史學家阿里・埃芬迪（Ali Efendi，他也參加了這場戰役）講述了他自己的版本。根據穆斯塔法的說法，還須滿足一個條件才能給與安全放行：威尼斯人還扣押了五十名奎里尼在一月時虜獲的朝聖者，雙方同意，這些朝聖者應當被交還給土耳其人。由於對投降條件的分歧，因而衍生可怕的後續。

八月五日，威尼斯人開始登上土耳其船隻。「一直到此時，土耳其人和我們剩餘的人的關係都很友好，不會相互猜忌，因為他們在言辭和行為上都對我們以禮相待。」[14]涅斯托爾・馬丁嫩戈如此寫道，儘管在此時，鄂圖曼士兵已經違反了約定，開始進入城市搶劫。士兵們先前已經得到穆斯塔法帕夏的豐厚戰利品許諾，現在想約束他們或許已不是件容易的事。

晚禱時分，裝船工作基本完成，布拉加丁將城門鑰匙送交給拉拉・穆斯塔法。這位驕傲的威尼斯貴族是在盛大的排場中離開法馬古斯塔的，有人說他更像是勝利者，而不是敗軍之將。他身著鮮紅色長袍，在號手引領下莊嚴地緩步前行。他的頭頂上遮蓋著鮮紅色的華蓋，以象徵他的職位。和他一起去的還有巴廖尼和其他指揮官，以及一支貼身衛隊，一共大約三百人。他們昂首挺胸，在鄂圖曼軍中前進。鄂圖曼人雖然對他們大加嘲諷，但還是隆重安全地引領他們到穆斯塔法的營帳。指揮官們把佩劍留在門檻處，走進營帳。穆斯塔法從椅子上起身，以手勢示意他們在覆蓋著鮮紅色天鵝絨的凳子上坐下。他們依照禮儀親吻了帕夏的手，布拉加丁開始宣讀投降書：「有鑑於上帝已經決定，這個王國將歸屬最光榮偉大的蘇丹，我特此呈上城門鑰匙，按照我們已經締結的協議，正式投降。」[15]但就在這個威尼斯人最為脆弱的時刻，發生了可怕的事情。

雙方約定的有條件投降完全取決於互信。不知是由於布拉加丁顯而易見的傲慢，還是他先前對穆斯塔法的嘲諷，或是帕夏對威尼斯人的無謂抵抗導致他損失了至少六萬人而感到憤恨難平，又或是因為帕夏需要向部下解釋為什麼事先許諾的戰利品都沒了，也可能是因為人質被殺而義憤填膺，而帕夏是當場發作還是事先預謀，這點我們無從得知。就在布拉加丁詢問是否可以自由離去時，雙方大吵了起來。

根據鄂圖曼帝國方面的記載，爭吵的開端是，穆斯塔法要求留下一名威尼斯貴族做為人質，以保障土耳其船隻能夠從威尼斯治下的克里特島安全返航。布拉加丁憤怒地咒罵他：「一個貴族都不給你，一條狗都不給你！」[16]穆斯塔法發火了，詢問被扣作人質的朝聖者現在何處？根據阿里・埃芬迪的記載，布拉加丁承認，在簽訂和約之後，他們拷打了人質，然後把他們處決了：「那些穆斯林俘虜不在我的控制範圍內。投降那天，威尼斯人和當地的酋長處死了他們。接著我也把在我那裡的俘虜給處決了。」「那麼，」帕夏說道，「你們違背了和約。」[17]

還有其他事情在火頭上澆了油——守軍銷毀了大量棉花和彈藥，如今這些拿不到手的戰利品或許是帕夏不滿的潛台詞，布拉加丁言語和行為上的傲慢也讓征服者無法忍受。

但威尼斯方面的記載卻不是如此。按照他們的說法，奎里尼在一月就已經帶走了大部分穆斯林俘虜；只有六名俘虜被留下，而且都逃跑了，或者說，布拉加丁並不知悉這些人的命運。「我難道不知道，」穆斯塔法憤怒地回答，「你把他們都殺害了嗎？」他憤怒地在營帳內踱來踱去，將滿腔怒火都一股腦地發洩了出來，「告訴我，你這惡狗！你們根本沒有力量守城，為什麼還要死撐著呢？你們為什麼不在一個月前就投降，而讓我白白損失了八萬精兵呢？」[18]他要求留下一名人質，以保證他的船隻能夠從克里特島安全返航。布拉加丁回答，和約裡沒有這樣的條款。「把他們捆起來！」[19]帕夏喊道。

一瞬間，威尼斯人被推推搡搡地押出營帳，準備接受死刑。劊子手們大步走上前，強迫布拉加丁把脖子伸長兩、三次。這時拉拉．穆斯塔法有了個新主意。他決定先把布拉加丁留著，只是下令砍掉他的耳朵和鼻子。這是對普通罪犯的處罰。巴廖尼抗議說，帕夏違背了諾言；他和其他指揮官被處決在營帳前。根據威尼斯人的記載，穆斯塔法隨後把巴廖尼的頭顱展示給全軍將士：「看看法馬古斯塔偉大捍衛者的腦袋吧！就是他摧毀了我一半的大軍，給我造成這麼大麻煩。」[20]華麗的營帳前堆疊了三百五十顆頭顱。

布拉加丁的結局來得緩慢又痛苦。他被一直留到八月十七日（星期五）。他頭部的傷口已經化膿，傷痛讓他神志不清。在祈禱後，他被押著在全城遊街，周圍鑼鼓喧天，陪伴他的只有忠心耿耿的僕人安德烈亞，他為了侍奉主人到最後一刻，改信了伊斯蘭教。土耳其人還記得布拉加丁先前對帕夏的嘲諷，於是強迫他背著裝滿泥土的麻袋沿著城牆走，每次經過帕夏身邊時都要親吻地面。土耳其人挖苦地勸他改信伊斯蘭教。威尼斯的聖徒傳記家記錄了布拉加丁如聖人一般的回答：「我是基督徒，無論生死，都是基督徒。我希望我的靈魂會得救。如今，我的身體屬於你們，隨便你們怎麼折磨它吧！」[21]傳記家可能為了打動讀者而誇大了些，但布拉加丁遭受了殘酷折磨這一點是毋庸置疑的。這是儀式性的羞辱。半死不活的布拉加丁被捆綁在一把椅子上，直升到一艘槳帆船的桅杆上，然後又被浸到海裡，艦隊的士卒都在觀看和嘲諷他：「看看你們的艦隊來了沒有？看哪！偉大的基督徒，看看援軍來救法馬古斯塔了嗎？」[22]然後他被押到聖尼古拉教堂（現在被改為清真寺）旁邊的廣場上，剝去衣服。最終結果他性命的劊子手是個猶太人，威尼斯方面永遠不會原諒這一點。布拉加丁被捆在一根來自薩拉米斯的古代石柱（它被保存至今）上，被活活地剝去皮膚。劊子手剝到他的腰部時，他已經斷了氣。

土耳其人在他的皮裡塞入稻草，然後為他穿上總司令的鮮紅色長袍，打起紅色華蓋，放到一頭母牛背上，遊街示眾。後來這個可怕的假人被送到黎凡特（Levant）⑤海岸各地示眾，最後被送往伊斯坦堡，獻給塞利姆二世。

這齣殘酷的劇碼在鄂圖曼帝國境內並沒有得到普遍的支持。據說索科盧大為震驚。或許他明白，這種暴行就像聖艾爾摩堡大屠殺一樣，只會讓敵人的鬥志更堅定。又或者他看出了拉拉．穆斯塔法這麼做的深層動機。拉拉．穆斯塔法用劊子手的屠刀徹底破壞了其競爭對手用和平手段勸降的企圖。如今索科盧在外交上只能努力阻止威尼斯共和國與西班牙結盟，而且基本上也不可能成功了。布拉加丁獻給了威尼斯人一位烈士，一個可以為之奮鬥的大業。布拉加丁沒有白死，鄂圖曼帝國在法馬古斯塔耗費了太多時間，損失也太大，這嚴重影響了他們和威尼斯的戰爭。用布拉加丁的皮膚做成的假人如今仍懸掛在一艘土耳其槳帆船的桁端，它還有新的戲份要扮演。

⑤ 黎凡特是歷史上的地理名稱，其指代並不精確。它一般指的是中東、地中海東岸、阿拉伯沙漠以北的一大片地區。黎凡特一詞原指「義大利以東的地中海土地」，在中古法語中，黎凡特即「東方」的意思。歷史上，黎凡特在西歐與鄂圖曼帝國之間的貿易中擔當重要的經濟角色。黎凡特是中世紀東西方貿易的傳統路線。阿拉伯商人透過陸路將印度洋的香料等貨物運到地中海黎凡特地區，威尼斯和熱那亞的商人從黎凡特將貨物運往歐洲各地。

第十九章　著魔的毒蛇

一五七一年八月二十二日至十月七日

八月二十二日，唐・胡安抵達墨西拿，此時基督教艦隊還不知曉法馬古斯塔的最終命運。在墨西拿，唐・胡安再次受到隆重歡迎和盛情款待。唐・胡安登陸後走到一座有用紋章雕飾的凱旋門下，墨西拿人在隆隆的禮砲聲中向他呈上禮物——一匹配有銀鞍具的駿馬。房屋掛滿了旗幟、歡慶文字條幅和基督得勝的圖像。夜間，全城燈火通明。基督教地中海的全部力量似乎都聚集在了這裡。兩百艘戰船在港口錨地隨波輕搖；成千上萬的西班牙和義大利士兵在狹窄街道上摩肩接踵；還有成千上萬的槳手被鎖在船上休息。這個時代最偉大的將領們齊聚一堂，為基督之名戰鬥，這對庇護五世來說是個人的勝利。羅姆加和聖約翰騎士團的騎士們也加入了遠征隊伍；此外還有喬萬尼・安德烈亞・多里亞、率領教宗國槳帆船艦隊的科隆納、經驗豐富的西班牙海軍將領巴桑、曾援救馬爾他的獨眼阿斯卡尼奧、脾氣火爆的威尼斯人塞巴斯蒂亞諾・韋尼爾、前一年襲擾賽普勒斯並給土耳其人帶來很大麻煩的瑪律科・奎里尼，以及來自克里特島和亞得里亞海的部隊。這是一場奧林匹克運動會一般的國際盛會，也是對基督教世界決心的考驗。「感謝上帝，我們都到了，」科隆納寫道，「我們每個人的價值都將得到檢驗。」[1]

但在這個基督教世界精誠團結的華麗表面之下，各方其實仍在氣勢洶洶地互相爭吵，各自心懷鬼胎，各有各的想法。在整個海岸地區，義大利和西班牙士兵之間不斷發生衝突。士兵們在那不勒斯大街上發生械鬥，在墨西拿又打得不可開交，有士兵因此喪命。為了恢復秩序，軍官們不得不絞死幾個士兵做為代罪羔羊。指揮官們互相嫉妒和猜忌。威尼斯人嘲笑多里亞「形似海盜」，對他恨之入骨。暴躁易怒的威尼斯指揮官韋尼爾對一次又一次的耽擱非常不耐煩，暴跳如雷。他懷疑西班牙人不肯積極應戰，因此不大願意聽從唐・胡安的調遣。所有人都不信任威尼斯人，後者帶來了大量艦船，兵員卻很少。聖約翰騎士團幾乎是威尼斯不共戴天的死敵，尤其是最近有一名騎士由於偽造威尼斯貨幣而被處決，更加強了他們對威尼斯的忌恨。同時，很多士兵由於軍餉不足而滿腹怨言。總而言之，普雷韋扎戰役、馬爾他救援行動和前一年命運多舛的賽普勒斯救援行動中，曾經出現過的各種矛盾和摩擦在一五七一年的遠征中再次浮現。鄂圖曼帝國方面推測基督徒會重演歷史上一而再、再而三出現的失敗劇碼，並非沒有道理。但如果這個推測錯誤，風險將會很大；因此伊斯坦堡方面也是相當焦慮。

在號角齊鳴和慶祝活動背後，八月底的關鍵問題其實很簡單——是否該冒險與敵交戰？適合航海的季節已經快結束了，但敵人的勢力仍相當猖獗。眾將分歧嚴重。有些人急於證明自己，例如科隆納仍在為前一年的失敗而憤憤不平；韋尼爾和威尼斯人急於開戰；而西班牙海軍將領巴桑則富有進取精神。親王唐・胡安本人肩負著教宗的重大期望。在教宗授與的所有禮物和為他舉辦的慶祝活動中，有一件禮物最具分量。庇護五世派遣潘納（Penna）主教做為他的特別使節前往墨西拿，向唐·胡安許諾，如果他能取勝，他將得到一頂屬於自己的王冠。但在另一方面，西班牙人的主流想法是小心駛得萬年船。多里亞接到了國王的御旨，不得拿西班牙艦隊冒險；雷克森斯則受命限制唐·胡安；承擔了遠征的大部分費用的腓力二世的謹慎思維也在幕後施加著影響。

來自各方面的人都向唐·胡安提出自己的意見，試圖說服他，其中有些意見特別有幫助。阿爾瓦（Alba）①公爵從遙遠的佛萊明寫來書信，敦促他好好管理部下：

閣下在士兵面前應當永遠以歡欣的面貌示人，因為眾所周知，士兵們對此非常重視；閣下還應當輪流表揚各國的隊伍。特別重要的是，要讓士兵們知道，閣下特別重視軍餉問題，在條件允許的時候要及時發餉；如果條件不允許，也要發布命令，在出海時向士兵發放足額的口糧，並保證給養的高品質，並讓士兵們明白，這是由於閣下的命令和勤奮工作才辦成的。如果不能辦成，也要讓士兵們知道，閣下對此深感遺憾，並懲戒負責人。[2]

唐·胡安嚴格遵循了這條建議，逐漸變得成熟起來。八月三日，在拉斯佩齊亞（La

---

① 指費爾南多·阿爾瓦雷斯·德·托雷多，阿爾瓦三世公爵（Fernando Álvarez de Toledo, 3rd Duke of Alba，一五〇七至一五八二年），西班牙貴族、軍人和政治家。他是國王腓力二世最信任的將領。他曾隨查理五世參加義大利戰爭，戰功卓著。一五六七年，他被任命為尼德蘭總督，鎮壓尼德蘭獨立運動。阿爾瓦在尼德蘭實行恐怖政策，他的血腥統治反而加劇了尼德蘭人的反抗，以致腓力二世不得不於一五七三年將他召回。

Spezia），由於軍餉未能及時發放，發生了軍隊譁變，他親自出馬，許諾將發放軍餉，平息了事端。同時，西班牙人也努力抑制他們的年輕統帥的滿腔熱情。甚至唐・賈西亞・德・托雷多（他在馬爾他戰役後退休）也給他一些建議。

此時年邁的唐・賈西亞正在兩百英里外的比薩（Pisa）附近的溫泉治療痛風。他是地中海戰史的活字典。查理五世於一五三五年在突尼斯取勝時，他就在現場；八年後，他親眼目睹了查理五世的艦隊在阿爾及爾覆滅；後來他又救援了馬爾他。最重要的是，他還記得一五三八年普雷韋扎戰役（那是三十年間最大規模的一次海上交鋒，當時巴巴羅薩挫敗了安德烈亞・多里亞）的教訓。他給年輕的唐・胡安寫了很多信，提了很多謹慎的建議。他理解海戰的風險、海軍聯盟的問題以及土耳其人目前在海上享有的物質和心理上的優勢：

> 如果我是全軍統帥，在缺少來自佛萊明的八、九千名有經驗士兵的情況下，我是不願意拿國王陛下的艦隊冒險的，因為一旦失敗——願上帝保佑不要發生這樣的災難——後果將不堪設想，任何勝利都無法彌補。同時切記，我們的艦隊屬於不同的主人，有時對某位主人有益的事情對其他人並沒有好處。而敵人的艦隊只有一個主人，一個心思、意志和忠誠，曾在普雷韋扎戰鬥的人都理解這種團結一致的價值。在心理方面，土耳其人占了威尼斯人的上風；我相信，甚至對我們，土耳其人也有心理上的優勢。[3]

西班牙人之所以如此謹慎，是因為在此前的五十年中，西班牙在海上連續遭到了多次失敗。

普雷韋扎和傑爾巴島的教訓深深影響了他們的思維。唐·賈西亞一再強調，務必小心謹慎。「為了上帝的愛，」唐·賈西亞又寫信給雷克森斯，「仔細斟酌，這是一件多麼重要的大業，如果出錯，將會帶來多麼可怕的損害，」然後又強調關於西班牙策略的複雜祕密，「由於諸多有力的理由，最好不要讓威尼斯人知道，避免交鋒是多麼有利於國王陛下，以及為什麼會如此。我請您將此信讀給唐·胡安聽，然後立即銷毀。」[4]西班牙朝廷已經下定決心，為了保住天主教國王的顏面，必須出征；但是為了國家利益，此次遠征必須失敗。

但從唐·胡安向唐·賈西亞提出的一連串問題上看來，他個人的傾向已經非常清楚。他詢問這位老將，如果他要作戰，應當如何組織艦隊？如何使用火砲？在何時下令開火？唐·賈西亞的建議（其中有些沒能及時送抵唐·胡安處）非常具體，都是從他積累了半個世紀的海戰經驗中總結出來的。兩軍正面對抗的海戰是非常罕見的，而且都沒有目前籌劃的規模那麼龐大，但是少數幾個這樣的戰例是很有啟發性的。他建議唐·胡安從以往的戰例中吸取教訓：

> 您應當特別注意，切勿將所有艦船組成一個編隊，因為數量如此龐大的艦隊肯定會陷入混亂，導致有些艦船阻擋其他艦船，就像普雷韋扎戰役中那樣。您必須將艦隊分成三個編隊，兩翼應當部署您最信任和得力的槳帆船，翼端應有特別優秀的船長指揮，並確保各個編隊之間保留足夠的空間，好讓艦船能夠轉彎和活動，而不至於阻礙其他分隊的行動。巴巴羅薩在普雷韋扎就是這樣調遣的。[5]

這些建議將起到非常重要的作用。至於何時開火，唐．賈西亞的建議具體到了可怕的程度，鮮明地體現出了當時海戰的殘酷現實。射擊是沒有第二次機會的，每一砲都必須發揮效力：

> 在現實中，要想進行兩輪射擊而不造成巨大混亂，是不可能的。我認為，最好的辦法是像騎兵一樣向敵人猛衝，在極近的距離用火繩槍射擊，要近到能夠讓敵人的鮮血濺到你身上……我常聽精明強幹的船長們說，船首衝角折斷（即與敵艦碰撞）的聲音和砲聲應當是同時的，或者盡可能接近。[6]

他提倡的是近距離射擊。

九月初，艦船繼續集結，唐．胡安決定召開一次作戰會議，以決定行動計畫。讓所有高級軍官都參加會議顯然是明智之舉；考慮到各方的勾心鬥角，唐．胡安決定光明正大地行事。九月十日，七十名高級軍官聚集在「國王」號上，參加了這場決定命運的會議。唐．胡安提出了兩個方案：尋找敵人與之交戰；或者按照唐．賈西亞的建議，「不去主動求戰，而是讓敵人來找我們，並抓住每一次機會迫使敵人這麼做」[7]。毫不奇怪，大家又產生了分歧。教宗國艦隊和威尼斯人主張立即進攻；多里亞和西班牙艦隊主張小心謹慎。唐．胡安直言不諱地宣布，他打算發動進攻，決戰決勝；這個提議在投票中得到一致通過。

事後看來，雖然腓力二世盡力束縛艦隊的主動性，但這樣的結果其實是不可避免的。讓眾人始料未及的是，基督徒成功集結了一支龐大的艦隊。如今返航將會是不可承受的恥辱。唐．胡安還向眾人宣示，如果西班牙艦隊不肯參戰，他將率領教宗國和威尼斯艦隊單獨行動。前一年戰敗的刺激、教宗在宗教方面的巨大期待、歡呼的群眾、招展的旗幟和慶祝活動、唐·胡安衝勁十足的宣示，都推動著遠征繼續進行，正如當時的一位觀察者所說的：「就像毒蛇被魔咒迷住一樣」[8]。在其他人的無聲壓力下，多里亞和雷克森斯也被迫投下贊成票。「並不是所有人都心甘情願地同意作戰，但卻都因為畏懼恥辱而被迫做出了這樣的選擇。」[9]薩伏依（Savoy）②槳帆船艦隊的司令官如此寫道。

多里亞仍然惦記著腓力二世的御旨，希望能夠避免作戰。會中決議，抵達科孚島後再確定最終的目標。現在還有時間阻止尋求交戰的衝動，但艦隊向墨西拿以東繼續前進，使得唐·胡安的決策愈來愈難被推翻。

✯

大軍群情激昂。官兵們蜂擁來到教堂，接受聖餐；教宗使節祝福了遠征艦隊。九月十六日清晨，唐·胡安匆匆寫了一封給唐·賈西亞的最後的信，這位老人收到信後在蒸氣浴中也打起寒顫。唐·胡安表明，他將出航追擊敵人。「儘管根據我們得到的情報，敵人艦隊的規模比聯盟艦隊來得大。」他寫道：

② 法國東南部和義大利西北部的一個地區，當時薩伏依公國也是神聖聯盟的成員國。

但（對方）艦船和兵員品質上並不比我軍優秀。我信任天父上帝，因為我們的事業就是他的事業。我已決定出擊，尋找敵人。今晚我將出發——願上帝為此歡悅——前往科孚島，然後從那裡出發，駛往敵人艦隊的所在地。我擁有兩百零八艘槳帆船、兩萬六千名士兵、六艘加萊賽戰船和二十四艘其他類型船隻。我堅信，如果我們能遇到敵人，上帝一定會帶給我們勝利。[10]

身著紅袍的教宗使節站在墨西拿的防波堤上，祝福了旌旗招展的龐大艦隊。大小艦船駛過防波堤，進入外海。

✯

艦隊沿著義大利海岸航行的時候，關於鄂圖曼艦隊的問題顯得愈發緊急。敵人究竟在哪裡？狀況又如何？敵人有多少船隻？意圖是什麼？可靠的情報是至關重要的。唐·胡安派遣馬爾他騎士希爾·德·安德拉達（Gil de Andrada）率領四艘快速槳帆船做為前驅和偵察部隊，蒐集情報。三天後，安德拉達帶回了令人擔憂的消息：土耳其人進攻了科孚島，然後又返回普雷韋扎。大家擔心，鄂圖曼艦隊或許正在分散，準備過冬。那天夜裡，整支艦隊的全體官兵掃視著夜空和黑暗的大海，一同目睹了一個天體現象，士氣因此為之大振。一顆極其耀眼的流星劃過夜空，爆炸分裂為三團烈火，拖出長長的軌跡。大家認為這是個吉兆。但是隨後天氣突然變得惡劣起來；一連幾天，艦隊在暴風驟雨中艱難行進，風雨遮蔽了海平面，令艦船舉步維艱。

安德拉達的情報有部分是正確的。土耳其艦隊在一場極其成功的戰役後撤出了亞得里亞海。他們占領了一些重要的堡壘，奪得大批戰利品。他們劫掠科孚島達十一天，但在神聖聯盟離開墨西拿的時候撤退了，轉向南方，前往位於勒班陀（位於科林斯〔Corinth〕灣入口處）的基地，在那裡觀察戰局，並等待伊斯坦堡的指令。

這是一個漫長的超乎預期的作戰季節。阿里帕夏的艦隊自三月起就一直在海上；槳帆船的船體現在沾滿了海草，需要清洗；船員們也很疲憊。在亞得里亞海的劫掠雖然取得了戲劇性的成功，但也讓艦隊筋疲力竭。大家普遍感到，如今的季節已經太晚，不適合從事任何大規模海上行動。在船上一連待了幾個月的士兵們要求離艦上岸，或者乾脆逃走，加入了艾哈邁德帕夏的陸軍部隊。另外，根據以往的經驗，大家都堅信基督教艦隊會因為內部紛爭而自行解體，或者撤退過冬。

土耳其人也在做他們自己的情報蒐集工作，而且已經取得了驚人的成果，儘管基督徒對此還一無所知。九月初的一天夜裡，基督教艦隊正停泊在墨西拿港口，瑪律科·安東尼奧·科隆納麾下的教宗國艦船全都覆蓋上黑布，以哀悼科隆納女兒的去世。一艘黑色槳帆船神不知鬼不覺地從停泊中艦船的航道上駛過，鑽來鑽去。這艘船隸屬一位出身義大利的海盜卡拉·霍加，他正在清點敵人艦船的數量。他還帶回了唐·胡安的作戰計畫，那可能是從間諜手中獲得的，也有可能是從大量印發的大開本公報上獲得的。他完全知曉基督徒計劃如何組織艦隊，以及開往科孚島的意圖，儘管他還不清楚，基督徒抵達科孚島之後打算幹些什麼。

但問題在於，卡拉·霍加數錯了。他錯過了停在內港的整整一支威尼斯槳帆船分隊，共六十艘。因此他數出來的總數只有一百四十艘。唐．胡安實際上擁有兩百零八艘戰船。阿里看到基督教艦隊雖然數量處於劣勢但仍然準備進攻，十分困惑，但還是派遣快速三桅船將消息送到伊斯坦堡。與此同時，唐．胡安在細雨中看到了科孚島的群山，也聽到了同樣不可靠的情報。一些透過戰俘交換從敵人艦隊返回的威尼斯人聲稱，土耳其人擁有一百六十艘槳帆船，但缺少士兵；另外烏魯奇．阿里已經離開了艦隊。但事實上，土耳其人擁有約三百艘戰船，烏魯奇．阿里離開是為了把戰利品送到莫東，現在已經返回了。幾天後，在艦隊主力前方偵察的希爾．德．安德拉達詢問了一些希臘漁民，他們似乎證實，敵人的兵力的確有所削弱。漁民們向安德拉達保證，基督徒必勝無疑。這些希臘人才剛把同樣的樂觀消息告訴阿里帕夏的探子。雙方都低估了對方的實力。情報的失誤將帶來嚴重的後果。

到了九月二十七日，基督教艦隊已經在科孚島港口下錨。現在是做最後決斷的時候了——要尋找敵人交戰，還是暫時不做任何行動。威尼斯人看到他們的科孚島的慘狀，心情更加陰沉。鄂圖曼帝國陸軍的某些部隊因為不能攻克敵人的要塞，又為漫長的作戰而惱火，施行了肆無忌憚的暴行，並褻瀆破壞了基督教神龕，這讓義大利人的聖戰熱情高漲起來。多里亞和一些西班牙軍官再次告誡唐．胡安不要冒險，何況作戰季節已經晚了。他們建議劫掠阿爾巴尼亞海岸，以挽回顏面，然後撤軍過冬。但唐．胡安和威尼斯人巋然不動，堅持要尋找敵人艦隊。次日，在遙遠的馬德里，腓力二世寫了一封信給唐．胡安，命令他在西西里過冬，來年再戰。而在羅馬，教宗透過祈禱敦促唐．胡安採取完全相反的行動。「教宗每週齋戒三次，每天花很多時間祈禱，」[11]西班牙紅衣主教蘇尼加（Zuniga）寫道。九月二十九日，安德拉達的偵察兵報告稱，整支鄂圖曼艦隊都在勒班陀。在希臘西南角外海，克里特島的威尼斯總督派出的一艘快速三桅船正攜帶著法馬古斯塔陷落的噩耗匆匆北上。

十月初，神聖聯盟艦隊抵達了希臘海岸的伊古邁尼察（Igoumenitsa）。唐·胡安對艦隊做了最後一次檢閱。拆去槳帆船非必要的設備，準備作戰，並進行了精確的調動。每名船長都完全掌握了作戰計畫。唐·胡安在艦隊中穿梭，仔細地查看艦船的狀況。他經過的時候，士兵們鳴槍敬禮。禮節性的鳴槍其實也挺危險的——自艦隊離開墨西拿以來，已有二十人被誤擊身亡。

✯

與此同時，阿里帕夏收到了來自伊斯坦堡的一連串命令。從前線指揮官到帝國中心有十五至二十天的路程，但從鄂圖曼帝國的檔案可以清楚地看出，塞利姆二世，或者說是索科盧，正試圖控制戰事的指揮運行。從帝都發來的一連串命令，其中對艦隊調動、糧食供應和部隊集結都做了指示。索科盧和塞利姆二世顯然認識到，艦隊已經筋疲力竭，人力補充也很成問題。但八月十九日的命令卻是斬釘截鐵的：「若敵人艦隊出現，你和烏魯奇·阿里應當互相配合，與敵交鋒，憑藉你們的勇氣和智慧戰勝敵人。」[12]另一道在戰役結束後才發出的命令甚至更加堅決：「現在我命令，你在獲得可靠敵情後，應當進攻異教徒艦隊，完全信任阿拉和祂的先知。」[13]

索科盧和他的主子，究竟誰應當為這些不尋常的命令負責，已經不可能說得清楚了。這些命令完全束縛了前線將領的手腳，讓他沒有隨機應變的空間。甚至連蘇萊曼發給身處馬爾他的穆斯塔法的那些電閃雷鳴般的命令，也不會對作戰的細節加以規定。或許蘇丹和他的維齊爾不相信基督徒會冒險求戰；或者他們認為基督徒的鬥志會瓦解；或者蘇丹受到成功征服賽普勒斯的鼓舞和聖戰熱情的刺激，過於自信。不管怎麼說，他們都命令阿里帕夏與敵交戰。

✯

到九月底，阿里抵達了勒班陀，這是一個防禦要塞，土耳其人稱之為伊尼巴圖（Inebahti），位於普雷韋扎以南僅五十英里處，地理位置和普雷韋扎很相似。當年巴巴羅薩以普雷韋扎為基地，打敗了多里亞。和在普雷韋扎的巴巴羅薩一樣，阿里帕夏的陣地幾乎無懈可擊。勒班陀是個防禦工事固若金湯、周圍有堅固城牆的港口，位於科林斯灣入口處。海峽入口的兩側都有岸砲把守；用鄂圖曼帝國航海家皮里雷斯的話來說，一隻鳥也沒法從海峽飛過。無論如何，由於風向的緣故，從外部直接攻擊港內的艦隊將難於上青天。阿里可以安坐在港內，等待敵人在外海耗盡力量，然後隨意發動進攻，或

圖31　勒班陀在科林斯灣的位置

者根本不與敵人交手。他有急迫的理由避免交戰：他的艦船需要修理；很多騎兵相信作戰季節已經結束，於是各自回家了。守方很難相信敵人居然會在十月初負險進攻；另外，所有俘虜都說，基督教軍隊內部分歧嚴重。阿里打算靜觀其變。

十月二日下午四時，基督教艦隊裡被壓抑下去的緊張情緒突然間爆發了出來。此時，艦隊位於希臘本土的伊古邁尼察（與科孚島隔海相望），威尼斯人和西班牙人之間的宿怨引爆了。由於威尼斯槳帆船艦隊缺少兵員，司令官韋尼爾在他人的勸說下，滿心不樂意地允許西班牙士兵登上他的艦船。從一開始，兩邊的士兵就產生了衝突。「這些人和他們的餅乾被運送上船的時候，我遇到了很多困難，還不得不忍受這些士兵的很多傲慢言行。」[14]韋尼爾在後來的自我辯解中寫道。十月二日早上，做為戰備狀況檢查的一部分，多里亞被派去視察威尼斯槳帆船艦隊。對此，脾氣火爆的威尼斯指揮官韋尼爾直白地表明，不允許備受威尼斯人憎恨的熱那亞人（編按：多里亞是熱那亞人）批評他的船隻。雙方激烈地爭吵起來，這時，在韋尼爾屬下的一艘克里特島槳帆船「羅希姆諾戰士」號（Armed Man of Rethymno）上，威尼斯船員和西班牙與義大利士兵之間發生了鬥毆。事件的起因是一名水手打擾了一個士兵的睡眠，隨後迅速演變成大規模鬥毆，甲板上到處躺著雙方的死傷者。船長向韋尼爾的旗艦送去了消息，聲稱「羅希姆諾戰士」號上的西班牙人正在殺害威尼斯的船員。

韋尼爾還在因為和多里亞的會面而怒氣沖沖，聽到這個消息後立即派遣四名士兵和他的憲兵指揮官登上那艘戰船，逮捕滋事的人。這次譁變的起事者穆西奧．阿爾提克齊（Muzio Alticozzi）上尉用火繩槍來迎接前來逮捕他的人。憲兵指揮官的胸部被子彈擊穿；兩名士兵被丟進大海。韋尼爾暴跳如雷，命令其他戰船接近「羅希姆諾戰士」號，準備把它轟成碎片。一艘西班牙戰船提出願為雙方調停，但這讓他狂怒不已。「憑基督聖血起誓，」老人咆哮道，「少管閒事！除非你想要我打沉你的槳帆船，讓你的士兵全都淹死。沒有你的幫忙，我也能管教好這些野狗。」[15]

韋尼爾命令一隊火繩槍兵登上「羅希姆諾戰士」號，逮捕元凶，並將其押送到他的船上。接著他下令將阿爾提克齊和另外三人絞死在桅杆上。在此同時，那艘西班牙戰船的船長已經把情況報告給了唐·胡安，他現在可以看見有四具屍體掛在韋尼爾的旗艦桅杆上。唐·胡安對韋尼爾未經許可而擅自處決西班牙軍人一事非常惱火。他威脅說要當場絞死韋尼爾。多里亞抓住這個機會，再次建議返回墨西拿，丟下這些威尼斯人。威尼斯和西班牙的槳帆船都在大砲內裝填了火藥，砲手手執引火燭，隨時準備轟擊對方。兩支槳帆船艦隊緊張地僵持對峙了好幾個小時。最後大家的怒火才逐漸平息，恢復了理智。唐·胡安宣布，他再也不跟韋尼爾打交道；從此之後，他只透過韋尼爾的副手阿戈斯蒂諾·巴爾巴里戈（Agostino Barbarigo）與威尼斯人打交道。這起事件險些讓整場遠征行動畫下句點，這消息很快就傳到了鄂圖曼帝國高層耳中。俘虜向阿里和佩爾特夫報告稱，威尼斯人和西班牙人險些對幹起來，這讓土耳其人更加相信，數量占劣勢而且內部矛盾重重的基督教艦隊不會開戰。他們更有可能在阿爾巴尼亞海岸象徵性地劫掠一番，然後撤軍。

就在這個節骨眼上，布拉加丁的陰魂再次登場。冷靜下來之後，神聖聯盟艦隊沿著希臘海岸繼續南下。在比安科角（Cape Bianco），唐·胡安下令操演作戰隊形；各編隊排好陣勢，正面寬達五英里。每個編隊的旗幟顏色不同。十月四日，他們抵達了凱法利尼亞（Kefalonia）島，在那裡發現一艘孤零零的三桅船從南方搶風改變航向。那是從克里特島出發、傳遞法馬古斯塔陷落消息的船。布拉加丁慘死的消息對整支艦隊產生了驟然且極具感染力的影響。大家忽然都把注意力集中到威尼斯報仇雪恨的想望上，矛盾立即平息了。當然，其實整場遠征的目標也突然間蕩然無存了，因為既然已經無法援救法馬古斯塔，那麼行動的表面目標就沒了。唐．胡安在「國王」號上又召開了一次作戰會議，西班牙人再次懇求取消毫無意義的行動，但現在已經太晚了。威尼斯指揮官們高聲疾呼，要報仇雪恨。猛衝的勢頭已經不可阻擋了。艦隊在暴風驟雨中繼續前進。到十月六日晚上，艦隊駛往派特雷（Patras）灣入口處的庫爾佐拉里斯（Curzolaris）諸島，目的是引誘土耳其人出來交鋒。

✯

在四十英里之外的勒班陀城堡，土耳其人在召開最後的作戰會議。所有的關鍵指揮官都在場：阿里帕夏、佩爾特夫帕夏、經驗豐富的海盜烏魯奇．阿里和卡拉．霍加、巴巴羅薩的兩個兒子（穆罕默德和哈桑），以及亞歷山大港總督舒魯奇．穆罕默德（Shuluch Mehmet）。這次會議的議題和基督徒在墨西拿和科孚島的會議如出一轍：打還是不打？而且也同樣混雜著小心謹慎和大膽冒險的因素。剛從又一次偵察行動中返回的卡拉．霍加宣稱，基督徒最多只有一百五十艘槳帆船。但有緊迫的原因敦促土耳其人不要冒險求戰：作戰季節已經晚了；士兵們非常疲憊，很多人已經開了小差；而且他們在勒班陀的位置易守難攻。

關於會上眾將的主張，說法不一，但佩爾特夫帕夏似乎是主張小心為上的代表。他是個「天性悲觀」[16]的人，他當眾指出，有些船隻缺少船員。此外幾乎可以肯定的是，烏魯奇．阿里也主張小心為上。這個飽經風霜的老海盜手上傷痕累累，那是他的划槳奴隸在某次暴動中留給他的紀念。他是會議中經驗最豐富的航海家，時年五十二歲，曾在圖爾古特身邊學習海戰技巧。他非常勇敢和殘酷，常令基督徒心驚膽寒。前一年，他狠狠地扁了馬爾他騎士團的槳帆船艦隊一頓，讓他們羞愧難當。就像所有掌握了生存藝術的海盜一樣，他評估風險時也非常小心。烏魯奇不大可能主張主動迎戰。他們的論據是非常清楚的：「缺少兵員是個不爭的事實。從這個角度看，最好留在勒班陀港，只有在異教徒自己上門的時候才和他們交戰。」[17]其他人，如哈桑帕夏主張主動迎戰，理由是基督徒內部矛盾重重，而且在數量上處於劣勢。

圖32　烏魯奇・阿里

　最後，阿里帕夏用虛張聲勢的言辭下了裁決。「雖然我們每艘船缺少五到十個槳手，但那又有什麼關係呢？」他直截了當地宣稱，「如果上天的真主要我們應戰，我們就會毫髮無傷。」但他之所以如此慷慨陳詞，也是因為伊斯坦堡來的命令讓他箭在弦上不得不發。根據史學家波切維的記載，阿里隨後說道：「我不斷收到伊斯坦堡傳來的威脅命令，我為頭上的烏紗帽和自己的性命感到擔憂。」[18]聽了這番話，其他指揮官也沒辦法再反對他了。最後，大家決定離開錨地，主動迎戰。於是他們各自去準備船隻。

十月六日黃昏時，天氣轉晴。當晚天氣非常晴朗。「上帝給了我們晴朗的天空和平靜的大海，在春季天氣最好時也不曾有過這樣的天空和大海。」[19]基督徒們如此回憶道。第二天，即十月七日星期天的凌晨兩點，他們的艦隊正駛向派特雷灣。在勒班陀港內，船錨的鐵鍊被叮噹作響地收起；鄂圖曼帝國戰船一艘艘地穿過海灣入口，離開了岸基大砲的保護。

第二十章　「決一死戰！」

一五七一年十月七日黎明至中午

黎明。吹東風。一個晴朗的秋日。

基督教艦隊位於庫爾佐拉里斯群島附近，這是一系列面積甚小的島嶼，守衛著派特雷灣和通往勒班陀的海峽的北面。唐．胡安派遣偵察兵上岸，登上山峰，在晨光中窺探前方的海域。與此同時，打頭陣那艘船的瞭望哨發現東方海平面上出現了船帆。開始是兩具船帆，然後是四具，接著是六具。很快地，他們就看見了一支「如同森林一般」[1]的龐大艦隊，從海平面上滾滾席捲而來。目前還不能判斷敵人艦船的數量。唐．胡安發出了作戰信號——升起了一面綠旗，鳴響了號砲。他麾下的戰船一艘艘地駛過小島群，衝進海灣，歡呼聲在艦隊間迴盪。

破曉時分，阿里帕夏的艦隊還在基督教艦隊的十五英里之外，他能看見對方艦船在島群中穿梭。太陽在他背後升起，風向對他有利，艦船行駛很輕鬆。起初他只看到少量船隻，似乎印證了卡拉．霍加關於神聖聯盟艦隊數量占劣勢的報告。基督教艦隊似乎在駛向西方。阿里立即推斷，敵人正企圖逃向外海。他改變了艦隊的航向，偏向西南方，以阻止數量占劣勢的敵人逃走。槳帆船群在鼓點聲中奮力前進時，船員們心中充滿了一種期待感。「我們感到歡欣鼓舞，」一名鄂圖曼水手後來回憶道，「因為我們堅信，我們的艦隊必勝。」[2]

但士兵們也感到一絲不安。艦隊離開勒班陀的時候，一大群不吉利的黑烏鴉呱呱叫著從空中飛過；而且阿里知道，他的船員並非自信滿懷。並不是所有人都熱切期待海戰；為了湊足人數，他不得不從勒班陀周邊地區拉了不少壯丁。時間一分一秒地過去，遠方的基督教艦隊的規模似乎愈來愈大。他們並非要逃跑，而是在分散隊形、擺開陣勢。阿里的第一印象錯了；基督徒的船隻比他設想得要多。卡拉．霍加數錯了。阿里一邊咒罵著，一邊下令再次更改航向。

阿里第一次改變航向的時候，基督教艦隊也相應做出了反應，他們也誤以為土耳其人正企圖逃跑。隨後他們也發現土耳其艦隊的規模比自己預想的要大，而且敵人並沒有逃跑，而是準備迎戰，於是他們再次調整了對策。隨著時間逐漸流逝，兩支龐大艦隊在海面上展開陣勢。大家都意識到，這將是多麼恢弘的一場碰撞。在寬達四英里的正面上，兩支大艦隊正在封閉的海上競技場中碰頭。這場戰役的規模遠遠超過了人們的想像。約十四萬人（包括士兵、槳手和船員）搭乘約六百艘船隻（地中海的所有槳帆船的百分之七十以上），彼此虎視眈眈。不安變成了疑慮。兩邊陣營都有人為眼前的景象暗自膽寒。

鄂圖曼帝國陸軍的司令官佩爾特夫帕夏試圖勸說阿里佯裝撤退，駛入逐漸變窄的海灣，好將敵人引入勒班陀岸砲的射程內。海軍司令接到的命令和他的榮譽感都不允許他這麼做。阿里帕夏回答說，他絕不會允許蘇丹的戰船哪怕僅僅是「佯裝」逃跑。

基督教陣營內也有同樣的擔憂。隨著瞭望哨的不斷觀察，現在愈來愈清楚，土耳其人的戰船比他們多。甚至頭髮斑白的威尼斯老將韋尼爾也一下子沉默了。唐・胡安感到必須在「國王」號上再召開一次會議。他詢問羅姆加的意見。這位騎士毫不含糊，用手指著環繞在「國王」號周圍的龐大基督教艦隊，說道：「閣下，我認為，如果令尊，也就是皇帝陛下當年曾經統領這樣一支艦隊，他一定會奮勇直前，不當上君士坦丁堡皇帝就絕不罷休。他也一定會輕鬆得勝。」

「您的意思是我們必須作戰，羅姆加先生？」唐・胡安再次詢問。

「是的，閣下！」

「很好，那我們就決一死戰吧！」[3]

仍記著腓力二世謹慎指令的人們還企圖撤退，但一切已經來不及了。唐・胡安決心已定。

「先生們，」他轉向聚集在他艙室內的人們，「現在不是討論的時間，而是戰鬥的時候！」[4]

兩支艦隊都開始展開作戰隊形。唐・胡安的計畫早在九月初就已經制訂完畢，並做了仔細的排演。他的計畫遵循的是唐・賈西亞在某封信中獻上的良策——將全軍分為三個編隊。中軍由乘坐「國王」號的唐・胡安親自指揮，得到韋尼爾和科隆納的緊密支持，一共有六十二艘槳帆船。左翼由威尼斯人阿戈斯蒂諾・巴爾巴里戈統領，擁有五十七艘槳帆船。右翼是多里亞麾下的五十三艘槳帆船。第四個編隊，即預備隊，由久經戰陣的西班牙航海家阿爾瓦羅・德・巴桑指揮，共有三十艘槳帆船。巴桑的任務是一旦有任何編隊的戰線瓦解，他就要立即前去馳援。

唐・胡安的策略是混編各國的戰船，這一方面是為了防止某個國家的艦隊叛變，另一方面是為了加強他們的凝聚力。他這麼做也是吸取了普雷韋扎戰役的教訓。但各編隊的混編程度是不一樣的，這是為了扮演不同的角色。左翼的五十七艘槳帆船中有四十一艘是較輕型、機動性更強的威尼斯槳帆船，它們的任務是緊貼海岸線航行和作戰，這也是唐·賈西亞的建議，因為「如果在敵國境內作戰，應當盡可能接近陸地，好讓敵人士兵更容易逃離自己的槳帆船」[5]。較重型的西班牙槳帆船主要在中軍和右翼，那裡的戰鬥可能更激烈。

基督徒戰船頂著大風，艱難地布陣。在右翼的多里亞槳帆船群為了占據指定位置，不得不行駛很遠的路程。安排陣型是非常困難的，操作起來相當緩慢。「總是沒辦法讓輕型槳帆船排成整齊隊形，」韋尼爾回憶道，「這給我帶來了很大麻煩。」[6]基督教艦隊花了三個小時才排好陣勢。

由於風向有利，阿里帕夏的艦隊排起陣型來要容易一些，但總的來講也和對手差不多。海軍司令乘坐旗艦「蘇丹娜」號，占據中軍，和「國王」號呈一個對角線；他的右翼指揮官是亞歷山大港總督舒魯奇·穆罕默德；左翼由烏魯奇·阿里統領，正對著多里亞。兩支艦隊布陣的時候，熱那亞海軍統領愈來愈清楚地認識到，他的兵力遠遜於敵人。烏魯奇·阿里擁有六十七艘槳帆船和二十七艘小型划槳船，排成兩條戰線；多里亞只有五十三艘。兵力懸殊可能會造成嚴重後果。

唐·胡安努力將戰船排成一條直線，土耳其人則更喜歡新月陣型。它既有伊斯蘭新月的象徵意義，也具有戰術價值。雙方都對槳帆船作戰的殘酷現實心知肚明。整艘槳帆船的進攻能力都集中在它的船首。它的三至五門指向前方的船首砲的左右迴旋角度很小，射界很狹窄，而且船首是船上唯一一個能夠聚集大量士兵的地方。常規的戰術是用大砲、火繩槍和箭矢掃射敵船的甲板，然後用帶衝角的小橋撞擊敵船，讓士兵們透過小橋登上敵船甲板。槳帆船的船體只是個脆弱的外殼，很容易被衝擊或者砲彈摧毀。如果側舷或者船尾遭到另一艘槳帆船的攻擊，那就只能坐以待斃。阿里布置新月陣型的目的是從側翼包抄並合圍數量較少的敵人，然後透過近距離混戰打亂敵人的陣型；機動性更強的穆斯林船隻比較容易從側舷攻擊敵人，將其消滅。

✯

對雙方來說，維持陣型正面的完整連貫是至關重要的。但唐・胡安的槳帆船更笨重一些，因此對他來講，船艦間的相互支援攸關生死。鄰近的兩艘槳帆船之間必須保持一百步的距離，因為這個距離夠遠，兩船的槳才不會相撞，但如果夠近，又可以阻止敵人硬插進來。同時，由於相同的原因，各艘槳帆船必須保持隊形，不能脫隊。如果向前衝得太遠，容易被敵人分割包圍和消滅。如果太落後，就容易讓敵人插進來，造成混亂。一旦陣型上出現漏洞，作戰就變成了聽天由命的危險遊戲。但要在寬達四英里的正面上維持這項原則，需要極高超的操船本領。從高空俯視，布陣的效果是很清楚的。基督教艦隊的陣型就像只手風琴一樣不斷伸縮，各艘艦船以最中間的「國王」號為基準調整自己位置的時候，整個陣型的正面呈一條蜿蜒的曲線，前後波動。

阿里帕夏也面臨著保持隊形的問題。他的新月陣型兩端的尖角位置過於超前，有可能造成災難性後果——如果得不到支援，它們可能會迅速被敵人殲滅。由於艦隊過於龐大，而且每艘船不斷調整自己位置所造成的延誤使得隊形很難保持連貫。阿里感到新月陣型太難安排，於是改為一條直線，同樣也分為左、中、右三個編隊（「蘇丹娜」號在中軍，做為隊形的基準），這和對手是一樣的。任何一艘船的船長都不得超出隊伍，否則將受死刑。兩支艦隊在努力保持隊形的同時緩慢地互相接近中。

基督教艦隊的機動性雖然比較差，但在火力方面得到了彌補。西班牙的西歐式槳帆船比土耳其槳帆船船體更重，攻擊力也更強。平均而言，基督教戰船的火砲數量是對方的兩倍；如果使用得當，它們能為敵人帶來沉重打擊。兩軍間的距離愈來愈短，阿里的瞭望哨可以看到，基督教艦隊的中軍滿是西班牙的重型槳帆船。如果土耳其艦隊不用兩翼來擾亂和包抄對方中軍的話，這些重型槳帆船有能力重創土耳其艦隊的中軍。阿里開始感到擔憂。

而且基督徒做了一些發明創造。根據多里亞的建議，唐·胡安命令指揮官拆除船首的衝角。這些衝角具有裝飾作用，但實際意義不大；拆掉衝角之後，船首砲可以壓低砲口，這樣就能在近距離轟擊敵人。兩軍之間最後一百碼的距離只是一瞬間的時間，砲手們來不及重新裝填火藥，因此只有一次射擊機會。唐·胡安決心依照唐·賈西亞的建議——勇敢地堅持到兩軍相接的最後一刻，也就是敵人已經衝殺到眼前時才開砲。他不希望己方的砲彈從敵人頭頂上呼嘯而過，那樣就完全不會造成任何傷害。與此同時，他還下令在船側鋪上大網，以阻撓和遲滯企圖登船的敵人。

但是，為正在隆隆前進的艦隊帶來了最激進革新的是威尼斯人。他們牢牢記住了他們的重型武裝大帆船於一五三八年在普雷韋扎的突出表現，並將這個經驗用於後來的作戰。當年，威尼斯的大帆船給巴巴羅薩的槳帆船群帶來了沉重打擊，堅守陣地了一整天，打退了對方。威尼斯人在造船廠拚命苦幹，準備迎戰時，在槳帆船廠棚裡找到了六艘塗著樟腦油的大型划槳商船（這是一種笨重的划槳船，曾用於地中海東部的貿易，但這些貿易現在都已經維持不下去了）船體。威尼斯人將這種船稱為「加萊賽船」。他們翻新改造了舊船體，配備多門火砲，並加裝了防護性的上層結構。十月七日早晨，若干槳帆船艱苦地將這些浮動砲台拖往陣前。威尼斯人這麼做有著明確的目的。

✯

這是星期天的早晨。在遙遠的羅馬，庇護五世正在主持一場熱忱的彌撒，為基督教的勝利祈禱。在馬德里，腓力二世在各次禮拜儀式之間分秒必爭地處理朝政、簽署檔案，並向他的龐大帝國的各個地區發送備忘錄。塞利姆二世正從伊斯坦堡出發，前往位於埃迪爾內的宮廷。蘇丹的這次出行像往常一樣，排場極其豪華：一大群衣著鮮亮、甲冑叮噹作響的騎兵和頭戴羽飾的近衛軍、侍從、書記員、官吏、訓犬員，御廚和受寵的後宮佳麗，前呼後擁，好不熱鬧。但這次出行遇到了不吉利的預兆。塞利姆二世的頭巾兩次滑落，他

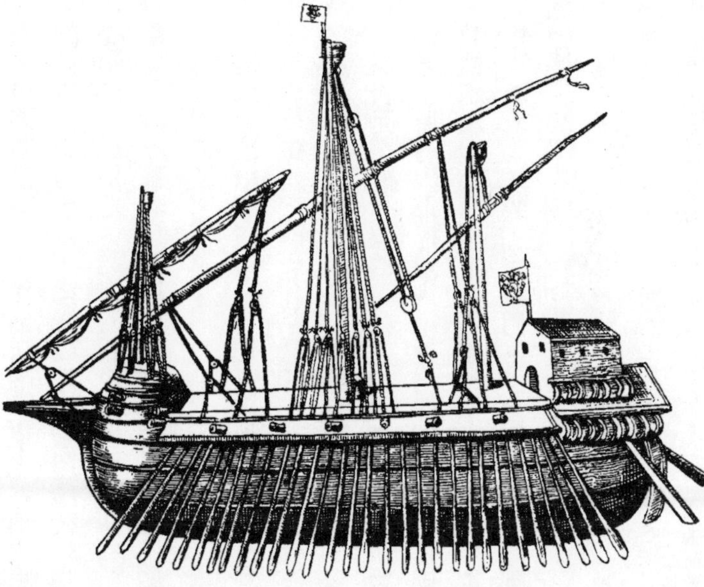

圖33　威尼斯槳帆船

的坐騎也摔倒了。一個人急忙上前幫助他，但不慎碰觸了蘇丹的身體，這是大逆不道的罪行，因此不得不將他絞死。在派特雷灣，上午九點鐘左右，自黎明以來一直使勁吹拂的東風逐漸平息。大海平靜得如同一面鏡子。從唐．胡安背後吹來的只有微微的西風。鄂圖曼艦隊立即落帆。基督教艦隊的槳手們輕鬆了一些。大家認為這是個好兆頭——這是上帝送來的西風。

庇護五世在神聖聯盟的大業上寄與了極大的希望。艦隊離港時的基督教旗幟、禮拜儀式和教宗的祝福為這次遠征賦與了十字軍東征一般的宗教熱情。教宗曾要求唐．胡安確保他的士兵們「在槳帆船艦隊上要過基督徒的高尚生活，不准賭博或者口出惡言」[7]。雷克森斯對此只能私下持保留意見。「我們盡力而為吧！」他嘟囔著瞅了瞅那些粗魯的西班牙步兵和被鎖在划槳長凳上的基督徒敗類們。在墨西拿當著教宗使節的面時，唐．胡安絞死了幾名用髒話瀆神的士兵，以鞭策士兵們言行要高尚。道德目標對整場遠征的成功與否是至關重要的。每艘船上都有神父；數千套念珠被分發給士兵們；每天都舉行禮拜儀式。此時，所有人都能看到平靜的海面上敵人艦隊在黑壓壓地逼近。決定命運的時刻就在眼前，基督教艦隊瀰漫在一種清醒嚴肅的宗教熱誠和恐懼之中。每艘船都做了彌撒，神父們提醒大家，懦夫是不能上天堂的。官兵們做了懺悔。隨後，戰鼓敲響、號角齊鳴，人們高呼：「勝利！耶穌基督萬歲！」[8]

✯

隊形漸漸展開，唐．胡安從「國王」號富麗堂皇的艉樓上走下。他的鎧甲在秋日陽光下光華奪目；他手持十字架，轉移到一艘輕型的快速三桅船上，沿著陣型巡視，鼓舞官兵們的鬥志。他經過塞巴斯蒂亞諾．韋尼爾所在戰船的船尾時，這位脾氣火爆的老人向他致意。他們的全副精力都集中在決定命運的決戰上，前嫌盡棄。

唐．胡安用言語鼓舞每個國家的官兵。他敦促威尼斯人為布拉加丁報仇雪恨；對西班牙人，他提醒大家應盡的宗教義務：「孩子們，我們在此地要嘛勝利，要嘛犧牲，皆由天定。不要讓褻瀆神明的敵人問我們：『你們的上帝在何處？』為上帝的聖名而戰，無論死亡還是勝利，你們都將永垂不朽。」[9]他視察了兩艘緩緩從陣型中穿過的加萊賽戰船，敦促它們儘快就位。他向所有基督徒奴隸許諾，如果他們表現良好，就給他們自由，並下令打開所有奴隸身上的鎖鏈。事實上，這個諾言是註定不能兌現的，因為他只能決定西班牙船隻上奴隸的命運。至於穆斯林奴隸，除了身披枷鎖之外，還額外戴上了手銬，為的是防止他們在戰鬥中造反。如果船隻沉沒，被鎖在船上的奴隸將死無葬身之地。

所有官兵都在做最後的準備。軍械匠們在基督徒槳手群中穿梭，打開鐐銬，並分發刀劍。走道上堆積了武器、葡萄酒和麵包；神父們好言撫慰大家；火繩槍兵們檢查他們的火藥和延時引信。曾參加鎮壓摩里斯科人戰爭的西班牙老兵們磨尖他們的長槍槍頭，戴上鋼盔。指揮官們穿上胸甲，戴上頭盔，掀起頭盔面甲，感受海風，但也聞到船上的臭氣。外科醫生們鋪開他們的醫療器械，用手指試試鋸子是否足夠鋒利。成千上萬的划槳奴隸在監工的皮鞭脆響和持續鼓點的督促下努力划槳。他們背對敵人，划動槳葉。艦船穩步向敵人衝去。

成千上萬的基督教艦隊人員中，有一些人的名字流傳至今。佛羅倫斯音樂家奧雷利奧．謝蒂（Aurelio Scetti）因為犯下殺妻的罪行，已經在槳帆船上當了十二年的划槳奴隸。在「女侯爵」號

（Marquesa）上有個叫米格爾·德·賽凡提斯（Miguel de Cervantes）的志願兵，他時年二十四歲，書卷氣十足，一貧如洗。戰役這天早上，他發了高燒，但還是爬下床來，蹣跚地走到自己的崗位，去指揮一小隊士兵。另外一名病號，「聖喬治」號（San Giovanni）上的馬丁·穆尼奧斯（Martin Muñoz）軍士也發了高燒，躺在甲板下方的艙室內。英格蘭海盜和傭兵湯瑪斯·斯蒂克利爵士（Thomas Stukeley，他可能是亨利八世的私生子）指揮三艘西班牙戰船。羅姆加沒有和馬爾他騎士團的槳帆船在一起，而是和科隆納一起待在後者的旗艦，這個安排後來救了羅姆加一命。安東尼奧和安布羅焦·布拉加丁（Ambrogio Bragadin）是法馬古斯塔烈士的親戚，他們指揮著兩艘加萊賽戰船，在前線焦急地等待著，按捺不住要報仇。在唐·胡安的旗艦上有一位面容特別鮮嫩的西班牙火繩槍兵，叫做「舞女瑪利亞」，她是有名的佛朗明哥舞女，女扮男裝參加了遠征，為的是陪伴自己的情人。

五英里之外，穆斯林也在做準備工作。阿里的艦隊組成成分也很複雜，包括來自伊斯坦堡和加里波利的帝國分艦隊，以及乘坐小型划槳船的阿爾及利亞海盜和來自其他地方的海盜。所有的重要指揮官全都到場：濱海諸行省（羅得島、敘利亞、納夫普利翁和的黎波里）的總督、巴巴羅薩的兩個兒子哈桑和穆罕默德、伊斯坦堡軍工廠的指揮官、義大利海盜卡拉·霍加，以及身在左翼的烏魯奇·阿里。各個派系之間顯然有些小摩擦，虔誠的穆斯林和「牙縫裡還塞著豬肉」[10]，秉信機會主義的叛教者之間貌合神離，本領高強的海盜船長和蘇丹的高官互相看不順眼。阿里帕夏的計畫是讓右翼（指揮官是舒魯奇·穆罕默德）的槳帆船群猛衝向希臘海岸；這些槳帆船吃水較淺，而且船員們對近海非常熟悉，所以阿里堅信他們一定能智取對面的威尼斯人，從側翼包抄他們。他命令騎兵部隊在岸上就位，如果威尼斯人企圖靠岸逃跑，就將其殲滅。但烏魯奇．阿里對這個計畫極為擔憂。因為這個計畫是場精心算計的豪賭。如果事與願違，就可能產生相反的結局——穆斯林可能會受到靠岸逃跑的誘惑。烏魯奇．阿里更願意在開闊海域作戰，那樣的話更容易進行側翼攻擊。

穆斯林艦隊搭載的火砲和火繩槍兵比敵人少，但是有很多弓箭手，他們的射速遠超過對手的火器。在西班牙火槍兵裝填彈藥的同時，弓箭手可以射死他們三十次。弓箭手沒有甲冑，他們的船隻也沒有加裝木製胸牆以抵禦持續砲火。他們的目標是做到快速和敏捷。

在伊瑪目的召喚下，穆斯林做了淨禮儀式，匍匐在地，向真主祈禱。他們拉緊弓，將箭頭浸在毒藥內。甲板上塗抹了油脂和黃油，身披重甲的歐洲人如果登船，就很難站穩，而往往光腳作戰的穆斯林仍然能夠健步如飛。基督徒划槳奴隸被禁止在敵人接近時抬頭，否則將被處死，這是因為害怕打亂划槳的節奏；兩軍混戰時，奴隸們將躲在長凳下。但阿里是個榮譽感極強、慷慨大方的統帥。唐．胡安給他的穆斯林奴隸上了手銬，阿里帕夏卻給他的基督徒奴隸許下了一個承諾。他用西班牙語告訴他們：「朋友們，我希望你們今天為我盡忠效勞，以此報答我為你們做的事情。如果我打贏了，你們都將獲得自由；如果基督徒獲勝，那是真主給你們的。」[11]他是完全有能力兌現這個諾言的。阿里有兩個兒子，一個十七歲，一個十三歲，都和他一起在船上。他們被轉移到另外一艘船上時，他向他們喊話，提醒他們應盡的職責。「您給我們的麵包和鹽都是蒙福的。」[12]他們莊重地答道。這是孝道的體現，令人感動。然後他們就離去了。

阿里現在可以看到基督教艦隊前方的威尼斯加萊賽戰船因為無風而靜止不動。這讓他頗為困惑和擔憂。鄂圖曼帝國官兵普遍對裝有重砲的大型船隻心存畏懼。他們曾從俘虜那裡聽說過這些船，但俘虜供稱，它們船首和船尾一共只有三門火砲。他們完全無法想像，威尼斯人有怎樣的企圖。

兩軍相隔四英里的時候，船體鮮紅的「蘇丹娜」號發射了一枚空包彈，向「國王」號挑戰。唐．胡安還以了一枚實彈，做為回答。阿里命令他的舵手穆罕默德徑直開向「國王」號。綠色的伊斯蘭大旗（其珍貴程度遠勝伊斯蘭聖戰的其他標誌，上面飾有兩萬九千個互相纏繞的真主尊名）被高高升起，旗上的綠色和金色絲線在陽光照耀下閃閃發光，此時的陽光對穆斯林來說有些炫目。

✯

在基督教艦隊，唐．胡安也安排了充滿宗教意味的儀式。訊號傳達出去之後，每艘船上都升起了十字架；「國王」號則升起了教宗餽贈的飾有耶穌受難像的天藍色大纛。唐．胡安身穿光輝奪目的鎧甲跪在船首，懇求基督教的上帝賜給他勝利。成千上萬的士兵也跪了下去。身穿褐色或黑色長袍的修士們將十字架舉向太陽，向官兵們拋灑聖水，喃喃地發出恕罪的禱詞。然後，官兵們站起身來，用西班牙語和義大利語高呼他們的主保聖人的名字：「聖馬可！聖斯提法諾！聖喬治！為了聖雅各和西班牙，衝啊！必勝！必勝！」

號角嘹亮地響起；頻率較低的咚咚鼓點持續不斷地敲響。穆斯林戰船上也吹響了嗩吶，敲起了鐃鈸，士兵們高呼真主之名，吟唱著《古蘭經》的詩節，大聲向基督徒呼喊，要他們上來「像被淹死的母雞一樣」[13]受死。舞姿曾在熱那亞受到嘉許的唐．胡安一時心血來潮，「在青春熱血的激發下，於橫笛伴奏中在砲台上跳了一曲嘉雅舞（galliard）①。」[14] 儘管這樣做非常不理智。

★

根據威尼斯人吉羅拉莫．狄多（Girolamo Diedo）的記載，此時雙方還有餘裕去欣賞這恐怖的盛況。

> 兩支艦隊向對方疾馳，那景象頗為駭人；我們的士兵的頭盔和胸甲熠熠生輝，金屬盾牌像鏡子一樣閃閃發光，其他武器也在陽光下很是耀眼，出鞘利劍的光芒甚至在遠處也讓人眼花撩亂……敵人也是全副武裝、雄赳赳氣昂昂，同樣讓我們這邊心生畏懼；同時那金色的燈籠和五顏六色、光輝燦爛的諸多旗幟也讓我們詫異和驚豔。[15]

四艘加萊賽戰船位於基督教主力艦隊前方三分之一英里處，現已就緒，彼此之間保持一定距離，拉開了陣勢。右翼還有兩艘有些落後，剛剛趕到前線。威尼斯砲手們手持已經點燃的導火線蹲伏著，觀察著快速逼近的兩百八十艘穆斯林槳帆船。火繩槍兵們摸索著他們的念珠，喃喃地祈禱。大家的心臟狂跳。他們在巨大的嘈雜聲中做好準備。兩軍相隔一百五十碼時，命令下達了。火柴被伸到大砲火門處。此時離正午還差一點時間。

① 十六世紀歐洲流行的一種舞蹈和音樂，舞步非常複雜。

一連串明亮的閃光，一聲聲雷霆般的巨響，然後是遮天蔽日的濃煙。這麼近的距離，大砲是不可能打不中的。鐵製球形砲彈呼嘯著衝進前進中的船艦。在這巨大的衝擊力下，有些土耳其槳帆船被當場炸得四分五裂。「三艘槳帆船瞬間就這麼沉沒了，著實可怕。」[16]狄多如此記載道。巨大的混亂讓鄂圖曼艦隊暫時停止了前進。很多艦船互相撞擊，或者在拚命努力停住。「蘇丹娜」號的一隻船尾燈籠被炸飛了。加萊賽船轉了九十度，準備進行第二輪射擊。阿里下令加快划槳速度，盡可能快速地從敵人砲口下衝過去。鄂圖曼陣線改變了方向，打開了一些缺口，以便避開基督徒的浮動砲台。側舷面對基督徒的船隻這時遭到了火繩槍的射擊。一艘船的舵手被擊斃，整船就搖搖擺擺、不停旋轉。然後一排戴頭巾的士兵被一排子彈從側面打倒。加萊賽戰船又轉了四十五度。「真主保佑我們安全逃出！」[17]阿里大呼，眼睜睜地看著自己的戰線遭到重創，變得七零八落、漏洞百出。一些土耳其戰船從砲口下駛過，向基督教艦隊的主陣線開砲，但是射得太高。唐・胡安在等待土耳其人接近。基督徒戰船的衝角已經拆除，能夠以較低平的彈道射擊。阿里的戰船繼續逼近的時候，基督徒的大砲咆哮起來，每名指揮官都自行選擇射擊時機。西風將黑煙吹向穆斯林那邊，妨礙了他們的準星。在兩軍短兵相接之前，阿里的戰船就已經有三分之一被擊沉或重創。「海面上已經漂滿了士兵、桁端、槳葉、木桶和各式各樣的武器裝備。僅僅六艘加萊賽戰船居然能夠造成如此大的傷害，真是不可思議。」[18]

第二十一章　火海

一五七一年十月七日中午至日落

此時，靠近海岸的地方已經爆發了激戰。鄂圖曼艦隊的右翼在舒魯奇．穆罕默德指揮下及時避開，躲過了加萊賽戰船的毀滅性打擊。現在他們試圖從側翼包抄阿戈斯蒂諾．巴爾巴里戈統領的由威尼斯人主導的左翼。舒魯奇打算善加利用海岸淺水區的狹窄走廊，他知道威尼斯人的重型戰船是不敢靠近那裡的。「舒魯奇和卡拉．阿里（Kara Ali）趕在了其他鄂圖曼槳帆船的前面，迅猛地衝向我們的陣線，」狄多記載道，「他們接近海岸，帶領他們編隊最前方的若干戰船進入了淺水區。他們很熟悉這裡的航道，知道淺灘上方的海水究竟有多深。他們後面跟著四、五艘槳帆船，打算從背後攻擊我軍左翼。」[1]

威尼斯人還沒反應過來，舒魯奇的這些槳帆船已經繞過了巴爾巴里戈戰線的末端，正從兩面夾攻暴露在最外層位置的基督教戰船。如果有更多土耳其戰船從側翼包抄了巴爾巴里戈的側翼，形勢就很嚴峻了，他會遭到背後攻擊。巴爾巴里戈用自己的旗艦擋住敵人，但隨即被一場火雨吞沒了。箭雨呼嘯而來，他的船尾燈籠被射得像刺蝟一樣。土耳其人試圖消滅對方側翼周邊時，最前方的基督教槳帆船遭到猛攻，甲板被火繩槍橫掃了一遍，指揮官和高級軍官們被逐個擊倒。巴爾巴里戈的旗艦英勇奮戰了一個鐘頭，雙方步兵激烈爭奪旗艦的甲板。巴爾巴里戈戴著頭盔面甲，發出的命令完全被戰鬥嘈雜聲淹沒。他不夠謹慎地抬起面甲，叫喊著說，哪怕被打死也要把命令傳出去。幾分鐘後，一支箭射中了他的眼睛。他被抬到甲板下方的艙室，就在那裡死去。爭奪旗艦的戰鬥愈發激烈，巴爾巴里戈的侄子喬萬尼·孔塔里尼（Giovanni Contarini）率領自己的槳帆船前來救援，但也不幸陣亡。

舒魯奇似乎已經快要得手，但威尼斯人一心要報仇雪恨，鬥志高昂。他們的許多船隻來自克里特島、達爾馬提亞海岸和諸島嶼，這些地方在夏天的時候都遭到了阿里帕夏的劫掠。他們拚死苦戰，毫無顧忌。戰局漸漸開始轉變。基督教預備隊的槳帆船上前支援，並從後方調來援兵登上遭到打擊的艦船。一艘鄂圖曼槳帆船上的基督徒奴隸逃脫了控制，向他們的穆斯林主子大打出手，揮舞著手中的鐵鍊。一艘加萊賽戰船緩緩駛向岸邊，開始猛轟鄂圖曼艦船。舒魯奇的旗艦遭到衝撞，舵被打掉，船體又被打出了大洞，開始下沉。他的艦船被灌滿了海水，停在淺水區動彈不得。身穿華麗衣服的舒魯奇被威尼斯人從海裡撈起時已經半死不活。他身負重傷，痛苦無比，威尼斯人為了減少他的痛苦，當場將他斬首。舒魯奇的整個分隊都跟著旗艦駛向海岸，現在都被壓制在了那裡。「在一片混亂中，」狄多寫道，「我們的很多槳帆船，尤其是那些離中軍最近的戰船……秩序井然地轉向左側，包圍仍在負隅頑抗的土耳其艦船。我軍透過機敏的行動將它們包圍在那裡，就像把它們困在一個港口中。」[2] 鄂圖曼艦隊的右翼被困住了。

如今，烏魯奇最大的擔憂成了事實。一些穆斯林受到了近在咫尺的陸地的誘惑，放棄了戰鬥。他們亂七八糟地爭相逃向海岸。艦船互相碰撞；人們跳下海去，在深水和淺水區掙扎或者淹死。後頭的人利用同胞的屍體做為橋梁，逃向陸地。威尼斯人大開殺戒，不肯饒恕任何敵人。他們放下小艇，高呼著「法馬古斯塔！法馬古斯塔！」追殺敵人。一個暴跳如雷的士兵找不到別的武器，就抓起一根木棒，插進一名敵人的嘴裡，將他按倒在海灘上。「這是場令人震驚的殘殺。」[3]狄多寫道。在混亂中，威尼斯船隻上的一群基督徒划槳奴隸（根據唐・胡安的命令，他們的鐐銬已經被打開）意識到恢復自由的時刻已經到了，而不願去等待唐・胡安兌現諾言。他們手執士兵們分發的武器，跳上海岸，後來在希臘山區落草為寇。

✰

午後不久，兩支艦隊的中軍（都是重型戰船）也短兵相接了。名字取得俗艷的威尼斯和西班牙槳帆船——例如「雄人魚」號（Merman）、「騎海豚的幸運女神」號（Fortune on a Dolphin）、「金字塔」號（Pyramid）、「輪子和毒蛇」號（Wheel and Serpent）、「樹幹」號（Tree Trunk）、「猶滴」號（Judith），以及數不勝數的聖徒名字——衝殺進了土耳其艦隊。土耳其的艦船來自伊斯坦堡、羅得島、黑海、加里波利和內格羅蓬特（Negroponte）①，其指揮官包括：貝克塔西・穆斯塔法（Bektashi Mustapha）、德利・切列比（Deli Chelebi）、哈吉・阿迦（Haji Aga）、科斯・

① 即希臘的尤比亞（Euboea）島，是希臘僅次於克里特島的第二大島。威尼斯人將這個島稱為「內格羅蓬特」，這個名字在義大利語中的意思是「黑橋」。

阿里（Kos Ali）、皮雅利·奥斯曼（Piyale Osman）、卡拉·雷斯（Kara Reis），還有其他幾十人。一百五十艘全副武裝的槳帆船廝殺起來。

✯

此前，基督教艦船緩緩地駛向敵人，力圖保持隊形。土耳其艦隊則被加萊賽戰船發出如暴風驟雨般的火力打得七零八落，但仍然迅猛地衝向對方，快速掠過平靜的海面，三角帆向後傾斜，火砲不時轟鳴著。雙方的主要將領都聚集在戰場的中心——在鄂圖曼艦隊方面，阿里帕夏在「蘇丹娜」號上，他的右邊是陸軍司令官佩爾特夫帕夏的戰船；阿里的左邊是內格羅蓬特總督穆罕默德·貝伊（Mehmet Bey）以及阿里的兩個兒子乘坐的戰船；還有巴巴羅薩的兒子哈桑帕夏以及其他一些經驗豐富的指揮官。唐·胡安穩坐在「國王」號的艉樓上，一側的教宗國旗艦上坐著瑪律科·安東尼奧·科隆納和羅姆加，另一側則是韋尼爾。腓力二世如果看到唐·胡安如此冒險，一定會無比震驚。唐·胡安身穿光輝熠熠的盔甲、手執利劍，站在繪有耶穌受難像的大纛前，身形非常明顯且暴露在砲火中。旁人勸他回到艙內，都被他拒絕。阿里也穿著同樣鮮豔奪目的長袍站在艉樓上，手裡拿著一張弓。這兩位統帥都在冒極大的風險，與當年唐·賈西亞向拉·瓦萊特提出的明智警告——「在戰爭中，領導的死亡常常導致災難和失敗」[4]——背道而馳。

兩艘旗艦接近時，「蘇丹娜」號的船首砲開始射擊。一枚砲彈打穿了「國王」號的前側平台，打倒了最前方的一批槳手。另外兩發砲彈沒有命中。「國王」號的船首衝角已經拆去，大砲的射擊彈道可以更低。它一直等到敵艦進入近距離才開火，「我們所有的砲彈都給敵人造成極大損傷。」[5]「獅鷲」號（Griffin）上的奧諾拉托・卡埃塔尼（Onorato Caetani）如此記述道。「蘇丹娜」號似乎直取威尼斯旗艦，但在最後一刻轉舵，徑直撞上了「國王」號，兩船的船首互抵。「蘇丹娜」號的船首衝角就像身體直豎起來的海怪口鼻一樣，一路插到了「國王」號的前排槳座，不少槳手當場被撞成肉泥。兩艘戰船被這衝擊力震得各自後退一步，但仍然交纏在一起，索具和船柱已經互相纏繞，一片狼藉。

整條戰線上都發生了類似的猛烈衝撞。科隆納指揮教宗國旗艦去支援「國王」號，自己卻被佩爾特夫帕夏的戰船撞上，原地旋轉，然後一頭撞上了「蘇丹娜」號側舷，這時又有另一艘鄂圖曼槳帆船撞上了科隆納的船尾。在另一側，韋尼爾也向前推進，但立刻被捲入了另一場混戰。基督徒的戰線已經被打出了缺口，海面上雙方戰船激烈廝殺，亂成一團。

這場戰役的倖存者後來對電光火石的激戰中的一樣東西記得最清楚——震耳欲聾的噪音。「開始時，大砲的咆哮如此震耳，」卡埃塔尼寫道，「是完全沒有辦法想像或描述的。」[6]在火山爆發般的大砲巨響背後還有其他聲音——如同連續不斷的手槍射擊聲一般的船槳折斷脆響、互相衝撞的船隻破裂時發出的震響、火繩槍的劈啪射擊聲、羽箭的恐怖呼嘯聲、痛苦的喊叫聲、瘋狂的叫嚷聲、屍體墜入海中的濺水聲。濃煙遮天蔽日；艦船在煙霧中蹣跚而行，偶爾被陽光照亮，似乎不知從何方殺出，撕咬著對方的側舷。到處是混亂和噪音：

> 火繩槍子彈和羽箭的致命風暴四處肆虐。大海似乎被槍口焰、火喇叭、火罐和其他武器發出的持續火焰點燃了。有時是三艘槳帆船對抗四艘，有時是四艘與六艘交鋒，有時是六艘

圖34　火海

圍攻一艘。不論是敵人還是基督徒，所有人都極其凶殘地戰鬥，一心置對方於死地。已經有很多土耳其人和基督徒登上了對方的槳帆船，用短兵器在近距離肉搏，很少有人還活著。雙手劍、彎刀、鐵製釘頭錘、匕首、戰斧、長劍、弓箭、火繩槍和火攻武器全都大顯神通，殺人無數。除了那些被各種武器殺死的人之外，還有很多人雖然躲過了這些武器，卻在跳海後被淹死。大海已經被鮮血染紅，變得非常渾濁。[7]

「國王」號和「蘇丹娜」號這兩艘旗艦在最初的衝撞之後，雙方的士兵都試圖登上對方戰船。「國王」號搭載著四百名來自薩丁尼亞島的火繩槍兵，一共有八百名戰士，摩肩接踵地擠在一起，每個人的活動空間不超過兩英尺。阿里則有兩百名火繩槍兵和一百名弓箭手。在兩船相接的最初一刻，「一大群土耳其士兵非常勇敢地跳上了『國王』號，同時『國王』號上也有很多士兵跳上了『蘇丹娜』號。」[8]根據傳說，舞女瑪利亞就在最早手執利劍登上敵船的那群士兵中。甲板上爆發了近距離白刃戰。被鐵鍊鎖住的槳手們試圖躲在狹窄的長凳下，同時武裝士兵們在中央甲板上奔走，鎧甲叮噹作響。穆斯林很快就被從「國王」號上逐出；西班牙士兵則一直衝殺到「蘇丹娜」號的主桅才被擋住。「蘇丹娜」號錯綜複雜的胡桃木甲板很快就被油脂和汙血覆蓋，士兵們就在這汙穢中砍殺敵人，或者倒地斃命。每艘船都從它後方的其他槳帆船那裡得到援兵。在船首廝殺的士兵倒地死去的同時，援兵就從船尾的梯子上爬上來增援。在這麼近的距離，投射武器是致命的。一個身披胸甲和背甲的人也會被一支弓箭射穿，或者被一發子彈擊斃。「國王」號上的唐·貝爾納迪諾·德·卡德尼亞斯（Don Bernardino de Cardenas）的胸甲部位被一支旋轉火槍的子彈擊中，子彈雖然沒有擊穿胸甲，但衝擊力仍然很大，他不久之後就死去了。伊斯蘭的綠色大旗被打出了很多彈孔，但基督徒也被打退了。

雙方都明白，旗艦是戰役的關鍵所在。士兵們在桅杆處匆匆搭建了障礙物，以抵擋敵人的登船士兵，於是爭奪艦船的戰鬥變得很像狹窄街道上的巷戰。士兵們聚集得很密，常常有一大群人被同時打死。但後方有更多援兵趕來。「蘇丹娜」號射來的箭雨呼嘯而來，插入「國王」號甲板的速度如此之快，看上去好像箭是從甲板上長出來的。據一位目擊者說，基督教船隻上插滿了箭，活像豪豬。頓時兩艘旗艦間的戰鬥局勢發生了逆轉，土耳其人蜂擁衝上「國王」號。在這場混戰中，有人看見唐·胡安的寵物猴拔出了桅杆上的箭，將箭咬斷，然後扔進大海。

「國王」號的兩側和整條戰線上，戰鬥極其激烈。韋尼爾試圖前去援救旗艦，撞擊了「蘇丹娜」號的船體中段，但卻遭到兩側包圍。預備隊的兩艘威尼斯槳帆船及時趕到，才救了他的命。但這兩艘槳帆船的船長卻都不幸陣亡。巴桑的槳帆船預備隊待在戰線後方，隨時援救危急地點，如今也加入戰鬥，以阻止戰局惡化。科隆納打退了穆罕默德·貝伊的槳帆船（阿里的兩個兒子就在這艘船上）。在戰線另一端，海盜卡拉·霍加和卡拉·德利的槳帆船群企圖猛攻「獅鷲」號。卡拉·霍加帶領他的人馬衝殺在前，但此時敵方的火繩槍卻開始大顯神通。「詹巴蒂斯塔·孔圖西奧（Giambattista Contusio）用火繩槍打倒了卡拉·霍加，然後一槍一槍地射擊，一直打到不超過六個土耳其人生還。」[9]西班牙長槍兵在阿爾普哈拉的操練中掌握了戰術，其近距離的殺傷力是驚人的。他們登上敵船之後就橫掃甲板，戳死反抗的敵人，或者把他們推進大海。奧雷利奧·謝蒂記載了和他一起被釋放的基督徒奴隸在戰鬥中表現出的極大勇氣：「基督徒奴隸們告訴自己

『今天我們要嘛戰死，要嘛贏得自由。』跳上敵船，殺死了很多土耳其人。」[10]

「蘇丹娜」號和「國王」號上的戰鬥已經持續了一個多鐘頭。衝上敵船的第二波基督徒士兵也被擊退，但鄂圖曼艦隊的火力在逐漸減弱。唐・胡安手執雙手重劍，親自在船首作戰，匕首刺傷了他的腿。在一旁的槳帆船的艉樓上，八十歲②高齡的韋尼爾沒有戴頭盔，站在自己的艉樓甲板上，用勁弩快速射擊戴著頭巾的敵人，他的部下不斷為他裝上弩箭。

巴桑的援兵扭轉了局勢，重型的加萊賽戰船又槍砲齊鳴地加入了混戰。佩爾特夫帕夏所在戰船的舵被打落；他跳下大船，上到一艘划槳小船上，小船的槳手是個叛教者，他用義大利語高喊：「不要開槍！我們是基督徒！」[11]就這樣把佩爾特夫救走了。佩爾特夫一邊開溜、一邊大聲咒罵著魯莽的阿里。基督徒戰船正在包圍「蘇丹娜」號，切斷了阿里帕夏旗艦的外部增援。帕夏的兒子們拚了命要救援父親，但卻被打退。科隆納和羅姆加俘虜了一艘槳帆船，然後去尋找下一個目標。

「接下來要做什麼？」科隆納問道，「再俘虜一艘槳帆船？還是去援助『國王』號？」[12]羅姆加親自操縱舵柄，將戰船轉向「蘇丹娜」號的右側。韋尼爾正從另一側逼近「蘇丹娜」號，用火力橫掃後者的甲板。「我的槳帆船用大砲、火繩槍和羽箭猛烈攻擊敵軍，打得帕夏旗艦上的土耳其人沒辦法從艉樓走到船首。」[13]他如此記述道。第三波基督徒士兵衝上了「蘇丹娜」號的甲板；土耳其人在艉樓甲板上臨時搭建的障礙物後做最後抵抗。當最終的防禦工事被炸飛的時候，

---

② 韋尼爾生於一四九六年，此時應當是七十五歲。

阿里帕夏仍然在激烈地放箭。為了躲避火雨，很多人跳入大海。

關於阿里的結局，有十幾種不同的說法，賦與了這位帕夏不同程度的英雄形象。最可能的情況是，這位海軍司令身穿鮮豔的長袍，暴露在砲火中，被火繩槍擊倒了。一名西班牙士兵砍下了他的頭顱，將它挑在矛尖上高高舉起。人們高呼：「勝利了！」神聖聯盟的旗幟被升上了「蘇丹娜」號的桅頂。唐．胡安跳上「蘇丹娜」號的甲板，但意識到戰鬥已經結束，於是又回到了自己的旗艦。「蘇丹娜」號上的抵抗瓦解了。士兵們將阿里的頭顱獻給唐．胡安。據說唐．胡安看到自己的對手被如此粗魯地斬首，非常憤怒，下令將這個頭顱投入大海。西班牙士兵們進行最後的掃蕩。

鄂圖曼艦隊中軍的抵抗開始崩解。阿里的兒子們被俘虜於穆罕默德．貝伊的旗艦上；其他人則舉手投降或者逃跑。根據卡埃塔尼的記載，「國王」號和「蘇丹娜」號的甲板成了一處廢墟：「『國王』號上死者極多。」[14]「蘇丹娜」號在平靜的海面上徘徊，全體船員幾乎無人生還，「甲板上到處是戴著頭巾的首級在滾來滾去，似乎和開戰前的陣容一樣數量驚人。」[15]

☆

但對鄂圖曼人來說，戰敗尚未成定局。在兩支艦隊的中軍激戰的同時，還有奪得勝利的可能。喬萬尼．安德烈亞．多里亞和烏魯奇．阿里在朝向外海的側翼上玩了一場貓抓老鼠的遊戲。在中軍開始交鋒一個小時之後，他們仍在尋找合適的作戰位置。

在基督教艦隊中，多里亞是個頗有爭議、受到猜忌的人。他消極避戰，只關心自己的槳帆船艦隊，而且自始至終謹小慎微。唐・胡安眺望南方的激戰時，不禁愈來愈擔憂起多里亞。從中軍的視角看去，多里亞偏離中軍太遠，過於接近外海，似乎在逃避戰鬥。唐・胡安派了一艘三桅船去召回多里亞。

更有可能的情況是，多里亞從一開始就認識到自身所處的位置有多危險，因此拚命努力避免被敵人抓住。烏魯奇・阿里的船比他多；多里亞的艦隊極有可能被從側翼包抄。如果鄂圖曼人能夠跑在他的前頭，就有可能轉到他背後，對他造成重創。烏魯奇・阿里的艦隊愈來愈偏南，連帶也拖走了多里亞，這造成基督教艦隊中軍和右翼之間出現了一個寬達一千英尺的缺口。有些威尼斯戰船深怕多里亞會叛變，於是轉了回來，這打亂了多里亞的戰線。烏魯奇・阿里「駕馭槳帆船的技藝精湛，就像騎手操控訓練有素的駿馬一樣」[16]，而他顯然是有所圖謀的。倏地一聲尖銳的哨響，烏魯奇艦隊的部分戰船調轉船頭，駛向那個缺口，從內側包抄多里亞。熱那亞海軍統領輸了這一局。他還沒反應過來，土耳其人已經進逼基督教中軍的側翼。

✯

烏魯奇・阿里的這一招著實精采，迅速扭轉了戰局。烏魯奇製造了對鄂圖曼人更有利的那種小規模混戰局面，而不是更有利於基督徒發揮火力優勢的大編隊正面對抗。如今烏魯奇乘著海風，和他的海盜們抓住了一些處於嚴重劣勢、互相分散的基督教船隻。他前方是多里亞那一翼的威尼斯槳帆船，其位置孤立、隊形混亂；然後是一小群西西里槳帆船，以及三艘帶有熟悉的紅底白十字旗幟的戰船，那是烏魯奇最痛恨的敵人——聖約翰騎士團的馬爾他槳帆船。這些基督教船隻的數量處於絕對劣勢，而且船員們已經在前回的戰鬥中筋疲力竭。如今兵力對比是三比一，甚至四比一和五比一。烏魯奇「大肆屠戮這些船隻」[17]。七艘阿爾及利亞戰船圍攻馬爾他槳帆船群，用暴風驟雨般的子彈和羽箭予以猛烈攻擊。身披重甲但是數量處於絕對劣勢的騎士們死戰到底。西班牙騎士傑羅尼莫·拉米雷斯（Geronimo Ramirez）像聖塞巴斯蒂安（Saint Sebastian）③一樣渾身插滿了箭，仍在拚死戰鬥，阻擋登船的敵人，直到陣亡。分隊指揮官彼得羅·朱斯蒂尼亞尼（Pietro Giustiniani）院長身中五箭，被敵人俘虜，此時這艘船上只剩下他一個活人。西西里槳帆船群趕來救援，但隨即也陷入了烈火風暴中。「佛羅倫斯」號被一艘槳帆船和六艘小型划槳海盜船打垮；船上所有士兵和基督徒奴隸都被殺死。「聖喬治」號上，一排被鎖在槳座上的奴隸都已經倒斃，士兵們全部戰死，船長也被兩發子彈打死。熱那亞旗艦（指揮官是大衛·因佩里亞萊〔David Imperiale〕）和五艘威尼斯槳帆船上沒有一個倖存者。薩伏依旗艦則沉默地漂浮在水面上，船上沒有留下一個活人能講述這艘船的命運。

遭到攻擊的基督徒船隻上發生了一些膽大無畏的壯舉，幾乎到了魯莽的程度。年輕的帕爾馬親王獨自一人登上一艘鄂圖曼槳帆船，一路將敵人船員打到主桅處，並在戰鬥中活了下來，告訴大家自己的經歷。在遭到攻擊的「聖喬治」號上，因為發高燒而躺在艙內的西班牙軍士馬丁·穆尼奧斯，一聽到頭頂上敵人的奔跑聲，就立刻從病床上跳起，下定了必死的決心。他手執利劍撲向敵人，殺死四人，將其他敵人打退，最後倒在一條插滿羽箭的划槳長凳上。他的一條腿已經被砍斷，還呼喚戰友「諸君都要這般努力」[18]。在「少女」號（Doncella）上，費德里科·韋努斯塔（Federico Venusta）的手榴彈不慎引爆，炸殘了他的一隻手。他命令一名划槳奴隸砍去他的殘手。被這名奴隸拒絕後，他自己砍斷了殘手，然後走到廚房，讓伙夫將一隻死雞捆紮在流血的殘肢上，然後重新加入戰鬥，呼喊著要自己的右手為左手報仇。一名士兵的眼睛被箭射中，他將弓箭連同眼球都拔了出來，在臉上紮了一根布條，然後繼續戰鬥。士兵們在甲板上與敵人扭打著，把他們推下海，或者抱著敵人一起投入被血染紅的大海，同歸於盡。「統領世界的基督」號（Christ over the World）被敵人包圍和擊敗，船員們炸毀自己的船，與包圍他們的眾多鄂圖曼槳帆船共赴黃泉。

儘管基督徒拚死抵抗，但烏魯奇．阿里還是在基督教戰線上撕開了一個口子，一邊前進、一邊搜集戰利品。他把堆滿死屍的馬爾他旗艦拖走，準備做為戰利品獻給蘇丹。如果他早一點得手的話，很有可能挽救整個戰局，但是鄂圖曼艦隊中軍正在崩潰，烏魯奇．阿里的機遇正在溜走。多里亞重整旗鼓，從一側進攻烏魯奇．阿里的隊伍；科隆納、韋尼爾和唐．胡安調來他們的槳帆船群，從另一側進攻。詭計多端的海盜顯然不打算為一場已然失敗的事業獻身；他砍斷了拖曳馬爾他旗艦的纜繩，留下負傷的朱斯蒂尼亞尼記述這個故事，並謹慎地取走該船艦的旗幟，做為戰利品。他率領十四艘槳帆船轉向北方，溜走了。

基督教戰船開始掃蕩戰場，並大肆劫掠。戰場是一幅毀天滅地般的悲慘景象。一連八英里的海面上，多艘搖擺不定的船隻正在燃燒；還有一些船隻的船員已經全員陣亡，就像鬼船一樣漂浮

③　聖塞巴斯蒂安（西元二五六至二八八年）基督教聖人和殉道者，據說在羅馬皇帝戴克里先（Diocletian）迫害基督徒期間被殺。在藝術和文學作品中，他常被描繪成雙臂被捆綁，被亂箭射死。他受到羅馬天主教和東正教崇敬。

著。倖存的穆斯林英勇地死戰到底。有的時刻像一齣詭異的喜劇。部分土耳其戰船拒絕投降，投射武器用完後就撿起檸檬和桔子，將它們投向敵人。狄多記載道：「基督徒出於鄙夷和嘲弄，將這些水果又扔了回去。這類互投水果的戰鬥似乎在戰役快結束時在很多地方都發生了，讓大家捧腹大笑。」[19]在其他地方，士兵們仍在水中掙扎和搏鬥，緊緊抓住梁柱，有不少人被淹死。史學家也很難用文字描繪這場大規模屠殺：

激戰持續了四個小時，如此血腥和恐怖，大海和烈火似乎融為一體，多艘土耳其槳帆船在水面上燃燒。海面被血染紅，到處覆蓋著摩爾人的衣服、頭巾、箭筒、箭、弓、盾牌、槳、箱子、盒子和其他戰利品。海上還漂浮著很多人，既有基督徒也有土耳其人，有的已經死亡，有的負了傷，有的身軀殘缺不全，還有些垂死的人還不肯向命運屈服，仍在最後的痛苦中掙扎，他們的力量隨著傷口流出的血一起流逝。鮮血如此之多，海面完全被染紅。儘管這景象非常悲慘，但我們的人對敵人沒有一絲憐憫……儘管他們哀求饒命，還是被火繩槍打死，或者被長槍戳死。[20]

✯

一場大規模的掠奪在戰後上演。基督徒乘坐划槳小船，從水裡撈出死屍，把財物搶走。「士兵、水手和犯人們興高采烈地搶劫，一直搶到天黑。戰利品極多，因為土耳其槳帆船艦隊攜帶了大量金銀和華麗飾品，尤其是帕夏們的船隻。」[21]奧雷利奧・謝蒂抓了兩名摩爾人俘虜，希望能夠憑藉這個功勞獲得自由。但等待他的將是失望。

這是令人難以置信的毀滅性場景，就像是描繪世界末日的《聖經》畫作。甚至筋疲力竭的勝利者也震驚於自己一手造成的駭人殺戮。他們目擊了一場大規模的屠殺。四個小時之內，有四萬人死亡，近一百艘船隻被摧毀，另外神聖聯盟還俘虜了一百三十七艘穆斯林船隻。鄂圖曼帝國有兩萬五千人死亡，只有三千五百人被生俘，穆斯林船隻上的一萬兩千名基督徒奴隸被釋放。白海的大決戰讓現代早期世界的人們瞥見即將到來的世界末日是什麼模樣。直到一九一五年的盧斯戰役（Battle of Loos）④，勒班陀海戰的死傷規模才被超越。「這事非常奇怪，又有諸多的方方面面，」吉羅拉莫・狄多寫道，「似乎人們脫離了自己的肉身，來到了另一個世界。」[22]

這一天的悲傷尾聲快要降臨了。血腥的海水夾雜著戰鬥留下的亂七八糟的殘骸，在黃昏日光中更顯得鮮紅。燃燒的船體在黑暗中閃著光，發出濃煙，最終被徹底燒毀。風力加強了。根據奧雷利奧・謝蒂的記述，基督教船隻幾乎無法離開戰場，「因為海面上漂滿了死屍」。他們離去的時候，水面上仍傳來悽慘的呼號，在人們耳邊迴盪。「雖然水面上有很多基督徒還活著，但沒人願意援救他們。」[23]勝利者在希臘海岸尋找安全錨地的時候，一場風暴席捲了海面，將殘骸吹散，似乎是大海正在用一隻大手抹去戰場的一切。

✯

④ 一九一五年九月至十月，即第一次世界大戰期間，英國軍隊在法國北部的盧斯（今稱洛桑戈埃勒〔Loos-en-Gohelle〕）發起大規模攻勢，並在此役中首次使用毒氣。英軍傷亡五萬人，德軍傷亡兩萬五千人。

鄂圖曼帝國史學家波切維為這場戰役抒寫了悼詞：

我親身走訪了大戰爆發的那個可悲地方……伊斯蘭土地上從未有過這樣災難性的戰爭，自從挪亞發明船隻以來，全世界的五洲四海也從未有過這樣的例子。一百八十艘船隻落入敵手，以及大量的火砲、火槍、其他戰爭物資、划槳奴隸和伊斯蘭戰士。整體的損失都是成比例的。最小的船裡也有一百二十人。這樣算來，損失的總人數在兩萬左右。[24]

波切維顯然低估了土耳其的損失數字。

賽凡提斯在這場戰役中胸部中了兩彈，左手永久性傷殘。他總結了基督徒的情緒：「過去、現在和未來最輝煌的偉業。」[25]

第二十二章　其他的海洋

一五七二至一五八〇年

十月十九日上午十一時，一艘孤零零的槳帆船駛入了威尼斯的潟湖。驚恐的情緒在佇立於聖馬可廣場水邊的人群中迅速擴散。這艘船的船員似乎是土耳其人，但它仍然自信地前進。當它接近的時候，人們看出船尾拖曳著一面鄂圖曼帝國旗幟；接著船首鳴響了歡慶勝利的禮砲。勒班陀戰役得勝的捷報傳遍了全城。為了這場戰役，沒人比威尼斯人冒更大的風險，他們所經歷的由悲到喜的情緒轉折也是最劇烈的。他們曾目睹鄂圖曼帝國戰船逼近他們的潟湖、洗劫他們的殖民地，他們曾損失了賽普勒斯，承受了布拉加丁駭人的死訊。威尼斯長期受壓抑的情緒爆發了出來，長舒了一大口氣。

敲響鐘聲，點燃篝火，教堂舉行了禮拜儀式。大街上，陌生人之間也互相擁抱。商店店主們在門上貼了告示「為慶祝土耳其人之死而歇業」，停業了一週。當局打開了債務人監獄的大門，釋放因欠債而坐牢的人，並允許人們戴狂歡節面具，儘管這並不是狂歡節的季節。人們在橫笛的伴奏下於火炬光亮中跳舞。描繪威尼斯得勝的華美遊行花車以及一長串身披枷鎖的戰俘路過聖馬可廣場。據說甚至連小偷們也歇業慶祝了。里亞爾托的所有商店都裝飾了土耳其地毯、旗幟和彎刀。從貢朵拉（gondola）小舟的座位上仰視橋面，可以看到兩顆栩栩如生的戴頭巾的腦袋互相注視著，看上去似乎是剛砍下來的。鄂圖曼商人們躲在自己的庫房內，等待城市平靜下來。兩個月後，在一回非同以往的宗教熱情高漲，威尼斯人記起了虐殺布拉加丁的那個猶太屠夫，於是將威尼斯領土內的所有猶太人全都驅逐出境。

戰事中的各個主角對捷報的反應是不同的。根據傳說，喜訊傳來之前教宗就已經從上帝那裡得到了消息。據說當阿里帕夏在甲板上倒下的那一刻，教宗打開窗戶，努力去辨認一個聲音，然後轉向室內的其他人，說道：「上帝與你們同在；現在不是處理事情的時候，而是向上帝感恩的時刻，因為此刻我們的艦隊得勝了。」[1]為了這個結局，沒

圖35　將消息傳到威尼斯

有人比教宗更努力。使者送來捷報時，這位老人當場跪下，老淚縱橫地感謝上帝，接著哀嘆慶祝用的禮砲揮霍了太多火藥。對於庇護五世來說，他一生的使命完成了。「現在，我主，」他喃喃地說道，「您可以將您的僕人帶走，因為我已經看見了您的救贖。」[2]消息傳到馬德里的時候，腓力二世正在教堂內。他的反應就像蘇萊曼在傑爾巴島戰役之後一樣冷淡。「他沒有表現出任何激動情緒，表情沒有變化，也沒有流露出任何感情；他的儀態完全和之前一模一樣，並且保持那個樣子，直到晚禱歌聲停息。」[3]然後他莊嚴地下令唱起《感恩贊》。

勒班陀是歐洲的特拉法爾加（Trafalgar）①，是讓整個基督教歐洲歡欣鼓舞的重大事件。甚至遠至信奉新教的倫敦和信奉路德派的瑞典，人們都在歡慶這場勝利。唐·胡安一躍成為時代的英雄，成為無數詩歌、戲劇和報紙的主角。教廷宣布，從今往後，十月七日將成為玫瑰聖母（Our Lady of the Rosary）紀念日。蘇格蘭國王詹姆斯六世（James VI）②為紀念此役，寫下了長達一千一百行的拉丁文打油詩。土耳其戰爭理所當然地成了英格蘭戲劇家的主題，奧塞羅（Othello）就

① 指一八〇五年十月二十一日在西班牙特拉法爾加角爆發的大海戰。霍雷肖·納爾遜（Horatio Nelson）指揮的英國海軍徹底擊敗拿破崙的法國海軍。此役之後，法國海軍精銳盡失，從此一蹶不振，拿破崙被迫放棄進攻英國本土的計畫。而英國海上霸主的地位得以鞏固。

② 他在英格蘭女王伊莉莎白死後繼承了英格蘭王位，稱詹姆斯一世。

是從與「公敵鄂圖曼帝國」[4]作戰的賽普勒斯前線歸來的。在義大利，當時最偉大的畫家們開始創作不朽的名作。在提香的畫作上，腓力二世將自己新生的兒子舉向帶翅膀的勝利女神，同時有一位被縛的俘虜跪在他腳下，頭巾滾落到地上，遠景則是爆炸中的土耳其槳帆船群。丁托列托（Tintoretto）③描繪了塞巴斯蒂亞諾·韋尼爾，只見後者身著黑甲，面容粗暴，兩腮長滿鬍鬚，手裡緊握權杖，背景也是海戰場面。瓦薩里（Vasari）④、維琴蒂諾（Vicentino）⑤和委羅內塞（Veronese）⑥創作了巨幅海戰圖，描繪了混戰場面——硝煙滾滾、烈火熊熊，很多人在水中掙扎，全都被基督教天堂的光柱照亮。在基督教歐洲各地，從西班牙到亞得里亞海，到處都舉行了禮拜儀式，勝利者舉辦遊行，帶著被俘的土耳其人遊街示眾，群眾欣喜得落淚，並互相餽贈繳獲的鄂圖曼帝國戰利品。阿里帕夏的綠色大旗被懸掛在馬德里的王宮；還有一面鄂圖曼旗幟被懸掛在比薩的教堂；達爾馬提亞海岸的紅磚教堂內展示了鄂圖曼戰船的船首雕像和船尾燈籠，並點燃了蠟燭，紀念他們的槳帆船在艦隊左翼立下的戰功。

在歡欣鼓舞的背後，也有一些雖然細微，但卻頗具騎士風度的義舉。據說阿里帕夏的死亡讓唐·胡安感到非常難過；他認為這位海軍統帥是一位值得尊敬的對手。但造成如此大規模殺戮的恰恰正是這兩位宅心仁厚、都具有強烈榮譽感的統帥，不能不說是個莫大的諷刺。一五七三年五月，唐·胡安收到了塞利姆二世外孫女（阿里帕夏的女兒）的一封信，懇求釋放他的兩個哥哥。其中一人已經在被俘期間死亡；另外一人則被唐·胡安送回。唐·胡安還返回了她的禮物，並附上一封感人的書信。「您可以確信不疑，」他寫道，「如果在其他戰役中您的兄弟或者您的其他親人被我俘虜，我都會同樣高興地給他們自由，並完全聽從您的心願。」[5]蘇丹本人對此做了回覆，「諸行省的征服者、摧毀大軍的勇者、陸地和海洋的強有力君主」致信唐．胡安：「具有獨特美德（勇敢）的統帥……您的美德，最慷慨的胡安，您註定是統領天下、永遠幸福的鄂圖曼皇室長久以來從基督徒那裡受到巨大傷害的唯一原因。我並不因此感到憤怒，而是欣然向您送上禮物。」[6]

但其他人的心腸更為冷酷。威尼斯人深知，海上霸權的決定因素不是船隻，而是人。讓教宗驚恐萬分的是，威尼斯人向韋尼爾發出緊急命令，要求他「祕密地，用您認為最穩妥的方法」[7]將他所擄獲的有經驗的鄂圖曼水手全部殺死，並要求西班牙如法炮製。他們希望運用這種手段能決定性的破壞土耳其人的海軍力量，並相信自己已經達到了目的。「現在我們有理由相信，他們的海軍力量已經嚴重削弱了。」[8]

後來，威尼斯人發現，堅忍不拔的土耳其人並沒有因為這場慘敗而一蹶不振。戰爭結束後的

---

③丁托列托（一五一八至一五九四年），義大利文藝復興晚期最後一位偉大的畫家，和提香、委羅內塞並稱為「威尼斯畫派三傑」。

④喬爾喬．瓦薩里（Giorgio Vasari，一五一一至一五七四年），文藝復興時期義大利畫家和建築師，以傳記《藝苑名人傳》（*Lives of the Most Excellent Painters, Sculptors, and Architects*）留名後世。他在美術史研究的建樹大於他的創作，所著《藝苑名人傳》長達百萬言，書中第一次正式使用「文藝復興」一詞，並提出可按十四、十五、十六世紀劃分美術發展的階段，對後來的藝術理論研究影響很大。

⑤安德烈亞．維琴蒂諾（Andrea Vicentino，一五四二至一六一七年），文藝復興晚期的義大利畫家，曾與丁托列托合作。

⑥保羅．委羅內塞（Paolo Veronese，一五二八至一五八八年），義大利文藝復興時代的畫家。

兩天，阿里的十七歲兒子穆罕默德就體現出土耳其人不屈不撓的精神。在戰俘營中，他遇見了一個正在哭泣的基督徒男孩。那是貝爾納迪諾．德．卡德尼亞斯（他在「國王」號的船首受了致命傷）的兒子。「他為什麼哭泣？」穆罕默德問道。在得知原因後，穆罕默德答道：「就這麼點事？我失去了父親，還失去了我的財富、祖國和自由，但我一滴眼淚也不流。」[9]

慘敗的消息傳回鄂圖曼時，塞利姆二世正在埃迪爾內。根據史學家賽蘭尼克（Selaniki）⑦的記載，塞利姆二世起初極為悲痛，一連三天沒有睡覺，也沒有用膳。人們在清真寺內祈禱，伊斯坦堡大街上的畏懼幾乎已經到了恐慌的邊緣。人們害怕，如今艦隊被摧毀了，敵人會從海上進攻伊斯坦堡。這對蘇丹來說是個危機時刻，但他在索科盧沉穩的指導下果斷做出了回應。塞利姆二世匆匆趕回了伊斯坦堡；他在索科盧陪伴下騎馬穿過街道，似乎穩住了局勢。

土耳其人開始使用一個委婉的詞語來指稱這次慘敗：「分散艦隊之戰」。烏魯奇．阿里在最初的報告中試圖粉飾太平，稱艦隊只是被打散了，而沒有被殲滅。「敵人的損失並不比您的小。」[10]他在給蘇丹的信中寫道。在人們清楚地認識到這場災難的嚴重性之後，這種說法仍然被接受了，就像查理五世不得不接受阿爾及爾的海難一樣。「勝敗乃兵家常事，」塞利姆二世宣稱，「事已至此，也是真主的旨意。」[11]索科盧給佩爾特夫帕夏（他是少數全身而退的將領之一，儘管丟掉了官職）的信中也是這麼寫著。「真主以這種方式顯示了他的旨意，就像在命運之鏡中顯現的那樣……我們堅信，全能的真主會給信仰的敵人帶來各式各樣的恥辱。」[12]他們最終為戰敗定了調：這是一個挫折，而不是災難。他們甚至試圖從真主的懲罰中找到正向的一面，引用了《古蘭經》的一個詩節：「但你或許會憎恨對你有益的東西。」[13]

在蘇丹的國度裡，人們完全無法對戰敗的內在原因進行清楚的分析。所有的罪責都被推給了已經死去的阿里帕夏，這位「戰前不曾指揮過一艘划槳船」[14]的海軍司令。戰敗的真正原因——蘇丹試圖從遠離前線的伊斯坦堡控制戰事的所有細節、軟弱蘇丹的朝廷內各派系的爭權奪利、任命阿里帕夏的背後動機——仍然被隱藏起來。索科盧扮演的角色是非常可疑的，但戰後的危機只是讓他顯示出了自身的高超本領，進一步鞏固了他的地位。他快速而有效地採取應對措施，控制住了局面；他向希臘各行省的總督發出了大量命令，並索取資訊。烏魯奇·阿里被任命為事實上的海軍司令，因為能夠爭奪這個位子的其他競爭者都已經命喪黃泉。

烏魯奇·阿里在返回伊斯坦堡的路上湊足了八十二艘槳帆船，以壯大聲勢，並升起了馬爾他騎士團的旗幟，做為戰利品。這個排場取悅了塞利姆二世，讓烏魯奇·阿里不僅躲過了死刑，還確立了他海軍司令的位子，此外，這還為他贏得了一個榮譽稱號。此後他就被稱呼為「克里奇·阿里」，「克里奇」（Kilich）的意思是利劍。馬爾他騎士團的旗幟被懸掛在聖索菲亞清真寺，做為勝利的象徵。鄂圖曼帝國政府如今處於索科盧無可爭議的控制之下，立即開始大幹特幹起來。

一五七一至一五七二年冬季，鄂圖曼擴建了帝國造船廠，重建了一整支艦隊，這份成就可與海雷丁的偉業媲美。對此，克里奇曾表示擔憂，擔心無法針對每艘船隻進行適當的裝配，索科盧給了他一個斬釘截鐵的答覆：「帕夏，整個帝國的財富和力量都支持著你，如果需要的話，帝國

⑦穆斯塔法·賽蘭尼克（Mustapha Selaniki），鄂圖曼帝國史學家，他的著作描繪了一五六三至一五九九年間的鄂圖曼帝國。

完全有辦法提供你白銀的船錨、絲綢的纜繩和錦緞的船帆。不管你的艦隊需要什麼，儘管提出來。」[15]一五七二年春季，克里奇率領一百三十四艘戰船大舉出動；他們甚至還建造了八艘加萊賽戰船，儘管土耳其人一直沒有掌握操縱它們的技術。艦隊的重建如此神速，索科盧當著威尼斯大使的面，嘲諷兩國在賽普勒斯和勒班陀的相對損失：「我們從你們手中奪得賽普勒斯，就像砍掉了你們一隻胳膊；你們打敗了我們的艦隊，就像割掉了我們的鬍鬚。胳膊被砍掉就再也長不回來了；鬍鬚被剃掉卻生得更快。」[16]

戰勝的同時，神聖聯盟也開始面臨土崩瓦解。雖然各國有意識到鞏固勝利的重要性，卻沒能做到這一點。關於戰利品的分配，各方發生了矛盾。次年春天，庇護五世去世了，沒看到他的基督教大業的逐漸崩壞，也算是萬幸。在一五七二年的作戰季節，腓力二世把他的艦隊留在墨西拿，讓唐．胡安無所事事地乾等，因為他希望能進攻北非，而不是繼續留在東方作戰。儘管如此，科隆納和威尼斯人還是派遣了一支相當強大的艦隊到希臘西海岸對抗土耳其人。但狡猾的克里奇絕不會讓敵人抓住自己，他做了阿里帕夏當初應當做卻沒做的事——把艦船停泊在安全的錨地，好讓敵人白費力氣。一五七三年，唐．胡安至少把艦隊開往了馬格里布，順利收復突尼斯，但此時威尼斯已經支撐不下去了。一五七三年三月，威尼斯人和塞利姆二世媾和，以非常不利的條件向蘇丹割地賠款。這消息一傳到教廷，火冒三丈的新教宗格列高里十三世（Gregory XIII）隨即把威尼斯大使趕出了房間。而在西班牙方面，腓力二世聽到這消息時，「嘴唇充滿諷刺意味地抽動了一下」[17]，然後暗自微笑。他就這麼輕鬆地擺脫了神聖聯盟帶來的開銷負擔，以及惹是生非的威尼斯人，而且旁人也完全不會把聯盟解體一事怪罪到他頭上來。一五七四年，甚至唐．胡安在突尼斯的勝利也成了泡影。克里奇・阿里率領一支比勒班陀戰役的兩軍都來得強大的艦隊，開往馬格里布，奪回了突尼斯。他帶回一批戰俘，禮砲齊鳴地返回了伊斯坦堡；土耳其人在海上稱霸的舊時光似乎又回來了。土耳其人在北非的勢力依舊非常強大；塞利姆二世似乎完全恢復了對白海的統治權。

✯

在今天，勒班陀戰役曾在歐洲激起的熱情已經大體被遺忘了，如教宗已於一九六五年將當年繳獲的鄂圖曼帝國旗幟返還伊斯坦堡。有些現代史學家傾向不再把這場戰役的意義看得那麼重要。當年曾被認為是決定爭奪世界中心的經典海戰，如今已經不再被視為是一場重大的戰役，它甚至沒有一千五百年前在同一片海域發生的亞克興角戰役（Battle of Actium）⑧那樣重要，因為後者決定了羅馬帝國對地中海的控制權；勒班陀的意義也比不上薩拉米斯海戰（Battle of Salamis）⑨，因為該戰役阻斷了波斯向希臘的進軍。在現代，勒班陀戰役被認為是「沒了下文的勝利」，對基

⑧ 西元前三十一年九月二日，在希臘亞克興角附近的愛奧尼亞（Ionia）海域，馬克・安東尼（Marcus Antonius）與埃及豔后克麗奧佩脫拉（Cleopatra）為一方，屋大維（Octavius）為另一方，展開爭奪羅馬霸權的決戰。屋大維獲得勝利，最終成為羅馬帝國統治者。

⑨ 薩拉米斯海戰發生在西元前四八〇年，是波希戰爭的轉捩點。雅典海軍在薩拉米斯灣大敗波斯海軍，從而贏得自馬拉松戰役（Battle of Marathon）以來雅典對波斯的又一次輝煌勝利，也奠定了此後一個世紀內雅典的海上霸權。

督教各國來說是個僥倖的成功，在鄂圖曼帝國則被認為是個很快就能克服的小挫折。就像當年的戰場一樣，勒班陀戰役似乎已經被時間和大海吞噬了。

但上述觀點低估了十六世紀中葉基督教世界的恐懼心理，以及短暫的勝利在物質和心理上帶來的影響。一五七三年八月，克里奇．阿里遠征突尼斯凱旋歸來，駛入金角灣時旌旗招展，將俘虜示眾，鳴響禮砲向蘇丹致意。在夜裡，這座偉大城市的海岸被一圈火炬照得通亮。站在岸邊觀看這勝景的人絕不會想到，勒班陀已經敲響了鄂圖曼帝國海上勝利的喪鐘，也不會想到，克里奇將是海雷丁之後的最後一位偉大海盜。一五八〇年，腓力二世與蘇丹簽訂了和約，為這兩個帝國爭奪地中海的戰爭畫上了句號。和約是用人們熟知的鄂圖曼帝國公文的莊嚴言辭寫成的，在威嚴風度上沒有向任何人讓步：

> 您的大使目前在我們的皇宮裡，向我們的皇帝和皇室司法部門呈送了一份請願書。我們偉業中心的崇高門檻，我們的權力無限的帝國宮廷的確是大權在握的蘇丹們的聖殿，也是時代統治者的要塞。
>
> 貴方呈送了表達友誼和忠誠的請願書。為了國家的安全穩定，以及臣民富足和安寧的生活，您希望與我們的偉大皇帝締結友誼。為了安排和平的架構，並設定協議的條件，我們秉持正義的帝國協定對以下事務做如下規定……
>
> 在貴方誠懇坦率地向我方皇帝請願之後，貴方所有在陸地和海上行醜惡之事的非正規部隊和海盜應立即停止敵對活動，不得傷害受我方保護領土之臣民。貴方必須對這些非正規部

隊和海盜予以取締，加以控制……

貴方應堅持不懈地信守諾言，誠實行事，尊重停戰協定的條件。我方也絕不會造成任何違背停戰協定的情事。不論我方在海上的海軍指揮官，我方義勇船主（海盜），或者位於受我方保護領土之上的我方指揮官，都將接到我們的命令（這命令受到全世界的遵從），你們的國家和來自你們國家的商人都不會受到任何傷害和損失。

我們偉大的皇帝確已決定，現今應是繁榮昌盛的年代。同樣的，如果貴方的目標確實是和平和繁榮，以及達成協議、獲得安全，請立即派遣人員到我們的皇宮，告知貴方觀點。我們的帝國協定將以此為基礎制訂。[18]

這和約讀起來像是在宣布鄂圖曼帝國取得了勝利；不管怎麼說，鄂圖曼帝國肯定沒有輸。此時腓力二世的王室已經拖欠了大量債務，他的注意力也被分散到西方和北方——征服信奉天主教的葡萄牙，和正在計劃中的，入侵信奉新教的英格蘭。腓力二世與土耳其的和約確立了在地中海上設置一條穆斯林和基督教世界間的固定疆界。占領賽普勒斯之後，土耳其人幾乎已經完全控制了地中海東部，儘管此時克里特島還在威尼斯的控制下。馬爾他的失敗和勒班陀的災難打破了鄂圖曼帝國進軍羅馬的希望。突尼斯被土耳其收復後，西班牙也清楚地認識到，北非已經穩穩當當地成了鄂圖曼帝國的一部分。查理五世征服君士坦丁堡的夢想早已是明日黃花。在一五八〇年，十字軍東征的夢想徹底粉碎了；大型槳帆船的時代也畫上了句號。兩個海洋帝國間的爭鬥陷入了僵局。

但假如當初基督教世界沒能贏得勒班陀戰役，就必然會輸掉一整片地中海。戰役結束的一年後，年邁的唐·賈西亞·德·托雷多還在為勒班陀戰役中所冒的巨大風險而面容慘白。唐·胡安在那場戰爭中著實是孤注一擲。唐·賈西亞知道，假如戰鬥失敗，將為基督教地中海的海岸地區帶來災難。儘管戰果輝煌，但勝利實在是僥倖所致。如果戰鬥失敗，又沒了可供防禦作戰的艦隊，地中海的所有主要島嶼——馬爾他、克里特島、巴利阿里群島都將迅速落入敵手，這些島嶼是威尼斯的最後一道防線；接下來，土耳其人就能夠以這些島嶼為跳板，進攻義大利腹地，一直打到羅馬，也就是蘇萊曼的最終目標。如果舒魯奇·穆罕默德成功地消滅了側翼的威尼斯，如果重武裝的加萊賽戰船沒能打亂阿里帕夏的中軍，或者烏魯奇·阿里能夠早一個小時穿透多里亞的戰線，南歐的版圖將與今日大相逕庭。基督教世界在馬爾他和勒班陀的勝利，成功遏制了鄂圖曼帝國在地中海的擴張。一五六五至一五七一年發生的事件決定了現代地中海世界的疆域。

鄂圖曼人雖然對這次失敗不以為然，但傷害已經是既成的事實。自一四〇二年蒙古征服者帖木爾（Timur）在安卡拉（Ankara）打敗土耳其軍隊以來，這是鄂圖曼帝國蒙受的第一次軍事失敗。這場勝利為基督教歐洲在心理上帶來很大的收穫。在此之前，基督教世界根深柢固地自認為在軍事上技不如人，因此習慣於對每次失敗都聽天由命。一五七一年秋季爆發的宗教熱情表明人們開始相信，伊斯蘭世界和基督教世界間的天平已經產生了傾斜。賽凡提斯藉唐吉訶德之口顯示出，在勒班陀的那幾個小時對基督教世界產生了多麼大的影響：「那一天……對基督教世界來說是如此幸福，因為全世界都了解到，以前他們相信土耳其人在海上不可戰勝，是多大的錯誤。」[19]

✯

伊斯蘭教和基督教爭奪世界中心的戰爭不是以羅得島戰役發端，也不是以勒班陀戰役作結，但在一五二〇至一五八〇年，宗教熱誠和帝國霸業合二為一，使得這場戰爭達到了駭人的強度，戰爭的形式也是人類歷史上兩個迥然不同時期的頂峰。這場戰爭的風格既是原始的，也是現代的：既有荷馬史詩青銅時代的人性本能的殘暴，也有火砲武器的巨大破壞力。在這一時期，查理五世和蘇萊曼都相信他們在角逐全球的統治權。但勒班陀戰役及其後續事件卻表明，即便取得了壓倒性勝利，地中海也不值得雙方爭鬥了。不管可用的資源是多麼取之不盡，雙方終究無法利用槳帆船輕鬆地贏得被陸地包圍的地中海。雙方都參加了一場極其昂貴的軍備競賽，但卻難以贏得最終的獎品。這場戰爭嚴重消耗了雙方的人力和物質資源，其嚴重程度是雙方都不願意承認的。賽普勒斯和勒班陀兩場戰役讓鄂圖曼損失了超過八萬名士兵；雖然土耳其人口眾多，但技藝嫻熟的戰士卻不是用之不竭的。達克斯（Dax）主教目睹土耳其人重建成功的艦隊時，並沒有感到印象深刻：「我看見一支艦隊離開這個港口，艦船全是新建的，用新鮮木材製成，槳手都是之前從未握過槳的新人，船上的火砲都是匆匆鑄造而成的，好幾門火砲是用被腐蝕和破爛的原料製成的，嚮導和水手都還是學徒，士兵們還因為上次戰役而心驚膽寒……。」[20]就像西班牙人在傑爾巴島戰役得到的教訓一樣，海戰的特殊條件使得專業人員顯得特別重要，很難替代。一五八〇年之後，土耳其漸漸對海上冒險失去了興趣；鄂圖曼艦隊停泊在金角灣的平靜水域，木製船體逐漸腐爛。巴巴羅薩的光輝日子一去不復返了。

雙方也都很快遇到了經濟困難。一五七五年，腓力二世拖欠了債務；一五八五年之後的歲月裡，伊斯蘭世界也受到了財政危機的困擾。耗費巨大的海戰和勒班陀戰役之後重建艦隊的龐大開銷，使得蘇丹的帝國不得不大幅度增稅。同時，美洲輸入的大量金銀開始以人們無法理解的方式破壞鄂圖曼帝國的經濟。土耳其人有足夠的資源在商業戰爭中贏過任何競爭者，但無力保護自身穩定、傳統、自給自足的世界去抵禦現代社會更險惡的影響。他們沒有任何辦法能夠應對歐洲的物價上漲和黃金大量流入造成的通貨膨脹。一五六六年，也就是馬爾他戰役後的那一年，開羅的黃金鑄幣廠——鄂圖曼帝國境內的唯一一座鑄幣廠——用來源有限的非洲黃金鑄造貨幣，讓金幣貶值了百分之三十。西班牙的雷阿爾（real）成了鄂圖曼帝國境內最受歡迎的貨幣，鄂圖曼人根本無法鑄造出與它等值的貨幣來。發放給士兵們的銀幣愈來愈薄，當時一位鄂圖曼帝國士兵稱它們「薄得就像杏樹葉，像露水珠一樣毫無價值」[21]。這些現象帶來了物價上漲、物資短缺和本地製造業的逐漸衰敗等衝擊。基督教歐洲的出價更高，生產成本更低，於是逐漸吸乾了鄂圖曼帝國的原物料和金銀。從十六世紀末開始，全球化的力量開始暗地摧殘鄂圖曼帝國的傳統社會結構和權力基礎。伊斯蘭世界與西方的關係皆呈現出這樣的模式。

✯

一五八〇年的和約承認了兩個帝國和兩個世界間的僵局。從這時候起，橫貫整個地中海、從伊斯坦堡到直布羅陀海峽對角線狀的疆界固定了下來。兩位競爭者都把目光轉向其他地方。土耳其人與波斯作戰，再一次去迎接匈牙利和多瑙河的挑戰；腓力二世則投入在大西洋的較量。腓力二世吞併葡萄牙之後，將注意力轉向西方，並頗具象徵意義地將宮廷遷到里斯本，以面對一片更廣闊的大海。他自己的勒班陀還沒有到來——西班牙無敵艦隊在不列顛海岸遭遇的海難，這次慘敗也是由於西班牙人出航時間太晚的痼疾所造成的。一五八〇年之後的歲月裡，伊斯蘭教和基督教世界在地中海解除了戰鬥狀態，前者轉向內部事務，後者則開始向外探索。

地中海開始遠離世界的權力中心。官僚機構過於集權化、堅信君權神授的土耳其人和哈布斯堡家族都無法理解這一點。從倫敦和阿姆斯特丹出發的新教徒水手在積極進取的中產階級資助下，乘坐堅固的帆船，開始從新大陸獲取財富。槳帆船稱霸的地中海變成了一潭死水，被新的帝國霸業忽略。地圖繪製師皮里雷斯的生與死象徵著鄂圖曼帝國徹底喪失了轉向外界、探索世界的機遇。鄂圖曼帝國的另一位姓名不詳的地圖繪製師在一五八〇年代寫下了這樣的文字，清晰地闡明了通往西印度群島的新航線將為鄂圖曼帝國帶來的威脅：

> 這真是奇哉怪也，令人哀慟。一群骯髒的異教徒居然變得如此強大，可以從西方航向東方，抵禦暴風和海上的災害；而距印度的路程只有他們一半的鄂圖曼帝國居然沒有做任何征服印度的努力，儘管通往印度的航行能夠帶來數不勝數的好處，帶回美好的財物和精美得無法描述、難以解釋的奢侈品。[22]

但最終，西班牙也在全球競爭中落敗了。

一五八〇年之後的歲月裡，海盜們也拋棄了蘇丹的大業，開始自行在馬格里布的荒蕪海岸沿線殺人越貨。地中海還將面臨兩百年的海盜肆虐，幾百萬白奴將在阿爾及爾和的黎波里的奴隸市場上出售。一直到一八一五年，也就是滑鐵盧戰役（Battle of Waterloo）的那一年，海盜還從薩丁尼亞島上劫走了一百五十八人；而最終解除海盜威脅的是來自新大陸的美國人。威尼斯和土耳其將被永遠封鎖在沒有潮湧的地中海上，繼續爭奪著希臘海岸，直到一七一九年。但此時世界的權力中心早已轉移到了其他地方。

尾聲　遺跡

一五六八年七月，在馬爾他夏季的酷熱中，讓．帕里索．德．拉．瓦萊特在樹林裡放鷹打獵一天之後騎馬回家，卻在半路突發嚴重的中風。這位粗獷的老戰士堅持了數週，在這段時間裡釋放了家中的奴隸，寬恕了他的敵人，將自己的靈魂完全託付給上帝。他的棺木被抬過比爾古（在攻防戰結束後被改名為維洛里奧薩〔Vittoriosa〕）的街道時，人們沉默地目送他離去。他的棺木被抬上一艘黑色槳帆船，運過港口。他被安葬在以他的名字命名的新首都瓦勒他（建在土耳其人曾經架設大砲的希伯拉斯山和聖艾爾摩堡的遺址之上）的勝利聖母（Our Lady of Victory）教堂。他的墓塚裝飾著一句拉丁文墓銘，是由他的英格蘭祕書奧利佛．斯塔基（Oliver Starkey）爵士撰寫的：「享有永世榮譽的拉．瓦萊特在此長眠。他是懲罰非洲和亞洲的鞭子、歐洲的盾牌，他以神聖的武器驅逐野蠻人。他建立了這座蒙福的城市，是在此地安息的第一人。」[1]

在他之後，大海戰的其他參與者也逐個退場。一五七四年，塞利姆二世顯然是因為嘗試戒酒而頭暈目眩，在浴室中失足摔死。失勢的索科盧於一五七八年被刺死。烏魯奇．阿里於一五八七年死在一個希臘女奴懷中。喬萬尼·安德烈亞·多里亞一直活到一六〇六年，始終被人們懷疑在勒班陀戰役的表現像個懦夫。腓力二世的最後一份備忘錄寫於一五九八年。在義大利的一個平靜角落，科雷焦鎮的市政檔案記錄了這麼一條：「一五八九年十二月十二日，法蘭西斯科·巴爾比·迪·科雷焦，一位用義大利語和西班牙語寫作的流浪詩人，一位始終被人們迫害，與幸運無緣的人，永遠離開了他的家鄉。」[2]巴爾比曾參加了馬爾他戰役，並將自己的親眼所見記錄下來，獻給了「最尊貴的奧地利的唐·胡安大人」[3]。他的著作是馬爾他戰役的重要史料來源。

晚景最悽慘的是唐·胡安。他是如此渴望光榮和一頂屬於自己的王冠。雖然他獲得了勒班陀的勝利，但謹慎的腓力二世也沒給他多少讚譽。國王束縛了他的雄心，掐滅了他的夢想。最後，國王派遣他去佛萊明鎮壓荷蘭人的反叛。曾在甲板上跳嘉雅舞，風流倜儻的親王於一五七八年在佛萊明染上了傷寒，再加上心灰意冷，最終離世。任何人的人生軌跡都沒有他那麼令人瞠目結舌，如同彗星一般耀眼地劃過勒班陀的夜空，然後消失在黑暗的大海中。勒班陀戰役僅僅兩個月後，他對自己的命運做了悲哀的自述：「我花了一生的時間建造空中樓閣。但最後，所有的樓閣，和我自己，都隨風消散。」[4]用這句話做為這個血腥暴力的時代裡所有開拓帝國霸業的夢想家的墓銘，倒是非常貼切。

地中海海岸四處都是為了紀念這些人和事而留下的遺跡。它們構成了美麗的背景，吸引了遊客。威尼斯諸多要塞的陰森可怖大門依舊矗立，門上的聖馬可雄獅仍在警惕地注視遠方。義大利南部海岬上還有瞭望塔的殘跡。馬爾他的巨大稜堡仍保留至今。被海盜劫去所有居民的小海灣上的荒村，在松樹蔭下化為塵土。海岬岸邊留存著生鏽的大砲和堆放整齊的石彈。還有用來停放槳帆船的帶穹頂的巨大船廠。巴巴羅薩長眠在博斯普魯斯海峽岸邊的宏偉陵墓中，他的陰魂從那裡能夠觀看油船駛往黑海。賽普勒斯的財富被塞利姆二世用來建造埃迪爾內壯美的清真寺尖塔。圖爾古特船長的家鄉是土耳其海岸上的一個港口，它被以這位航海家的名字來命名，以示紀念。而卡拉布里亞的勒卡斯泰拉（Le Castella）的人們已經原諒了叛教者烏魯奇·阿里，為他建了一座雕像。蘇萊曼的陵墓就在他建造的宏偉的蘇萊曼清真寺一旁，這座清真寺俯視著金角灣和造船廠。為了紀念法馬古斯塔的烈士布拉加丁，威尼斯的聖約翰和聖保羅教堂內展出了一幅描繪他被剝皮的可怖壁畫。他的皮則被送回了家鄉。一五八〇年，有人從伊斯坦堡將它偷走，它現在就保存在布拉加丁紀念碑後方的牆壁中。

當時的印刷品和繪畫讓我們能夠了解到這些人所參與的戰爭的可怕強度。在圖畫中，大群鄂圖曼近衛軍士兵站在基督教堡壘前的塹壕內，他們的軍帽上的鴕鳥羽飾像蛇的信子一般搖擺；身穿緊身上衣的基督教守軍頭戴鋼盔、肩扛火繩槍；大砲轟鳴；煙柱妝點了天空；艦隊在海上互相衝撞，緊緊卡在一起，桅杆像森林一般，天空彷彿世界末日降臨；快要淹死的人拚命喘氣和揮手。但造就這一切的槳帆船——它們卸載士兵，襲擊海岸，在震耳欲聾的鼓點和喇叭聲中以新月隊形前進——卻很少成為藝術再現的對象，只在博物館裡留下了一些零星的戰利品：帶有阿拉伯文或者拉丁文寫就的神名的褪色旗幟、船尾燈籠、武器和服裝。這些船隻全都被大海所吞沒了。

IL FINE.

'The End'

作者後記與誌謝

由於印刷術的發明和讀寫能力的逐漸普及，我們對十六世紀地中海的歷史頗為了解。十五世紀地中海世界的重大事件——君士坦丁堡於一四五三年陷落——僅有少量簡短的記述流傳下來，而關於馬爾他攻防戰和勒班陀戰役，以及本書描述的所有主要事件和人物，卻有著為數眾多、細節生動的史書、個人記述、小冊子、歌謠、印刷品和報紙。它們用西歐的所有語言寫成，供熱中獵奇的大眾閱讀。除了印刷材料的大爆發之外，還有幾百萬份備忘錄、信件、祕密報告以及外交訊息對當時的事件進行記述，由這些事件的主要人物口述，然後由馬德里、羅馬、威尼斯和伊斯坦堡的專業書記機關記錄，並在整個地中海世界傳播。

例如，有人指出，沒有任何人讀完西班牙國王腓力二世留下的全部信件。這位君主坐在他的書齋寫字台前統治半個世界達四十二年之久，有時一個月裡就能寫下一千兩百封的信件。考慮到文獻的汗牛充棟，像本書這樣簡短而概括的著作不可避免地要借鑑歷代的學者，是他們貢獻出畢生的精力，英勇地開掘了浩瀚文獻的世界。我認為特別有價值的著作包括：十六世紀地中海史學的開拓者Fernand Braudel的著作；Kenneth Setton妙不可言的四卷本《教廷與黎凡特》（*The Papacy and the Levant*），它是原始材料的寶庫；以及Ismail Danişmend的研究成果。在時代更近的學者中，我特別感激Stephen Spiteri，他的簡明扼要的著作《大圍攻》（*The Great Siege*）是一五六五年馬爾他戰役的所有資料的終極來源。

在寫作本書過程中浮現的一個棘手問題是人名、地名的拼寫形式。各種語言中對本書故事主人公名字的說法是大相逕庭的。很多人物在故事進程中改了名字（這一點特別讓人糊塗），或者有多個綽號。鄂圖曼人常常有重名，例如，在六年之間就有兩位穆斯塔法統領蘇丹的陸軍。我盡可能把人名、地名表達得清楚明晰，而不至於太冗長。在勒班陀（土耳其語稱之為伊尼巴圖）的鄂圖曼海軍司令的名字應當是穆安津扎德·阿里，但為了簡便起見，我一直稱他為阿里帕夏。總的來講，我一般遵循「名從主人」的原則，即用該人的語言來表達姓名。例如，在馬爾他死去的那個海盜在基督教方面的資料中一般被稱為德拉古特。我使用了他的土耳其名字——圖爾古特。另外，我把土耳其語的名字音譯成了英語，以方便以英語為母語的讀者，例如Suluç變成了Shuluch（舒魯奇），Oruç變成了Oruch（奧魯奇），Çavus變成了Chaush（侍從官）。但我必須承認，我的音譯只是大體接近土耳其語的發音，不算非常精確。

在寫作這本書的過程中，很多個人和組織給了我極大的幫助。首先要感謝Julian Losse和Feber出版團隊的熱情支持和高度的專業素養。然後要感謝我的經紀人Andrew Lownie。在關於聖約翰騎士團及馬爾他攻防戰的方方面面，我在研究工作中使用了位於倫敦克拉肯維爾（Clerkenwell）的聖約翰騎士團圖書館（www.sja.org.uk），這個極其優秀的圖書館對我幫助很大。我要感謝那裡的圖書館員Pamela Willis。我要第二次向Stephen Spiteri博士道謝。他不僅在《大圍攻》中準確地解釋了三角堡的外形，還慷慨地允許我使用他製作的聖艾爾摩堡的重建圖。我要特別讚揚他的網站（www.fortress-explorer.org）上關於馬爾他防禦工事的各種資料。

很多朋友和旁觀者也不知不覺地被捲入了這個項目。Stan Ginn的建議使得本書的結構缺陷得到很大彌補。Elizabeth Manners和Stephen Scoffham審讀了手稿，並提出了很多寶貴意見。John Dyson從伊斯坦堡獲取了很多書籍。Jan Crowley、Christopher Trillo、Annamaria Ferro和Andrew Kirb幫助我翻譯資料。Henrietta Naish鼓勵我有始有終，把全書完成。Deborah Marshall-Warren在比爾古的廣場上坐著喝咖啡，卻被我驅趕著去尋找原始資料。對這些朋友，我都心懷感激。我還要再一次感謝我的妻子珍。不管身體健康還是不適，她都一直支持我從事寫作這項奇怪的事業。這項事業的某些部分或許還可以忍受——例如遊覽威尼斯潟湖、馬爾他的旖旎風光以及法馬古斯塔的城牆——但在近距離觀看寫作的過程卻是非常煩人的事情。最後，我要向我已經過世的父親喬治·克勞利致敬。他在和平和戰爭時期都對地中海非常熟悉。在我十歲的時候，他把馬爾他的美妙風光介紹給了我。要不是當初第一次瞥見地中海的那個神奇瞬間，這本書絕不會問世。

圖片來源

圖一　Sonia Halliday Photographs/Topkapi Palace Museum, Istanbul
圖二　The Art Archieve/Museo del Prado Madrid/Gianni Dagli Orti
圖三　The Art Archieve/ University Library Geneva/Gianni Dagli Orti
圖四　The Art Archieve/ Topkapi Palace Museum, Istanbul /Alfredo Dagli Orti
圖五　The British Library, London/The Bridgeman Art Library
圖六　The Bridgeman Art Library/Topkapi Palace Museum, Istanbul.
圖七　Galleria Doria Pamphilj, Rome, Italy, Giraudon/The Bridgeman Art Library
圖八　National Maritime Museum, London
圖九　Dr. Stephen C. Spiteri
圖十　Dr. Stephen C. Spiteri
圖十一　National Maritime Museum, London
圖十二　Musei Civici Veneziani, Museo Correr, Venice
圖十三　Akg-images/Erich Lessing
圖十四　Roger Crowley
圖十五　Museu Maritim Atarazanas, Barcelona, Catalunya, Spain, KenWelsh/ The Bridgeman Art Library
圖十六　Akg-images/Palazzo Ducale, Venice

註釋

本書的所有引文均來自第一手資料和十六世紀的其他文獻。註釋的來源見參考書目。

引言

1. 'The inhabitants of the Maghreb…', Brummett, p. 89

序幕　托勒密的地圖

1. 'as the spirit of God…', Crowley, p. 233
2. 'despoiled and blackened as if by fire…', ibid., p. 232
3. 'one empire, one faith…', ibid., p. 240
4. 'sovereign of two seas…', ibid., p. 240
5. 'In mid-sea sits a waste land…', Grove, p. 9
6. 'cruellest enemy of Christ's name', Setton, vol. 2, p. 292
7. 'He has daily in his hand…', Setton, vol. 3, p. 175
8. 'he pays attention…', ibid., p. 174

第一部　凱撒們：海上角逐

第一章　蘇丹駕到

1. 'Suleiman the sultan…', Brockman, p. 114
2. 'Conqueror of the Lands of the Orient and the Occident', Finkel, p. 115

3. 'in the interest of the world order', Crowley, p. 51
4. 'The sultan is tall…', Alan Fisher, p. 2
5. 'If all the other Christian princes…', Setton, vol. 2, p. 372
6. 'These corsairs are noted…', Rossi, p. 26
7. 'evil sect of Franks…', ibid., p. 26
8. 'How many sons of the Prophet…', ibid., p. 27
9. 'The said Rhodians…', Setton, vol. 3, p. 122
10. 'They don't let the ships…', Rossi, p. 27
11. 'head of Muhammad's community', Alan Fisher, p. 5
12. 'the vipers' nest of Franks', Rossi, p. 26
13. 'Brother Philip Villiers de L'Isle Adam…' Brockman, pp. 114-115
14. 'Sire, since he became Grand Turk…', ibid., p. 115
15. 'Now that the Terrible Turk…', Setton, vol. 3, p. 172
16. 'numerous as the stars', Crowley, p. 102
17. 'galleasses, galleys, pallandaries…', Bourbon, p. 5
18. 'and he feared…', ibid., p.11
19. 'decked their men…trumpets and drums', ibid., p. 12
20. 'the damnable workers of wickedness', Rossi, p. 26
21. 'The Sultan Suleiman to Villiers de L'Isle Adam…', Brockman, pp. 115-116
22. 'a most brilliant engineer…', Bosio vol. 2, p. 545
23. 'beseeching St John to take keeping…', Bourbon, p. 17
24. 'to make murder of the people', ibid., p. 19
25. 'falling to the ground they broke…', ibid., p. 20
26. 'the handgun shot was innumerable and incredible', ibid., p. 19
27. 'a mountain of earth', Porter, vol. 1, p. 516
28. 'with great strokes of the sword', Bourbon, p. 28
29. 'fell from the walls as he went to see his trenches…', ibid., p. 28
30. '26 and 27, combat…', Hammer-Purgstall, vol. 5, p. 420
31. 'On this occasion…', ibid., p. 421
32. 'even before the hour of morning prayer', Brockman, p. 134

33. 'The attack is repulsed', Hammer-Purgstall, vol. 5, p. 421
34. 'and finally to ruin and destroy all Christendom', Setton, vol. 3, p. 209
35. 'It was an ill-starred day for us…', Setton, vol. 3, p. 209
36. 'pleasure-house', Porter, vol. 1, p. 516
37. 'We had no powder…', ibid., vol. 1, p. 517
38. 'insistent and interminable downpours…', Rossi, p. 41
39. 'could not think the city any longer tenable…', Caoursin, p. 516
40. 'all Turkey should die', Setton, vol. 3, p. 212
41. 'The Great Turk is very wise, discreet…chair was of fine gold', Porter, vol. 1, p. 516
42. 'it was a common thing to lose cities…', Bosio, vol. 2, p. 590
43. 'It saddens me to be compelled…', Caoursin, p. 507
44. 'In this way…', Rossi, p. 41
45. 'agile as serpents', Brummett, p. 90

第二章　求援

1. 'On its mainsail was painted..', Merriman (1962), vol. 3, p. 27
2. 'It is for Austria to rule the entire earth', ibid., p. 446
3. 'Spain, it's the king', ibid., p. 28
4. 'approaching covertly…', ibid., p. 28
5. 'There is more at the back of his head…', Beeching, p. 11
6. 'It was the start of all the evils…', Lopez de Gomara, p. 357
7. 'God had made him…', Seyyd Murad, p. 96
8. 'I am the thunderbolt of heaven…', Achard, p. 47
9. 'Go and tell your Christian kings…', Sir Godfrey Fisher, p. 53
10. 'kissing the imperial decree…', Seyyd Murad, p. 125

第三章　邪惡之王

1. 'if the relatives of any of the dead…', Seyyd Murad, p. 121

2. 'which destroyed twenty-six great ships…', Lopez de Gomara, p. 135
3. 'It's not Peru…', Heers, p. 171
4. 'Because of the story of the great riches…', Haëdo, p. 26
5. 'like the sun amongst the stars…', Seyyd Murad, p. 96
6. 'I will conquer…God's protection…', Belachemi, p. 222
7. 'drawn from life', Heers, p. 226
8. ' Barbarossa, Barbarossa, you are the king of evil', Belachemi, p. 400
9. 'that they could not move', Seyyd Murad, p. 164
10. 'It was the greatest loss…', Lopez de Gomara, p. 399
11. 'Barbarossa impaled…with many other Spaniards…', ibid., p. 399
12. 'Hayrettin spread his name and reputation…', Seyyd Murad, p. 164
13. 'Caesar, Charles, Emperor!', Necipoğlu, p. 174
14. 'Unless this disaster is reversed…', Tracy, p. 137
15. 'sailing with a great armada…', ibid., p. 137
16. 'Explosion of mines…The snow continues to fall.', Hammer-Purgstall, vol. 5, p. 452
17. 'bestowing on the Knights…', Attard, p. 12

第四章　遠征突尼斯

1. 'The rumour here…', Tracy, p. 27
2. ' Just as there is only one God…', Clot, p. 79
3. 'Spain is like a lizard…', Finlay, p. 12
4. 'He detests the emperor…', Necipoğlu, p. 173
5. 'The king of Spain has for a long time…', Merriman (1962), vol. 3, p. 114
6. 'In the light of duty…', Tracy, p. 138
7. 'with great ceremony and pomp…', Necipoğlu, p. 173
8. 'continuous rain…', Hammer-Purgstall, vol. 5, pp. 480-1
9. 'the miserable fugitive had fled…', Clot, p. 86
10. 'amid the firing of numerous salutes…conferred upon him.', Kâtip Çelebi, p. 47
11. 'Barbarossa was continually in the arsenal…', Bradford (1969), p. 129

12. 'he had 1,233 Christian slaves…the expectation of plunder,' Lopez de Gomara, p. 522
13. 'The supremacy of Turkey…', Bradford (1969), p. 123
14. 'massacring many men…', Sandoval, vol. 2, p. 474
15. 'From the Strait of Messina…', ibid., p. 487
16. 'to attack the enemy..', Tracy, p. 147
17. 'Show me your ways, O God', Merriman (1962), vol. 3, p. 114
18. 'with lance in hand…', Tracy, p. 147
19. 'the holy enterprise of war…', ibid., p. 156
20. 'Your glorious and incomparable victory…', Clot, p. 106

第五章　多里亞與巴巴羅薩

1. 'to multiply the difficulties of the Emperor…', Heers, p. 73
2. 'I cannot deny…', Clot, p. 137
3. 'The Turk will make some naval expedition…', Necipoğlu, p. 175
4. 'to build two hundred vessels…', Kâtip Çelebi, p. 66
5. 'Venetian infidels…', ibid., p. 56
6. 'as we observe that all…', Setton, vol. 3, p. 410
7. 'laid waste the coasts of Apulia…', Bradford (1969), p. 152
8. 'the common enemy…', Setton, vol. 3, p. 433
9. 'This year the Venetians possessed twenty-five islands…', Kâtip Çelebi, p. 61
10. 'tore his beard and took to flight…', ibid., p. 64
11. 'such wonderful battles…', ibid., p. 64
12. 'the proclamation of the victory was read…', ibid., p. 64
13. 'I can guarantee that…', Heers, p. 169
14. 'We must thank God for all…', Brandi, p. 459
15. 'nobody could have guessed…', ibid., p. 459

第六章 土耳其的海

1. 'To see Toulon…', Bradford (1969), p. 197
2. 'ceaselessly spewing…black as ink', Maurand, p. 109
3. 'the famous, imperial and very great city of Constantinople', ibid., p. 183
4. 'It's an extraordinary thing…', ibid., pp. 67-9
5. 'God in his mercy…except for some Turks who escaped by swimming,' ibid., p. 97
6. 'out of spite…only answer we ever got', ibid., p. 129
7. 'much given to sodomy,' ibid., p. 127
8. 'the tears, groans and sobs…', ibid., p. 133
9. 'the king of the sea', Kâtip Çelebi, p. 69
10. 'numerous salvoes from cannon…', Haëdo, p. 74
11. 'They grabbed young women and children…', Davis, p. 43
12. 'As to me…', ibid., p. 209
13. 'the outrage done to God…dozens of years after death,' ibid., pp. 41-2
14. 'Christian stealing,' ibid., p. 27
15. 'as friends and Christians…boys and girls as slaves', Maurand, p. 165
16. 'the lady named Huma…', Setton, vol. 4, p. 840
17. 'That least tolerable and most to be dreaded employment…', Davis, p. 77
18. 'Turgut has held the kingdom of Naples…', Braudel, vol. 2, p. 993
19. 'He is seen for days on end…', ibid., p. 914
20. 'as pleasing to Turkish eyes…with the Turkish galleys', Setton, vol. 4, p. 765

第二部 震中：馬爾他戰役

第七章 毒蛇的巢穴

1. 'We must draw strength from our weaknesses…', Braudel, vol. 2, p. 986
2. 'For two months now, the said King of Spain…', ibid., p. 1010
3. 'corsairs parading crosses', Mallia-Milanes, p. 64

4. 'The Turk is still alive…', Alan Fisher, p. 7
5. 'You will do no good…', Bradford (1999), p. 17
6. 'would redound to the harm of Christendom', Guilmartin (1974), p. 106
7. 'to enlarge the empire…', Bosio, vol. 3, p.493
8. 'I intend to conquer the island of Malta…', Cassola (1995), p. 19
9. 'a Sicilian character with a mixture of African', The Great Siege 1565, p. 4
10. 'The question of grain is very important…', Cassola (1995), p. 325 et seq.
11. 'furiously', Braudel, vol. 2, p. 1015
12. 'wanted more than once to go…', Setton, vol. 4, p. 845
13. 'that he should treat Piyale…', Bosio, vol. 3, p. 501
14. 'I am relying on you…to help Malta', Cassola (1995), p. 7
15. 'lead, rope, spades…sails for making defences,' Balbi (2003), p. 33
16. 'and different pictures in the Turkish style', Cirni, fol. 47
17. 'in an atmosphere of triumph', Balbi (2003), p. 34
18. 'Here are two good-humoured men', Peçevi, p. 288

第八章　入侵艦隊

1. 'On the morning of 29 March…', Setton, vol. 4, p. 949
2. 'He is tall and well-made…', Balbi (1961), p. 29
3. 'A people of little courage…', Spiteri, p. 117
4. 'hoes, picks shovels…', Bosio, vol. 3, p. 499
5. 'The Turkish fleet will be coming…', Braudel, vol. 2, p. 1015
6. 'At one in the morning…', ibid., p. 1016
7. 'has withdrawn into the woods…', Setton, vol. 4, p. 847
8. 'must be coming to…the division of Christendom', ibid., p. 852
9. 'serious, of good judgement and experience', Bosio, vol. 3, p. 497
10. 'on which the salvation…as long as possible,' ibid., p. 499
11. 'the enemy could get in…', ibid., p. 499
12. 'because experience has shown…', ibid., p. 499

13. 'each man was required…', Bradford (1999), p. 48
14. 'bringing with them…', Balbi (1961), p. 50
15. 'at fifteen or twenty miles…', Bosio, vol. 3, p. 512
16. 'five to a bench…', ibid., p. 512

第九章 死亡的崗位

1. 'A well-ordered camp…', Balbi (2003), p. 49
2. 'devoutly imploring…' Bosio, vol. 3, p. 521
3. 'I do not come to Malta…', ibid., p. 522
4. 'that part of the island…', Cirni, fol. 52
5. 'the Turkish army covered the whole countryside…rattle of our muskets,' Bosio, vol. 3, p. 523
6. 'not one man…', Balbi (1961), p. 53
7. 'was so low…', Balbi (2003), p. 48
8. 'the key to all the other fortresses of Malta', Bosio, vol. 3, p. 526
9. 'on a very narrow site and easy to attack', ibid., p. 525
10. 'Their plan is to take the castle…', Setton, vol. 4, p. 842
11. 'Four or five days…all hope of rescue', Bosio, vol. 3, p. 525
12. 'secure the fleet…', ibid., p. 525
13. 'We could see ten or twelve bullocks…', Balbi (1961), p. 58
14. 'no equal in the world at earthworks', Bosio, vol. 3, p. 539
15. 'with marvellous diligence and speed', ibid., p. 528
16. 'a consumptive body…', Cirni, fol. 53
17. 'In truth it was a remarkable thing…', Bosio, vol. 3, pp. 531-2
18. 'in superb order', ibid., p. 532
19. 'a wise and experienced warrior', ibid., vol. 3, p. 531
20. 'that it was extraordinary…', ibid., p. 539
21. 'even at the cost of many good soldiers', ibid., p. 533

第十章 歐洲的三角堡

1. 'a fortress without a ravelin', Cirni, fol. 63
2. 'as if he were still alive', Bosio, vol. 3, p. 540
3. 'with the roar of the artillery…', ibid., p. 541
4. 'The fort could not be held for long…', Balbi (2003), p. 68
5. 'It was impossible to get the ravelin back…', Bosio, vol. 3, p. 542
6. 'for nothing pleases soldiers more than money', Balbi (1961), p. 68
7. 'by vespers they had repaired it again', Bosio, vol. 3, p.548
8. 'there was not a safe place in St Elmo', Balbi (1961), p. 69
9. 'because their defences had been levelled…', ibid., p. 71
10. 'so that it seemed as though…', Bosio, vol. 3, p. 547
11. 'For every one who came back…', ibid., p. 553
12. 'in the language that…as dearly as possible', ibid., p. 553
13. 'All said with one voice…', Balbi (1961), p. 74
14. 'These consisted of barrel hoops…', ibid., p. 75
15. 'and hurled them into the ditch again…', Bosio, vol. 3, p. 556
16. 'baskets, mattresses and unravelled rope', Balbi (1961), p. 76
17. 'The pashas were reproaching the janissaries…', Balbi (2003), p. 79
18. 'on the promise of his head', Bosio, vol. 3, p. 558
19. 'so that the earth and the air shook', ibid., p. 561
20. 'painted with extraordinary designs…according to the devotion of each man', ibid., p. 562
21. 'with our minds split…', Cirni, fol. 65
22. 'fighting like one inspired…', Balbi (2003), p. 82
23. 'to enter the fort or die together', Bosio, vol. 3, p. 563
24. 'Those who remained…', Balbi (1961), p. 79
25. 'so that the enemy…', Bosio, vol. 3, p. 563
26. 'Victory and the Christian faith!', Bosio, vol. 3, p. 564
27. 'Keep quiet…', ibid., p. 564

第十一章 最後的求援者

1. 'We, for our part, did not…', Bosio (2003), p. 86
2. 'the sun was like a living fire', Bosio, vol. 3, p. 571
3. 'covered in flames and fire', ibid., p. 570
4. 'Victory! Victory!', ibid., p. 570
5. 'Everyone resolved with one accord…', ibid., p. 572
6. 'God knows what the grand master felt', Balbi, (2003), p. 88
7. 'made themselves ready…to have mercy on their souls', Balbi (1961), p. 86
8. 'at sunrise…', ibid., p. 86
9. 'Kill! Kill!', Bosio, vol. 3, p. 571
10. 'but as soon as they saw…', Balbi (2003), p. 90
11. 'which made our hair stand on end on Birgu', Bosio, vol. 3, p. 573
12. 'by your god', Cirni, fol. 71
13. 'some mutilated, some without heads…', Balbi (2003), p. 93
14. 'drank the sherbet…', Peçevi, p. 289

第十二章 血債血償

1. 'It grieved us all…', Balbi (1961), p. 88-9
2. 'I had put all our forces…', Spiteri, p. 606
3. 'without which we're dead', Bosio, vol. 3, p. 596
4. 'at the hour of vespers', ibid., p. 581
5. 'with all your people, your property and your artillery', Balbi (2003), p. 97
6. 'in a terrible and severe voice', Bosio, vol. 3, p. 581
7. ' saying that he was only…', Balbi (2003), pp. 98-9
8. 'his heart touched…to the Catholic Faith', Bosio, vol. 3, p. 587
9. 'Turks! Turks!', ibid., p. 586
10. 'heavily armed and very fat', ibid., p. 589
11. 'These poor creatures…', Balbi (1961), p. 104

12. 'With an enormous flash…', Bosio, vol. 3, p. 597
13. 'in cloth of gold…and magnificent bows', Balbi (2003), p. 111
14. 'strangely dressed…and chanting imprecations', Bosio, vol. 3, p. 603
15. 'if it had not been so dangerous', Balbi (2003), p. 111
16. 'yet in spite of this…', ibid., p. 112
17. 'I don't know…throwing each other back, falling and firing', Bosio, vol. 3, p. 606
18. 'with pikes, swords, shields and stones', ibid., p. 605
19. 'wearing a large black headdress…', Balbi (2003), p. 114
20. 'but before giving up…', Balbi (1961), p. 113
21. 'Relief! Victory!', Bosio, vol. 3, p. 604
22. 'the Greek traitor', ibid., p. 604
23. 'Kill! Kill!…dispatched them', ibid., p. 605
24. 'like the Red Sea…battle had been fought', ibid., p. 605
25. 'a great deal of hashish', Balbi (2003), p. 116
26. 'St' Elmo's pay', ibid., p. 605

第十三章　塹壕戰

1. 'I sent you over to Malta…', Cassola, (1995) pp. 26-7
2. 'Make sure that…', ibid., p. 26-7
3. 'We realise in how great peril…', Setton, vol. 4, p. 858
4. 'mostly a rabble and…', ibid., p. 855
5. 'If Malta is not helped…', Merriman (1962), vol. 4, p.117
6. 'its loss would be greater…', Setton, vol. 4, p. 869
7. 'if he had not aided your Majesty…', ibid., p. 866
8. 'a bombardment so continuous…', Cirni, fol. 85
9. 'by the will of God', Balbi (2003), p. 133
10. 'trying to amuse him…', ibid., p. 130
11. 'Omer has performed outstanding service…', Cassola (1995)), p. 147 et seq.
12. 'When the admiral…' Peçevi, p. 290

13. 'he doubted that the water would hold out…', Cirni, fol. 87
14. 'like a moving earthquake', ibid., fol. 87
15. 'These we found in the same condition…', Bonello, p. 142
16. 'I can't see any of these dogs', Balbi (1961), p.137
17. 'this is the day to die', Balbi (2003), p. 144
18. 'pike in hand, as if he were a common soldier', ibid., p. 144
19. 'Seeing it…', Balbi (2003), pp. 144-5
20. 'The assaults on this day…', Balbi (1961), p. 138
21. 'without heads, without arms and legs…', Cirni, fol. 97
22. 'Victory and relief!', Balbi (2003), p. 145
23. 'an afront to the sultan's name…', Bosio, vol. 3, p. 636
24. 'The chaush Abdi…', Cassola (1995), p. 32
25. 'I have often left guards…', Bonello, p. 142
26. 'an enjoyable game hunt', Bosio, vol. 3, p. 645
27. 'out of sheer joie de vivre…', ibid., p. 645

第十四章 「馬爾他不存在」

1. 'Our men are in large part dead…', Bonello, p. 147
2. 'We were sometimes so close…', Balbi (2003), p. 165
3. 'some of the Turks…three loaves and a cheese', Cirni, fol. 114
4. 'that God did not want Malta to be taken', ibid., fol. 114
5. 'Due to the urgent need…', Spiteri, p. 635
6. 'that their bolts could pierce…', Balbi (1961), p. 160
7. 'stick in hand…', Bosio, vol. 3, p. 678
8. 'They did not move…', Balbi (1961), p. 158
9. 'Four hundred men still alive…don't lose an hour', Merriman (1962), vol. 4, p. 118
10. 'providing it could be done…', Fernandez Duro, p. 83
11. 'from the water both from the sky and the sea', Bosio, vol. 3, p. 678
12. 'They continued to bombard…', Balbi (1961), p. 165

13. 'miserable and horrible', Bosio, vol. 3, p. 687
14. 'who by his clothing and bearing…', ibid., p. 693
15. 'And having done that…', ibid., p. 693
16. 'Relief, relief! Victory! Victory!…of the most holy reputation', ibid., p. 694
17. 'not even at the point…', Balbi (1961), p. 184
18. 'so great that I maintain…many died', ibid., p. 184
19. 'Kill them!', Bosio, vol. 3, p. 701
20. 'We could not estimate…', Balbi (2003), pp. 185-6
21. 'arid, ransacked and ruined', Bosio, vol. 3, p. 705
22. 'could not walk in the streets…', Braudel, vol. 2, p. 1020
23. 'who fought during the siege of Malta…', Cassola (1995), p. 36
24. 'He has given orders…', Braudel vol. 2, p. 1021
25. 'Sultan of Sultans…', Alan Fisher, p. 4
26. 'This chimney is still burning…', Hammer-Purgstall, vol. 6, p. 233

第三部　大決戰：衝向勒班陀

第十五章　教宗的夢想

1. 'By nature irascible…', Lesure, p. 56
2. 'Turkish expansion is like the sea…', Crowley, p.35
3. 'too high an estimation of himself…', Lesure, p. 56
4. 'He is extremely skillful…', ibid., pp. 57-8
5. 'a slave of wickedness', Beeching, p. 135
6. 'a good man…', Braudel, vol. 2, p. 1029
7. 'We should like it even better…', ibid., p. 1029
8. 'No one alone can resist it', Setton, vol. 4, p. 912
9. 'The Turk is only interested…', Braudel, vol. 2, p. 1045
10. 'To carry out war…', Bicheno, p. 103
11. 'It is better to treat all enemy rulers…', Mallett, p. 216

12. 'to give heart and help to the Moors of Granada', Braudel, vol. 2, p. 1066
13. 'It was the saddest sight in the world…', ibid., p. 1072
14. 'with a fine present…', Setton, vol. 4, p. 934

第十六章 盤子上的頭顱

1. 'an island thrust into the mouth of the wolf', Setton, vol. 4, p. 1032
2. 'All the inhabitants of Cyprus are slaves…', Hill, p. 798
3. 'Selim, Ottoman Sultan…', ibid., p. 888
4. 'the forces of his Catholic Majesty…', Setton, vol. 4, p. 955
5. 'His Holiness has demonstrated the truth…', Parker (1979), p. 110
6. 'It is clear that one of the principal reasons…', Braudel, vol. 2, p. 1083
7. 'He is one of the greatest dissimulators…', Parker (1998), p. 33
8. 'If we have to wait for death…', ibid., p. 65
9. 'please the Pope and provide always for Christendom's need', Capponi, p. 130
10. 'You shall obey Marc'Antonio Colonna …would bring upon Christendom', Bicheno, p. 175
11. 'that there would be no combat…', Setton, vol. 4, p. 973
12. 'the king commands and wishes…', Capponi, p. 133
13. 'obligation of preserving intact the fleet of Your Majesty', Setton, vol. 4, p. 978
14. 'and all this was done…', ibid., p. 978
15. 'the eye of the island', Hill, p. 861
16. 'the finest and most scientific construction', ibid., p. 849
17. 'had neither muskets nor swords…', *Excerpta Cypria*, p. 129
18. 'Would to God we had lost him too!', ibid., p. 128
19. 'No liberty did they get…', ibid., p. 132
20. 'We were anxious to harass…', ibid., pp. 133-4
21. 'I saw but little charity…', ibid., p. 136
22. 'Everyone shall know at this crisis…', ibid., p. 133
23. 'acquire honour with my goods', Capponi, p. 153

24. 'though he pretends he is willing…', Hill, p. 922
25. 'who had on a breastplate and…', *Excerpta Cypria*, p. 138
26. 'men were cut to pieces…' ibid., p. 138
27. 'The Coadjutor fell killed by a musket ball…', ibid., p. 138
28. 'You dogs, enemies of God…', ibid., p. 138
29. 'but with no kind of order', ibid., p. 139
30. 'we took a great cross and exhorted them…and a few escaped', ibid., p. 140
31. 'Here I say, we have the traitor…', ibid., p. 140
32. 'Then a drunken Greek hoisted…', ibid., p. 140
33. 'but the change was a sad and mournful one', ibid., p. 140
34. 'The victors kept cutting off the heads…', ibid., p. 140
35. 'I have seen your letter…', Bicheno, p. 169-70

第十七章 法馬古斯塔

1. 'the loss of Nicosia…', Setton, vol. 4, p. 990
2. 'God knows whether Famagusta…', ibid., p. 999
3. 'to render the Venetians more satisfactory service, ibid., p. 993
4. 'I have no doubt…', ibid., p. 1009
5. 'A very fair stronghold…', Hill, p. 857
6. 'As long as there was a drachm of food…', Setton, vol. 4, p. 999
7. 'to find and immediately attack…', Inalcik, pp. 187-9
8. 'as a sign of joy and gladness', Setton, vol. 4, p. 1015
9. 'with lively and loving words…', ibid., p. 1015
10. 'as the League is now…', Parker (1979), p. 110
11. 'it will look very fine on paper…', Braudel, vol. 2, p. 1092
12. 'Long live St Mark!', Setton, vol. 4, p. 1013
13. 'I shall make you walk…', Morris, p. 110
14. 'The wine is finished…', Setton, vol. 4, p. 1032
15. 'I, Mustapha Pasha…', ibid., p. 1032

第十八章 基督的將軍

1. 'I see that, where naval warfare is concerned…', Parker (1998), p. 72
2. 'The domination of the Turk must extend as far as Rome,' Lesure, p. 61
3. 'You must keep yourself…', Bicheno, p. 156
4. 'with due humility and respect…', Petric, p. 135
5. 'He is a prince so desirous…', Bicheno, p. 208
6. 'brave and generous…', Peçevi, pp. 310-11
7. 'Coming from and growing up…', ibid., p. 311
8. 'The original sin of our court…', Setton, vol. 4, p. 1021
9. 'Everybody was surprised and delighted…', Stirling-Maxwell, p. 356
10. 'today at 23 hours…', Setton, vol. 4, p. 1024
11. 'Take, fortunate prince…', Stirling-Maxwell, p. 359
12. 'You must know that by the commission…', Setton, vol. 4, p. 1034
13. 'having discharged our debt…', ibid., p. 1034
14. 'Up to that hour…', ibid., p. 1038
15. 'Since the Divine Majesty has determined…', ibid., p. 1039
16. 'You shan't have a noble…' Peçevi, p. 346
17. 'Those Muslim captives…broken the treaty', Gazioglu, p. 65
18. 'Do I not know…in my army!', Hill, p. 1029
19. 'Tie them all up!', Setton, vol. 4, p. 1040
20. 'Behold the head…', ibid., p. 1030
21. 'I am a Christian…', ibid., p. 1042
22. 'Look if you can see your fleet…', ibid., p. 1032

第十九章 著魔的毒蛇

1. 'Thank God that we are all here…', Stirling-Maxwell, p. 377
2. 'Your Excellency should always try…', *Colección de Documentos Inéditos*, p. 275
3. 'If I were in charge…' ibid., p. 8

4. 'For the love of God…to destroy it', Bicheno, p. 211
5. 'You should be warned…', *Colección de Documentos Inéditos*, pp. 13-14
6. 'In reality it's not possible…', ibid., p. 25
7. 'but rather have the enemy…' Bicheno, p. 215
8. 'Not everyone willingly agrees to fight…', Capponi, p. 239
9. 'like snakes drawn by the power of a charm', ibid., p. 224
10. 'Although their fleet is superior…', Stirling-Maxwell, p. 385
11. 'He fasts three times a week…' Bicheno, p. 224
12. 'If the (enemy) fleet appears…', Lesure, p. 80
13. 'Now I order that…', Inalcik, p. 188-9
14. 'In the embarkation of these men…', Stirling-Maxwell, p. 235
15. 'By the Blood of Christ…', Thubron, p. 137
16. 'a man pessimistic by nature', Peçevi, p. 350
17. The shortage of men is a reality…', ibid., p. 350
18. 'What does it matter if…my life', ibid., p. 350
19. 'God showed us a sky and a sea…', Capponi p. 247

第二十章 「決一死戰！」

1. like a forest', Capponi, p. 254
2. We felt great joy…', Lesure, p. 120
3. 'Sir, I say that…' Brântome, p. 125
4. 'Gentlemen this is not the time…', Capponi, p. 255
5. if this happens…' *Colección de Documentos Inéditos*, p. 9
6. 'One could never get…' Lesure, p. 123
7. 'lived in virtuous and Christian fashion…what we can', Beeching, p. 197
8. 'Victory and long live Jesus Christ!', Lesure, p. 127
9. 'My children, we are here to conquer…', Stirling-Maxwell, p. 407
10. 'with pork flesh still stuck…', Capponi, p. 258
11. 'Friends, I expect you today…', Stirling-Maxwell, p. 410

12. 'Blessed be the bread…', Capponi, p. 258
13. 'like drowned hens', Thubron, p. 145
14. 'inspired with youthful ardour…', Lesure, p. 129
15. 'Hurtling towards each other…' Caetani, p. 202
16. 'It was so terrible that…', ibid., p. 134
17. 'God allow us…', Capponi, p. 266
18. 'and already the sea…', Setton,. vol. 4, p. 1056

第二十一章　火海

1. 'Shuluch and Kara Ali…', Thubron, p. 46
2. 'In this vast confusion…', ibid., p. 150
3. 'It was an appalling massacre', ibid., p. 150
4. 'In war, the death…', Bosio, vol. 3, p. 499
5. 'And all our shots…', Caetani, p. 134
6. 'so great was the roaring of the cannon…', ibid., p. 134
7. 'A mortal storm of arquebus shots…', Capponi, p. 273
8. 'A great number of them…' Caetani, p. 207
9. 'Giambattista Contusio felled Kara Hodja…', ibid., p. 135
10. 'There was a high number…', Scetti, p. 121
11. 'Don't shoot. We're also Christians!', Capponi, p.279
12. 'What shall we go for next…', Brântome, p. 126
13. 'My galley, with cannon…', Lesure, p. 136
14. 'on the Real…', ibid., p. 135
15. 'an enormous quantity of large turbans…', Lesure, p. 135
16. 'could make his galley do…', ibid., p. 138
17. 'delivered an immense carnage…' ibid., p. 138
18. 'Each of you do as much!', Stirling-Maxwell, p. 422
19. 'out of disdain and ridicule', Thubron, pp. 156-7
20. 'The greater fury of the battle…', Bicheno, p. 255-6

21. 'The soldiers, sailors and convicts…', Thubron, p. 157
22. 'What has happened was so strange…', Caetani, p. 212
23. 'because of the countless corpses…nobody would help them', Scetti, p. 122
24. 'I saw the wretched place…', Peçevi, pp. 351-2
25. 'The greatest event witnessed', Cervantes, p. 76

第二十二章　其他的海洋

1. 'God be with you…' Stirling-Maxwell, p. 443
2. 'Now, Lord…', Pastor, vol. 18, p. 298
3. 'He didn't show any excitement…', *Colección de Documentos Inéditos*, p. 258
4. 'the general enemy Ottoman', *Othello*, Act 1, Scene 3, Line 50
5. 'You may be assured…' Petrie, p. 192
6. 'Conqueror of Provinces…', Bicheno, p. 270
7. 'secretly in the manner…', Lesure, p. 151
8. 'it can now be said…', Setton, vol. 4, p. 1068
9. 'Why is he crying…yet I shed no tears', Stirling-Maxwell, p. 428
10. 'The enemy's loss has been…', Setton, vol. 4, p. 1069
11. 'A battle may be won or lost…', Inalcik, p. 190
12. 'The will of God…', Lesure, p. 182
13. 'but it may happen…', Hess (1972), p. 62
14. 'had not commanded…', Yildirim, p. 534
15. 'Pasha, the wealth and power …', Setton, vol. 4, p. 1075
16. 'In wrestling Cyprus…', Stirling-Maxwell, p. 469
17. 'a slight ironical twist of his lips', Setton. vol. 4, p. 1093
18. 'Your ambassador…', Hess (1972), p. 64
19. 'That day…was so happy…', Cervantes, p. 148
20. 'Having seen…an armada…' Setton, vol. 4, p. 1091
21. 'as light as the leaves…', Braudel, vol. 2, p. 1195
22. 'It is indeed a strange fact…', Soucek (1996), p. 102

尾聲　遺跡

1. ‘Here lies La Valette…’, Bradford (1972), p. 173
2. ‘the most serene señor…’, Balbi (1961), p. 7
3. ‘It is believed that the death of…’ ibid., p. 5
4. ‘I spend my time…’ Bicheno, p. 260

參考資料

Achard, Paul, *La Vie Extraordinaire des Frères Barberousse*, Paris, 1939

Anderson, R. C., *Naval Wars in the Levant, 1559-1853*, Liverpool 1952

Attard, Joseph, *The Knights of Malta*, Malta, 1992

Babinger, Franz, *Mehmet the Conqueror and His Time*, Princeton, 1978

Balbi di Corregio, Francesco, *The Siege of Malta, 1565*, trans. Ernle Bradford, London, 2003

——, *The Siege of Malta, 1565*, trans. Henry Alexander Balbi, Copenhagen, 1961

Barkan, Omer Lutfi, 'L'Empire Ottoman face au monde Chrètien au lendemain de Lépante' in Benzoni, *Il Mediterraneo nella seconda metá del'500 alla luce di Lépanto*, Florence, 1974

Beeching, Jack, *The Galleys at Lepanto*, London, 1982

Belachemi, Jean-Louis, *Nous les Frères Barberousse, Corsairs et Rois d'Alger*, Paris, 1984

Benzoni, Gino, *Il Mediterraneo nella seconda metá del'500 alla luce di Lépanto*, Florence, 1974

Bicheno, Hugh, *Crescent and Cross: The Battle of Lepanto 1571*, London, 2004

Bonello, G., 'An overlooked eyewitness's account of the great siege' in *Melitensium Amor, Festschrift in Honour of Dun Gwann Azzopardi*, ed. T.Cortis, T.Freller and L.Bugeja, pp. 133-48, Malta 2002

Bosio, G., *Dell'istoria della Sacra Religione et Illustrissima militia di San Giovanni Gerosolimitano*, vols. 2 and 3, Rome 1594-1602

Bostan, Idris, *Kürekli ve Yelkenli Osmanlı Gemileri*, Istanbul, 2005

Bourbon, J. de, 'A brief relation of the siege and taking of the city of Rhodes', in *The Principal Navigations, Voyages, Traffiques and Discoveries of the English Nation* by

Richard Hakluyt, vol. 5, Glasgow, 1904

Bradford, Ernle, *The Great Siege: Malta 1565*, London, 1999

——, *Mediterranean: Portrait of a Sea*, London, 1970

——, *The Shield and the Sword: The Knights of St John*, London 1972

——, *The Sultan's Admiral: The life of Barbarossa*, London, 1969

Brandi, Karl, *The Emperor Charles V*, London, 1949

Brântome, P. de Bourdeille, Seigneur de, *Oeuvres complètes*, ed. L. Lalanne, vol. 3, Paris 1864

Braudel, Fernand, 'Bilan d'une bataille' in Benzoni, *Il Mediterraneo nella seconda metá del'500 alla luce di Lépanto*, Florence, 1974

——, *The Mediterranean and the Mediterranean World in the Age of Philip II*, trans. Siân Reynolds, 2 vols, Berkely, 1995

Bridge, Anthony, *Suleiman the Magnificent: Scourge of Heaven*, London, 1983

Brockman, Eric, *The Two Sieges of Rhodes 1480-1522*, London, 1969

Brummett, Palmira, *Ottoman Seapower and Levantine Diplomacy in the Age of Discovery*, Albany, 1994

Büyüktuğrul, Afif, 'Preveze Deniz Muharebesine ilişkin gerçekler', *Beleten*, vol. 37, 1973

Caccin, P., and Angelo M., *Basilica of Saints John and Paul*, Venice, 2004

Caetani, O., and Diedo, G., *La Battaglia di Lepanto, 1571*, Palermo, 1995

Caousin, Will, and Afendy, Rhodgia, *The History of the Turkish War with the Rhodians, Venetians, Egyptians, Persians and Other Nations*, London, 1683

Capponi, Niccolò, *Victory of the West: The Story of the Battle of Lepanto*, London, 2006

Cassola, A., *The 1565 Ottoman Malta Campaign Register*, Malta, 1988

——, *The Great Siege of Malta (1565) and the Istanbul State Archives*, Malta, 1995

Cervantes, Miguel de, *El Ingenioso Hidalgo Don Quijote de la Mancha*, Glasgow, 1871

Cirni, A. F., *Commentari d'Anton Francesco Cirni, Corso, ne quale se descrive la Guerra ultima di Francia, la celebratione del Concilio Tridentino, il Soccorso d'Orano, l'Impresa del Pignone, e l'Historia dell'Assedio di Malta*, Rome, 1567

Clot, André, *Suleiman the Magnificent*, trans. Matthew J. Reisz, London, 2005

Colección de Documentos Inéditos para la Historia de España, vol. 3, Madrid, 1843

Crowley, Roger, *Constantinople: The Last Great Siege*, London, 2005

Danişmend, I. H., *Izahlı Osmanlı Tarihi Kronolojisi*, vol. 2, Istanbul, 1948

Davis, R. C., *Christian Slaves, Muslim Masters: White Slavery in the Mediterranean, the Barbary Coast and Italy, 1500-1800*, London, 2003

Deny, Jean and Laroche, Jane, 'L'expédition en Provence de l'armée de Mer du Sultan Suleyman sous le Commandement de l'admiral Hayreddin Pacha, dit Barberousse (1543-4), *Turcica*, vol. 1, Paris, 1969

Elliott, J. H., *Imperial Spain, 1469-1716*, London, 1990

Encyclopaedia of Islam, 11 vols., Leiden, 1960

Excerpta Cypria: Materials for a History of Cyprus, trans. Claude Delaval Cobham, Cambridge, 1908

Fernandez Duro, Cesareo, *Armada Española desde la union de los Reinos de Castilla y de Aragon*, vol. 2, Madrid, 1896

Finkel, Caroline, *Osman's Dream: The Story of the Ottoman Empire, 1300-1923*, London, 2005

Finlay, Robert, 'Prophecy and Politics in Istanbul: Charles V, Sultan Süleyman, and the Habsburg Embassy of 1533-1534', *The Journal of Early Modern History*, 1998, vol. 2

Fisher, Alan, 'The Life and Family of Süleyman I' in *Süleyman the Second and His Time*, ed. Halil Inalcik and Cemal Kafadar, Istanbul, 1993

Fisher, Sir Godfrey, *Barbary Legend: War, Trade and Piracy in North Africa, 1415-1830*, Oxford 1957

Fontanus, J., *De Bello Rhodio*, Rome, 1524

Friedman, Ellen G., *Spanish Captives in North Africa in the Early Modern Age*, London 1983

Galea, J., 'The great siege of Malta from a Turkish point of view', *Melita Historica* IV, Malta, 1965

Gazioglu, Ahmet C., *The Turks in Cyprus: a Province of the Ottoman Empire (1571-1878)*, London, 1990

Gentil de Vendosme, P., *Le Siège de Malte par les Turcs en 1565*, Paris, 1910

Ghiselin de Busbecq, Ogier, *The Turkish Letters of Ogier Ghiselin de Busbecq: Imperial Ambassador at Constantinople*, trans. Edward Seymour Forster, Oxford 1927

Glete, Jan, *Warfare at Sea 1500-1650*, London 2000

Goffman, Daniel, *The Ottoman Empire and Early Modern Europe*, Cambridge, 2002

The Great Siege 1565, ed. George Cassar, Malta, 2005

Grove, A. T., and Rackham, Oliver, *The Nature of Mediterranean Europe: An Ecological History*, London 2001

Guglielmotti, P. Alberto, *Storia della Marina Pontificia*, vol. 5, Rome, 1887

Guilmartin, John Francis, *Galleons and Galleys*, London, 2002

——, *Gunpowder and Galleys: Changing Technology and Mediterranean Warfare at Sea in the Sixteenth Century*, Cambridge, 1974

——, 'The tactics of the battle of Lepanto clarified', at www.angelfire.com/ga4/guilmartin.com

Güleryüz, Ahmet, *Kadıgadan Kalyona Osmanlıda Yelken*, Istanbul, 2004

Haëdo, Diego de, *Histoire des Rois d'Alger*, trans. H. de Grammont, Saint-Denis, 1998

Hammer-Purgstall, J., *Histoire de L'Empire Ottoman*, vols. 4-6, Paris, 1836

Heers, Jacques, *The Barbary Corsairs: Warfare in the Mediterranean, 1480-1580*, London, 2003

Hess, Andrew, 'The battle of Lepanto and its place in Mediterranean history', *Past and Present* 57, Oxford, 1972

——, 'The evolution of the Ottoman seaborne empire in the age of oceanic discoveries, 1453-1525', *American Historical Review* 75, no. 7 (December 1970)

——, 'The Ottoman conquest of Egypt (1517) and the beginning of the sixteenth-century world war', *International Journal of Middle East Studies* 4 (1973)

——, *The Forgotten Frontier: A History of the Sixteenth Century Ibero-African Frontier*, Chicago, 1978

Hill, Sir George, *A History of Cyprus, vol III: The Frankish period, 1432-1571*, Cambridge, 1972

Housley, Norman, *The Later Crusades 1274-1571*, Oxford, 1992

Imber, Colin, 'The navy of Süleyman the Magnificent' in *Archivium Ottomanicum*, V1

(1980)

——, *The Ottoman Empire: The Structure of Power*, Basingstoke, 2002

Inalcik, Halil, *Lepanto in the Ottoman Documents*, in Benzoni *Il Mediterraneo nella seconda metá del'500 alla luce di Lépanto*, Florence, 1974

——, *The Ottoman Empire: The Classical Age 1300-1600*, London, 1973

Islam Ansiklopedisi, 28 vols, Istanbul, 1988 on

Jurien de La Gravière, Jean Pierre, *Doria et Barberousse*, Paris, 1886

——, *La Guerre de Chypre et la Bataille de Lépante*, 2 vols, Paris 1888

——, *Les Chevaliers de Malte et la Marine de Philippe II*, 2 vols, Paris, 1887

Kamen, Henry, *Philip of Spain*, London, 1997

Kâtip Çelebi, *The History of the Maritime Wars of the Turks*, trans. J. Mitchell, London, 1831

Lane, Frederic C., *Venice: A Maritime Republic*, Baltimore, 1973

Lesure, M., *Lépante la Crise de L'Empire Ottoman*, Paris, 1972

Longworth, Philip, *The Rise and Fall of Venice*, London, 1974

Lopez de Gomara, Francisco, *Cronica de los Barbarrojas, in Memorial Historico Español: Colección de Documentos, Opusculos y Antiguedades*, vol. 6, Madrid, 1853

Luttrell, Anthony, *The Hospitallers of Rhodes and Their Mediterranean World*, Aldershot, 1992

Lynch, John, *Spain under the Hapsburgs, vol. 1: Empire and Absolutism 1516-1598*, Oxford, 1964

Mallett, M. E. and Hale, J. R., *The Military Organization of a Renaissance State*, Cambridge, 1984

Mallia-Milanes, Victor, *Venice and Hospitaller Malta 1530-1798: Aspects of a Relationship*, Malta, 1992

Mantran, Robert, 'L'écho de la bataille de Lépante a Constantinople' in Benzoni *Il Mediterraneo nella seconda metá del'500 alla luce di Lépanto*, Florence, 1974

Maurand, Jérome, *Itinéraire de J. Maurand d'Antibes à Constantinople (1544)*, Paris, 1901

Merriman, Roger Bigelow, *Suleiman the Magnificent, 1520-1566*, Cambridge Massachusetts, 1944

——, *The Rise of the Spanish Empire in the Old World and in the New*, vols. 3 and 4, New York, 1962

Morris, Jan, *The Venetian Empire: A Sea Voyage*, London, 1980

Mulgan, Catherine, *The Renaissance Monarchies 1469-1558*, Cambridge 1998

Necipoğlu, Gülru, 'Ottoman-Hapsburg-papal rivalry', in *Süleyman I and His Time*, ed. Halil Inalcik and Cemal Kafadar, Istanbul, 1993

Norwich, John Julius, *A History of Venice*, London, 1982

Parker, Geoffrey, *Philip II*, London, 1979

——, *The Grand Strategy of Philip II*, London, 1998

Pastor, Louis, *Histoire des Papes*, vols 17-18, Paris, 1935

Peçevi, Ibrahim, *Peçevi Tarihi*, vol. 1, Ankara 1981

Petit, Ėdouard, *André Doria: un amiral condottiere au XVIe siècle (1466-1560)*, Paris, 1887

Petrie, Sir Charles, *Don Juan of Austria*, London, 1967

Phillips, Carla Rahn, 'Navies and the Mediterranean in the early modern period' in *Naval Policy and Strategy in the Mediterranean: Past, Present and Future*, ed. John B. Hattendorf, London, 2000

Piri Reis, *Kitab-ı bahriye*, vols 1 and 2, ed. Ertuğrul Zekai Ökte, Ankara 1988

Porter, Whitworth, *The Knights of Malta*, 2 vols, London, 1883

Prescott, W. H., *History of the Reign of Philip the Second, King of Spain*, 3 vols, Boston, 1855-8

Pryor, John H., *Geography, Technology and War: Studies in the Maritime History of the Mediterranean, 649-1571*, Cambridge, 1988

Rosell, Cayetano, *Historia del Combate Naval de Lepanto*, Madrid, 1853

Rossi, E., *Assedio e Conquista di Rodi nel 1522 secondo le relazioni edite e inedite de Turchi*, Rome, 1927

Sandoval, Fray Prudencio de, *Historia de la Vida y Hechos del Emperador Carlos V*, vols. 2-4, Madrid, 1956

Scetti, Aurelio, *The Journal of Aurelio Scetti: A Florentine Galley Slave at Lepanto (1565-1577)*, trans. Luigi Monga, Tempe Arizona, 2004

Setton, Kenneth M, *The Papacy and the Levant (1204-1571)*, vols 2-4, Philadelphia, 1984

Seyyd Murad, *La Vita e la Storia di Ariadeno Barbarossa*, ed. G. Bonaffini, Palermo, 1993

Shaw, Stanford, *History of the Ottoman Empire and Modern Turkey*, vol. 1, Cambridge, 1976

Sire, H. J. A., *The Knights of Malta*, London, 1994

Soucek, Svat, 'The rise of the Barbarossas in North Africa', in *Archivium Ottomanicum* 3, 1971

——, *Piri Reis and Turkish Mapmaking after Columbus: The Khalili Portolan Atlas*, London, 1996

Spiteri, Stephen C., *The Great Siege: Knights vs. Turks mdlxv-Anatomy of a Hospitaller Victory*, Malta, 2005

Stirling-Maxwell, Sir William, *Don John of Austria*, vol. 1, London, 1883

Süleyman the Magnificent and his Age, ed. Metin Kunt and Christine Woodhead, Harlow, 1995

Süleyman the Second and His Time, ed. Halil Inalcık and Cemal Kafadar, Istanbul, 1993

Testa, Carmel, *Romegas*, Malta, 2002

Thubron, Colin, *The Seafarers: Venetians*, London, 2004

Tracy, James D., *Emperor Charles V, Impresario of War*, Cambridge, 2002

Turan, Şerafettin, 'Lala Mustafa Paşa hakkında notlar', Beletin 22, 1958

Uzunçarşılı, Ismail Hakkı, *Osmanlı Tarihi*, vols 2 and 3, Ankara, 1988

Vargas-Hidalgo, Rafael, *Guerra y diplomacia en el Mediterraneo: Correspondencia in édita de Felipe II con Andrea Doria y Juan Andrea Doria*, Madrid, 2002

Yildirim, Onur, 'The battle of Lepanto and its impact on Ottoman history and historiography' *in Mediterraneo in Armi*, ed. R. Cancila, Palermo, 2007

Zanon, Luigi Gigio, *La Galea Veneziana*, Venice, 2004

【Historia歷史學堂】MU0001

海洋帝國：決定伊斯蘭與基督教勢力邊界的爭霸時代
Empires of the Sea: The Siege of Malta, the Battle of Lepanto, and the Contest for the Center of the World

作　　者❖羅傑・克勞利（Roger Crowley）
譯　　者❖陸大鵬
封面設計❖許晉維
排　　版❖張彩梅
校　　對❖魏秋綢
總　編　輯❖郭寶秀
特約編輯❖林靜芸
責任編輯❖邱建智
行銷業務❖力宏勳

發　行　人❖凃玉雲
出　　版❖馬可孛羅文化
104台北市中山區民生東路二段141號5樓
電話：02-25007696
發　　行❖英屬蓋曼群島商家庭傳媒股份有限公司城邦分公司
104台北市中山區民生東路二段141號11樓
客服服務專線：(886) 2-25007718；25007719
24小時傳真專線：(886) 2-25001990；25001991
服務時間：週一至週五9:00～12:00；13:00～17:00
劃撥帳號：19863813　戶名：書虫股份有限公司
讀者服務信箱：service@readingclub.com.tw
香港發行所❖城邦（香港）出版集團有限公司
香港灣仔駱克道193號東超商業中心1樓
電話：(852) 25086231　傳真：(852) 25789337
E-mail：hkcite@biznetvigator.com
馬新發行所❖城邦（馬新）出版集團 Cite (M) Sdn. Bhd.(458372U)
41, Jalan Radin Anum, Bandar Baru Seri Petaling,
57000 Kuala Lumpur, Malaysia
電話：(603) 90578822　傳真：(603) 90576622
E-mail：services@cite.com.my
輸出印刷❖中原造像股份有限公司
初版一刷❖2016年12月
初版十二刷❖2018年 2 月
定　　價❖460元

ISBN：978-986-93786-6-6

城邦讀書花園
www.cite.com.tw

國家圖書館出版品預行編目資料

海洋帝國：決定伊斯蘭與基督教勢力邊界的爭霸時代／羅傑・克勞利（Roger Crowley）著；陸大鵬譯. -- 初版. -- 臺北市：馬可孛羅文化出版：家庭傳媒城邦分公司發行，2016.12
面；　公分--（Historia歷史學堂；MU0001）
譯自：Empires of the sea : the siege of Malta, the battle of Lepanto, and the contest for the center of the world
ISBN 978-986-93786-6-6（平裝）
1.海戰史　2.歐洲
592.918　　105021431